DAS DECISION MAKER PLAYBOOK

DAS DECISION MAKER PLAYBOOK

12 TAKTIKEN, UM KLARER ZU DENKEN, UNSICHERHEIT ABZUBAUEN UND BESSERE ENTSCHEIDUNGEN ZU TREFFEN

SIMON MUELLER UND JULIA DHAR

Pearson

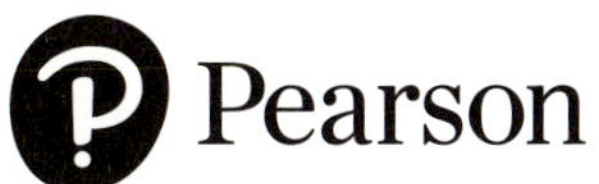

Bibliografische Information der deutschen Nationalbibliothek

Die Deutsche Nationalbibliothek verzeichnet diese Publikation in der Deutschen Nationalbibliografie; detaillierte bibliografische Daten sind im Internet über http://dnb.dnb.de abrufbar.

10 9 8 7 6 5 4 3 2 1

22 21 20

ISBN 978-3-86894-390-0 (Buch)
ISBN 978-3-86326-887-9 (E-Book)

Programmleitung: Martin Milbradt (mmilbradt@pearson.de)
Lekorat und Korrektorat: Dipl.-Ök. Christina A. Sieger, Essen
Übersetzung: Ines Bergfort, Essen
Herstellung: Claudia Bäurle, cbaeurle@pearson.de
Satz und Layout: Gerhard Alfes, mediaService, Siegen (www.mediaservice.tv)
Druck und Verarbeitung: Drukkerij Wilco BV, Amersfoort

Printed in the Netherlands

Inhaltsverzeichnis

Für meine Familie und ihre bedingungslose Liebe.
Für Peter, meinen großartigen Mentor.
Für Anna und ihre rückhaltlose Unterstützung.
Simon Mueller

Für Granny und Jerry und für Thatha.
Julia Dhar

Über das Decision Maker Playbook

„Tag für Tag treffen wir Dutzende, wenn nicht Hunderte von Entscheidungen. Aber jedes Mal, wenn wir etwas entscheiden, plagt uns unsere Voreingenommenheit, die unser Denken verzerrt und uns in Sackgassen führt. Das Buch von Mueller und Dhar kommt genau zur rechten Zeit: Die Autoren entlarven, was effizienten Problemlösungen und Entscheidungen im Wege steht, und stellen Lösungen vor, mit denen wir unsere Intuition überwinden können. Dieses Buch ist ein Must-have für alle Menschen, die Entscheidungen treffen. Und wer von uns ist das nicht?“

Daniel H. Pink, Autor von Drive: Was Sie wirklich motiviert

„Die Anforderungen an Führungskräfte nehmen weiterhin zu. Wir alle benötigen Werkzeuge, um unter suboptimalen Bedingungen die optimalen Entscheidungen zu treffen. Mueller und Dhar haben den Werkzeugkasten dafür. Betrachten Sie dieses Buch als Anleitung, mit der Sie große Projekte gut umsetzen können.“

Hon. Bill English, früherer Premierminister Neuseelands

„Nicht glücklich mit der Qualität Ihrer Entscheidungen? Lesen Sie dieses Buch. Es ist eine Schatzkiste voller Werkzeuge, die Sie nutzen sollten, um klarer zu denken.“

Rolf Dobelli, Autor des Bestsellers „Die Kunst des klaren Denkens“

„Dieses fesselnde Buch liefert einen beeindruckenden und umfassenden Überblick über die Fallen, die rund um das Thema Entscheidungen auftreten können, und über praktische Ansätze, diese zu umgehen. Der spielerische Ansatz des Autorenteams macht es Ihnen leicht, sich mit einer ganzen Palette praktischer Werkzeuge auseinanderzusetzen.“

Enrique Rueda-Sabater, vormals Head of Strategy der Weltbank

Über die Autoren

Simon Mueller ist Projektleiter bei der Boston Consulting Group. Davor leitete er als General Manager das BCG Henderson Institute, den Thinktank für Strategie und Makroökonomik der Gruppe. Simon hat Klienten aus Industrie und Technologie in Nord- und Lateinamerika, Europa und Asien beraten und in diesem Zusammenhang umfassend an strategischen und transformativen Projekten gearbeitet, in denen es um moderne Technologien wie Robotik und 3-D-Druck ging. Simon ist darüber hinaus Mitgründer der Non-Profit-Organisation *The Future Society,* die politische Lösungen entwickelt, um Sicherheit, Fairness und Wohlstand unter Einbezug intelligenter autonomer Systeme zu gewährleisten.

Julia Dhar arbeitet als Partnerin bei der Boston Consulting Group. Sie ist Mitgründerin und Geschäftsführerin von BeSmart, der Initiative für Verhaltensökonomik bei BCG. Dort nutzt sie ihre Expertise, um Organisationen produktiver, profitabler und zufriedener zu machen. Sie hat Projekte in den Vereinigten Staaten, im Mittleren Osten und in Asien sowohl in der Privatwirtschaft als auch im öffentlichen Sektor durchgeführt. Julia hat außerdem als Beraterin für unterschiedliche Behörden gearbeitet, unter anderem war sie als Private Secretary für den Finanzminister Neuseelands tätig.

Danksagung

Dieses Buch wäre niemals veröffentlicht worden, wenn wir im Laufe der letzten fünf Jahre, die von der Konzeption bis zur Veröffentlichung vergangen sind, nicht auf die Hilfe vieler Freunde und Unterstützer hätten bauen können. Angefangen bei der Eingrenzung des Themas über die Auswahl der mentalen Taktiken, die schließlich den Weg in dieses Buch geschafft haben, bis hin zu redaktionellen Vorschlägen und Kritik an unseren Texten haben wir jede Hilfe von außen mit großer Dankbarkeit angenommen.

Besonders danken möchten wir:

Richard Zeckhauser, dessen ansteckende Neugierde und intellektuelle Brillanz der zündende Funke für dieses Projekt war. Jieun Baek und Harry Begg, die uns geholfen haben, die typischen Fallen zu umgehen, in die Autoren häufig tappen, wenn sie ihre ersten Bücher schreiben. Dem ideenreichen Cass Sunstein für seine wohlwollenden Ratschläge. Unseren Lektoren Eloise Cook, David Crosby und Nicole Eggleton für ihre redaktionellen Vorschläge und ihre unerschütterliche Geduld. Mary Trend für ihren kritischen Blick und den Rotstift. Unseren Freunden und Mentoren John-Clark Levin, Craig White, Daichi Ueda, Alexander Goerlach, Johann Harnoss, Ofir Zigelman, Kevin Tan, Ben Hohne, Simon Hedlin-Larsson, Alex Bleier, Martin Guelck, Casper van der Ven, Denise Bailey-Castro, Stefan Woerner, Tom Lovering, Sek-Ioong Tan, Eric Gastfriend, Ben Scott, Arohi Jain, Christina Endruschat, Josh Cohen, Martin Reeves, Hannes Gurzki, Nico Miailhe, Lucas Ruengeler, Henry Alt-Haaker, Alan Iny, Maik Wehmeyer, Ambrose Gano, Stephan Wittig, Bjoern Lasse Herrmann, Benedikt Herles, Todd Shuster, Charlie Melvoin, Tobi Peyerl, Cyrus Hodes, Friederike von Reden, Nicolas Economou, Pepe Strathoff, Jannik Seger, Paul Chen, Torben Schulz, Eliot Glenn, Todd Elmer, Steffen von Buenau, Daniel Jahn, Elias Altman, David Hecker, Olivia Maurer, Michele Lunati, Iris Braun, Tony Peccatiello, Balthasar Mueller, Greg Manne, Ulrich Atz, Ed Walker, Valerie von der Tann, Beth Macy, Nafise Masoumi, Viola Mueller, Lolita Chuang, Christian Waeltermann, George Lehner und Nina Gussack, Nina Shapiro, Nidhi Sinha, Jonathan Willen, Alex Golden Cuevas, Jan-Peter Boeckstiegel, Patrick Daniel und Mette Moeller Joergensen.

Einführung

Sie befinden sich nun in einer VUKA-Welt

Das Leben ist eine einzige Abfolge von Entscheidungen. Tag für Tag stehen wir vor Hunderten von Wahlmöglichkeiten: darunter kleinere (wie die Auswahl des Mittagessens) und solche von großer Tragweite (wie die Frage, wo wir leben oder arbeiten wollen). Die Angst, eine „falsche" Entscheidung zu treffen, kann kräftezehrend sein, und umgekehrt kann auch die Menge an Informationen, die wir benötigen, um bestimmte Entscheidungen zu treffen, überwältigend groß sein. Wir leben in einer Welt, die sich durch zunehmende Komplexität auszeichnet, und deshalb benötigen wir einen besseren Spielplan – besseres Kartenmaterial für die Topografie des Lebens und eine größere Auswahl an robusteren mentalen Modellen, die die Realität effektiv abbilden und uns helfen, schneller bessere Entscheidungen zu treffen. Wir bezeichnen dieses Kartenmaterial als „mentale Taktiken"[1].

Dieses Buch hält eine Auswahl an erprobten Ansätzen für Sie bereit, mit denen Sie Probleme lösen, Entscheidungen treffen und diese umsetzen können. Es richtet sich an all diejenigen, die in ihrem beruflichen und privaten Leben erfolgreicher sein wollen. Mentale Taktiken sind kognitive Verknüpfungen, die uns helfen können, Strukturen und Beziehungen zu identifizieren, verbreitete Denkfehler zu vermeiden, die Welt aus unterschiedlichen Perspektiven wahrzunehmen, komplexe Probleme herunterzubrechen und zu guter Letzt ein Vorhaben in die Tat umzusetzen.

Die mentalen Taktiken, die wir in diesem Buch vorstellen, entstammen unterschiedlichen Forschungsgebieten und Wissenschaftsbereichen: von Statistik, Politik und Wirtschaft über Systemtheorie, Investment und Unternehmensforschung bis hin zu Spieltheorie, Medizin, Psychologie, militärischem Nachrichtendienst und Philosophie. Sie werden feststellen, dass sich die meisten mentalen Taktiken hervorragend auch außerhalb der Disziplinen anwenden lassen, in denen sie ursprünglich entwickelt worden sind. Einmal verinnerlicht, können sie in vielen Situationen zum Einsatz kommen: Sie eignen sich nicht nur für Ihr Selbstmanagement, sondern auch für eine effektive Teamarbeit und für die Führungsarbeit in Organisationen. Sie sind in privaten Zwickmühlen ebenso zu gebrauchen wie für berufliche Herausforderungen.

Dieses Buch wird Ihnen helfen, Erkenntnisse aus Daten zu gewinnen, Denkfehler zu überwinden, rationalere Entscheidungen zu treffen und die schnellsten und effizientesten Wege zu finden, um Ihre Entscheidungen umzusetzen. In diesem Buch gehen wir die Probleme und Entscheidungen in der Regel von einem analytischen Standpunkt aus an. Wir bevorzugen einfache, systematische Ansätze, die wir mithilfe der Checklisten auf ein handhabbares Maß herunterbrechen.

Es ist unser Ziel, Ihnen Werkzeuge an die Hand zu geben, die praktikabel sind und sich sofort anwenden lassen. Wir haben dieses Buch geschrieben, um Ideen und Methoden zu vermitteln, die es unserer Meinung nach verdient haben, von einer breiteren Öffentlichkeit wahrgenommen zu werden. Der Einsatz dieser mentalen Taktiken hat sich für uns beide eindeutig ausgezahlt, sowohl im Hinblick auf die Qualität unserer Entscheidungen als auch in Bezug auf die Geschwindigkeit und Effizienz unserer Entscheidungsprozesse. Anfangs haben wir uns diese Taktiken gegenseitig nähergebracht, dann haben wir sie unseren Teams vorgestellt und zu guter Letzt einem größeren Netzwerk vermittelt – und so entstand dieses Buch. Wir wissen, dass unsere mentalen Taktiken auch für Sie hilfreich sein werden, und wir freuen uns auf das Abenteuer, auf das Sie sich mit uns begeben werden! Fangen wir an!

1 Unsere Wahl des Begriffes „mentale Taktiken" wurde beeinflusst durch die bahnbrechenden Arbeiten von Alfred Korzybski auf dem Gebiet der Allgemeinen Semantik. Er ist berühmt für sein Zitat „Die Landkarte ist nicht das Gelände (...)" (Korzybski, A. (1958), Science and Sanity: An Introduction to Non-Aristotelian Systems and General Semantics, S. 58, Institute of General Semantics).

Moderne Zeiten

„(...) ihr als Volk habt allein die Macht. Die Macht Kanonen zu fabrizieren, aber auch die Macht Glück zu spenden. Ihr als Volk habt es in der Hand, dieses Leben einmalig kostbar zu machen, es mit wunderbarem Freiheitsgeist zu durchdringen."[2]

Eine der beeindruckendsten Szenen der Filmgeschichte zeigt Little Tramp, gespielt von Charlie Chaplin, wie er am Fließband steht und Dinge montiert. Im Laufe der Zeit ähnelt Little Tramp selbst mehr und mehr einer Maschine, entschlossen, eine Aufgabe, und nur eine einzige Aufgabe, zu erledigen: Schrauben an Apparaten festzuziehen, die auf einem Fließband an ihm vorbeiziehen, immer und immer wieder.

Um die Produktivität zu steigern, legt der Vorarbeiter der Fabrik einen Hebel um und erhöht damit die Geschwindigkeit des Bandes. Little Tramp bemüht sich Schritt zu halten und wird immer verzweifelter, während er versucht, seine Arbeit an dem immer schneller laufenden Fließband zu bewältigen.

Heute werden mehr und mehr monotone Aufgaben von Algorithmen oder Robotern erledigt. Während das industrielle Arbeitsumfeld in Chaplins Film sich darauf konzentrierte, jede einzelne Bewegung des Arbeiters zu kontrollieren (eine Szene zeigt Little Tramp als Versuchskaninchen an einer Maschine, die die Arbeiter füttert, sodass sie ihre Arbeit nicht mehr unterbrechen müssen), ist die heutige Arbeitswelt häufig durch das genaue Gegenteil gekennzeichnet. Statt eine einzige wiederholbare Aufgabe zu erfüllen, sehen sich viele von uns mit einer neuen frustrierenden Situation konfrontiert: Wir stehen vor einer überwältigenden Fülle von Informationen, Möglichkeiten und Reizen.

Die zunehmende Komplexität der Arbeit und die halsbrecherische Geschwindigkeit des Wirtschaftslebens haben alle Aspekte des Lebens durchdrungen. Verstörende Ereignisse finden in immer kürzeren Abständen statt, während soziale und digitale Transformationen uns neue Möglichkeiten eröffnen, in bislang ungeahntem Ausmaß zusammenzuarbeiten und zu handeln. Wir leben in einer Welt, die sich durch **V**ola-

2 Charlie Chaplin: Moderne Zeiten (1936), orig. Modern Times, United Artists.

tilität, **U**nsicherheit, **K**omplexität und **A**mbiguität (Mehrdeutigkeit) auszeichnet und die das US Army War College VUKA-Welt nennt.[3]

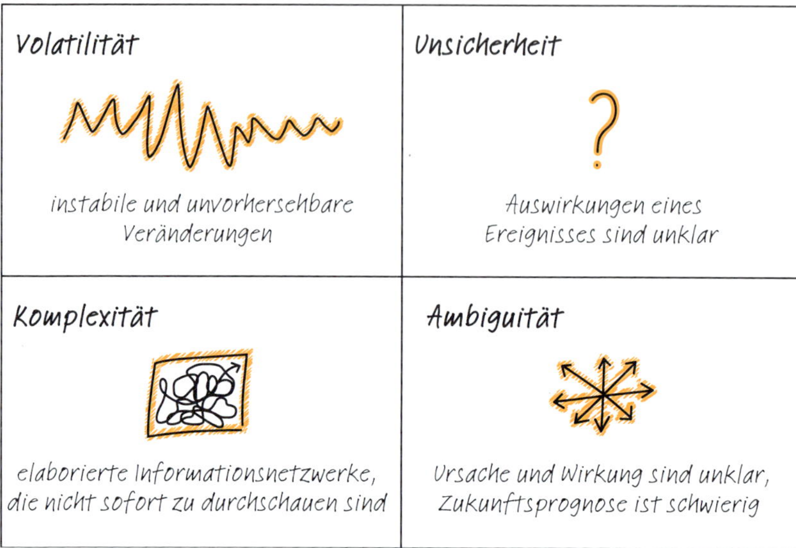

Abbildung 1: Die VUKA-Welt

In dieser Welt benötigen wir neue Werkzeuge, mit denen wir die richtigen Entscheidungen treffen können. Wir benötigen Strategien, mit denen wir folgende Fragen beantworten können:

- Welche Karriere sollte ich einschlagen, um zu verhindern, dass ich später einmal von technologischen Automatisierungs- und Obsoleszenzprozessen betroffen sein werde?
- Wie kann ich vorausschauende finanzielle Entscheidungen treffen, angefangen beim Kauf eines Hauses bis hin zu Investitionen in Aus- und Weiterbildungsmaßnahmen?
- Wie kann mein Unternehmen in einer Umgebung ständiger Umbrüche erfolgreich sein?
- Wie kann ich Zeit und Ressourcen meines Teams am effektivsten nutzen?

In diesen Zeiten hoher Unsicherheit und Komplexität neigen wir dazu, Risiken überzubewerten und Erfolge herunterzuspielen. Das führt dazu, dass wir unseren Zeithorizont massiv einschränken und unsere Aufmerksamkeit auf das lenken, was wir heute erreichen können, weil jeder längerfristige Zeitraum überaus unsicher zu sein scheint, auch wenn die möglichen Erfolge vielleicht deutlich größer ausfallen könnten. Wie können wir unter diesen Bedingungen informierte Entscheidungen treffen?

---

3 Stiehm, Judith H. (2010) US Army War College, Military Education in a Democracy, Temple University Press.

Wie können wir Prioritäten setzen? Little Tramp benötigte genau ein Werkzeug, einen Schraubenschlüssel, mit dem er versuchte, seiner Arbeit Herr zu werden. Heute brauchen wir einen ganzen Werkzeugkasten, um erfolgreich zu sein.

Es gibt biologische Gründe für diese Entwicklung. Unsere angeborenen Fähigkeiten, mit denen wir Entscheidungen treffen, sind nicht an die Umgebungen angepasst, in denen wir uns heute bewegen. Das menschliche Gehirn hat sich über Millionen von Jahren hinweg in evolutionären Schritten so weit entwickelt, dass es bestimmte Fragmente von Informationen erfassen und einordnen, Beziehungen identifizieren und Entscheidungen treffen kann. Erfahrung, Erziehung und Bildung vermitteln uns darüber hinaus Methoden, um diese angeborenen Fähigkeiten in einigen Fällen zu ergänzen und sie in anderen Fällen zu überwinden. Und dennoch zeigt nicht nur unsere alltägliche Erfahrung, sondern auch die zunehmende Bedeutung wissenschaftlicher Gebiete wie der Sozialpsychologie und der Entscheidungstheorie, dass wir immer noch häufig falsch liegen. Warum? Zwar haben unsere evolutionäre Programmierung und unsere Erfahrungen aus der Vergangenheit zahlreiche Anpassungen durchlaufen, mit denen wir möglichst gute Entscheidungen treffen können, aber inzwischen verändern sich unser berufliches und unser privates Umfeld viel zu schnell, um ihnen mit unserer Ausbildung (unserer Software) und unserem Gehirn (unserer Hardware) Paroli bieten zu können.

Anforderungen an Führungskräfte nehmen zu

Unter diesen Umständen nehmen die Anforderungen an Manager und Führungskräfte zu. Der Wettbewerb um Arbeitsplätze ist durch die Globalisierung der Arbeitnehmerschaft intensiver geworden. Auch ein Spitzenabschluss an einer Elite-Universität ist heute kein Garant mehr, um sich einen soliden Platz in der Gesellschaft zu sichern. Wichtiger ist es, flexibel zu sein und sich an neue Gegebenheiten anpassen zu können, auch in schnelllebigen Zeiten einen kühlen Kopf zu bewahren und rational, aber gleichermaßen empathisch zu entscheiden.

Es ist alles andere als einfach, sich eine Vorreiterrolle beim Denken und Entscheiden zu erarbeiten und diese aufrechtzuerhalten. Dies setzt Engagement, Einsatz und Erfahrung voraus. Starre Modelle und vorgefertigte Blaupausen werden schnell nicht mehr funktionieren, weil die Umgebung sich rasant verändert. Unsere mentalen Modelle müssen sich an neue Kontexte anpassen und flexibel genug sein, um in konkreten Situationen zu funktionieren.

Im Zeitalter der Echtzeit-Nachrichten und -Informationen wird von Führungskräften nicht nur erwartet, dass sie die *richtigen* Entscheidungen treffen, sondern auch, dass sie sie *schnell* treffen. Sie werden davon profitieren, wenn sie über ein intuitives Gedächtnis an mentalen Strukturen und Methoden verfügen, die es ihnen ermöglichen, die Zeit von der Analyse über die Entscheidung bis hin zum entsprechenden Handeln drastisch zu verkürzen.

Wie Sie dieses Buch lesen sollten

Das *Decision Maker Playbook* ist kein typisches Sachbuch. Wir vermeiden lange Texteinheiten und Geschichten und geben Ihnen stattdessen eine höchst anschauliche und intuitive Einführung in die Taktiken an die Hand, die wir selbst schätzen und nutzen. Um Ihnen das Lesen zu erleichtern, wird jedes Kapitel (mit Ausnahme der Kapitel null und dreizehn) eine einheitliche Struktur aufweisen:

- **Vorteil:** zeigt den Nutzen jeder einzelnen mentalen Taktik auf.
- **Checkliste:** enthält Schritt-für-Schritt-Anleitungen.
- **Weitere Beispiele:** zeigen, wie die mentale Taktik unter verschiedenen Bedingungen zum Einsatz kommt.
- **Fazit:** fasst das Kapitel zusammen und bietet einen Überblick über die wichtigsten Inhalte.

Jedes Kapitel ist in sich abgeschlossen. Das heißt, dass Sie das Buch durchblättern und das Kapitel lesen können, das Sie am meisten interessiert. Es gibt allerdings einen logischen Spannungsbogen innerhalb dieses Buches, der der Art und Weise folgt, wie wir uns natürlicherweise durch die Welt bewegen und Probleme lösen – indem wir beobachten, analysieren, eine Lösung entwerfen und diese dann umsetzen:

- In *Teil I* lernen Sie, Daten zusammenzutragen und Ihre Aufmerksamkeit auf die wichtigsten Fakten und Beobachtungen zu lenken. Sie werden lernen, sich auf zuvor nicht beachtete, aber wesentliche Fragmente von Daten und Informationen zu konzentrieren.
- In *Teil II* werden mentale Taktiken vorgestellt, mit denen Sie Verbindungen schaffen und Kausalzusammenhänge zwischen Fakten oder Ereignissen herstellen. Dazu gehört es auch, das Signal vom Lärm zu unterscheiden und die Merkmale kausaler Zusammenhänge zu erkennen, die über bloße Korrelationen hinausgehen.
- In *Teil III* liegt der Schwerpunkt auf den Werkzeugen, die Sie benötigen, um Lösungsansätze zu entwerfen, mit denen Sie Ihre Herausforderungen bewältigen können. In dieser Phase geht es um mentale Taktiken, mit denen Sie über die unterschiedlichen Optionen nachdenken können, sowie um praktische Grundstrukturen für die Entscheidungsfindung.
- In *Teil IV* werden die mentalen Taktiken vorgestellt, mit denen Sie Ihre Lösungen auf effektive Weise umsetzen können und die Ihnen zum Erfolg verhelfen.

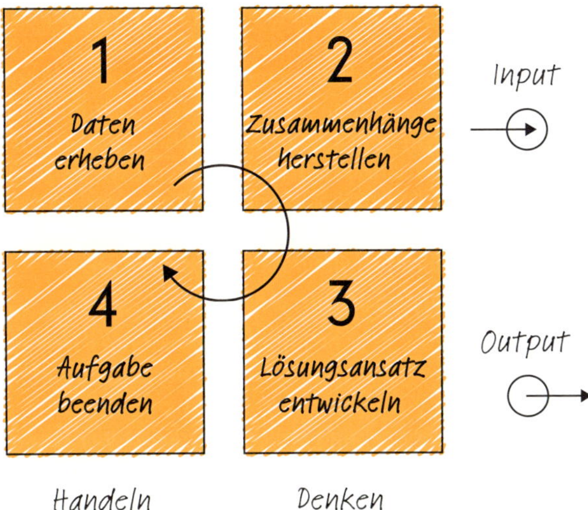

Abbildung 2: Die vier Teile des Buches

Einige wichtige Anmerkungen

Was sind mentale Taktiken? Betrachten Sie sie als Werkzeuge, die Ihnen das Denken und Handeln erleichtern. Sie sind sowohl in Ihrem Privat- als auch im Geschäftsleben vielseitig einsetzbar. Allerdings haben sie weder eine Einheitsgröße noch sind sie universell einsetzbar. Die folgenden Aspekte sollten Sie auf jeden Fall im Hinterkopf behalten, um möglichst viele Erkenntnisse aus diesem Buch zu gewinnen:

- **Mentale Taktiken sind als Ergänzung gedacht, nicht als Ersatz:** Sie werten die Art und Weise auf, wie Sie bereits jetzt mit der Realität interagieren, wie Sie sich die Welt erschließen und wie Sie persönlich Entscheidungen treffen. Mentale Taktiken zeigen Ihnen eine neue Perspektive auf und bieten Ihnen eine ganze Reihe neuer Werkzeuge, mit denen Sie Probleme lösen können, aber sie sind nicht in der Lage, Ihre eigenen Problemlösungsansätze grundlegend zu verändern.
- **Die Liste an mentalen Taktiken in diesem Buch ist alles andere als erschöpfend:** Wir mussten notwendigerweise eine Auswahl treffen, als wir darüber nachgedacht haben, welche Werkzeuge wir in diesem Buch vorstellen und welche wir außen vor lassen wollen. Das war alles andere als einfach und viele nützliche Ansätze haben es nicht in das Buch geschafft. Dieses Buch verfolgt die Absicht, neuere und effektive Ansätze vorzustellen und hat keineswegs den Anspruch, zum Standardwerk für die Lösung jeglicher Art von Problemen zu werden. Als wir unsere Auswahl getroffen haben, hatten wir folgende Kriterien vor Augen:
    - ***Erwiesene Praktikabilität:*** Sie können uns beide als professionelle Problemlöser bezeichnen. Wir arbeiten mit Unternehmen und Verwaltungen zusammen, um Lösungen für komplexe Probleme zu finden. Alle hier vorgestellten mentalen Taktiken haben uns geholfen, Probleme in unserer täglichen Arbeit

zu lösen. Aber nur wenige von ihnen sind in der Wirtschaft entwickelt worden oder gar im Rahmen unserer bisherigen Tätigkeiten entstanden. Vielmehr haben wir sie in den unterschiedlichsten Arbeitsfeldern entdeckt und für uns nutzbar gemacht. Selbst wenn andere Taktiken uns intellektuell mehr reizten und in akademischer Hinsicht mehr versprachen, haben wir der Versuchung widerstanden, sie hier aufzunehmen (selbst wenn wir es manchmal sehr gern getan hätten, das gilt z.B. für die Bayessche Inferenz). Das hier soll aber ein Buch von Praktikern für Praktiker sein. Wir möchten, dass Sie die mentalen Taktiken *anwenden* – statt nur über sie *nachzudenken.*

- ***Allgemeine Unterbewertung:*** Wir ziehen es vor, weniger bekannte mentale Taktiken einzusetzen, die wir bei höchst effektiven Denkern und Entscheidungsträgern entdeckt haben (wie z.B. die Berücksichtigung des Grenznutzens). Zudem möchten wir solche Taktiken ins rechte Licht rücken, die zwar intuitiv bekannt sind, aber selten effektiv eingesetzt werden, so z.B. das grundlegende Verständnis für eine wirkungsvolle Gestaltung von Anreizsystemen. Einige der Ideen mögen Ihnen bekannt vorkommen, aber Sie werden feststellen, dass sie hier in einem ganz neuen Zusammenhang vorgestellt werden.

Unser Ziel ist es, Sie mit den richtigen Instrumenten auszustatten, um fundierte Entscheidungen treffen, effektiv handeln und Ihre Rolle als Führungspersönlichkeit mit Zuversicht ausüben zu können.

Wo genau liegt Ihr Problem?

Ein Problem ist halb gelöst, wenn es klar formuliert ist.

John Dewey (US-amerikanischer Philosoph und Pädagoge)

Grenzen Sie zuerst Ihr Problem ein

Bevor wir damit beginnen können, mögliche Lösungen gegeneinander abzuwägen, müssen wir uns damit auseinandersetzen, was ein Problem eigentlich ist. Lassen Sie uns folgende Arbeitsdefinition zugrunde legen: Ein Problem ist eine Frage, mit der nach einer Antwort oder einer Lösung gesucht wird. Und genau das ist es, was üblicherweise nicht erkannt wird: Gute Fragen zu stellen, ist die Voraussetzung dafür, dass eine gute Lösung gefunden wird. Mit anderen Worten: Ein Problem einzugrenzen ist schon Teil der Lösung des Problems.

Aus diesem Grund hat das Buch mit Bedacht ein Kapitel null. Wenn wir mit einem bislang unbekannten Dilemma oder einer bisher ungeahnten Möglichkeit konfrontiert werden, ist unser erster Impuls häufig, einfach ins kalte Wasser zu springen – Informationen zusammenzutragen, Hypothesen zu entwickeln, Ressourcen zu bündeln oder Lösungsansätze zu testen. All diese Aktivitäten sind unglaublich wichtig – und wir kommen noch auf sie zurück. Bevor wir das jedoch tun, lassen Sie uns einen weiteren Schritt in unserem Spiel der Entscheidungsfindung gehen. Schritt null: Grenzen Sie das Problem gewissenhaft ein.

Probleme existieren nicht einfach – wir wählen sie selbst aus

Es ist eine weitverbreitete Annahme, dass Probleme einfach existieren. Sie müssen nicht gefunden werden, sie drängen sich uns von selbst auf. Dies ist ein Irrglaube. Wenn Sie sich eines Problems annehmen, um es zu lösen, handelt es sich dabei fast immer um einen aktiven Prozess. Das gilt für jedes Problem, egal ob es in Ihrem Privatleben oder im beruflichen Alltag auftaucht.

Lassen Sie uns mit einem Beispiel beginnen, das uns häufig begegnet. Ein großer Konzern muss sich ständig mit einer ganzen Reihe unterschiedlicher Herausforderungen auseinandersetzen: mit anhaltenden juristischen Verfahren um das geistige Eigentum, mit der unsicheren Entwicklung von Nachfrage und Kundenpräferenzen, mit neuen Markteinsteigern und dynamischen Konkurrenten, mit dem Facharbeitermangel und Herausforderungen durch Managementveränderungen, mit drohenden Streiks oder mit politischen Unwägbarkeiten. Die Liste könnte unendlich fortgesetzt werden.

Die schiere Menge an potenziellen Problemen macht es dem Management unmöglich, sich jederzeit auf alle Themen gleichzeitig zu konzentrieren. Es muss eine Auswahl getroffen werden. Diese Auswahl erfolgt häufig intuitiv oder aufgrund bestimmter Umstände. Eine frühere Finanzchefin wird zur Vorstandsvorsitzenden ernannt, und weil sie es gewohnt ist, jeden Sachverhalt aus finanzieller Perspektive wahrzunehmen, identifiziert sie unverzüglich die steigenden Kosten als drängendstes Problem. Ein kostensenkendes Projekt ist die logische Antwort darauf. Oder nehmen wir an, der Abteilungsleiter ist gerade von einem Führungskräfte-Seminar zurückgekehrt und fest davon überzeugt, dass die Führungskompetenzen in seiner Abteilung arg zu wünschen übriglassen. Er verlangt prompt von all seinen Teammitgliedern, sich für ein personalisiertes Führungstraining anzumelden.

Es ist unschwer zu erkennen, dass dieser Abteilungsleiter ein Problem aktiv ausgewählt hat, nämlich den Mangel an Führungskompetenz. Indem ein Problem eingegrenzt wird, gibt es immer schon eine Auswahl, die getroffen wird. Und auch wenn Ihr Vorgesetzter das Problem für Sie auswählt, haben Sie mehr Möglichkeiten, darauf zu reagieren, als Sie vielleicht für möglich halten.

Stellen Sie sich die öffentliche Bühne als weiteres Beispiel vor. Der diskursive Prozess, den wir Demokratie nennen, kann ebenfalls als Beispiel für die Eingrenzung von Problemen betrachtet werden. Kandidaten bewegen sich auf unterschiedlichen Plattformen, die bestimmte Probleme in den Vordergrund rücken und andere herunterspielen. Sie schlagen Lösungen für die Probleme vor, die sie aktiv identifiziert haben, und dann sorgen die Medien dafür, dass ein öffentlicher Diskurs geführt werden kann. In dieser Arena ringen Zeitungen, prominente Intellektuelle und Kommentatoren um Aufmerksamkeit. Die Wählerschaft bildet sich ihre Meinung und stimmt für den Kandidaten, dessen Programm sich am ehesten mit ihrer eigenen Meinung deckt.

Bevor Sie also das nächste Mal gleich in den Problemlösungsmodus schalten, halten Sie noch einmal einen Moment inne und denken Sie darüber nach, *wer* entschieden hat, dass das Problem, mit dem Sie sich beschäftigen müssen, es wert ist, gelöst zu werden. Denken Sie darüber nach, *warum* der- oder diejenige die Auswahl getroffen hat und welchen Standpunkt diese Person vertritt.

Nicht jedes Problem muss gelöst werden

Probleme scheinen offensichtlich zu sein, wenn Sie ihnen zum ersten Mal begegnen. Erinnern Sie sich an unsere neue Vorstandsvorsitzende, die wir oben erwähnt haben? Kaum ist sie im Amt, entdeckt sie, dass einige ihrer Vertriebsleute wirklich ausufernde Spesenrechnungen einreichen. Einige haben wiederholt kostspielige Flüge gebucht, andere scheinen es für nötig zu halten, potenzielle Kunden in teure Restaurants auszuführen.

Auf den ersten Blick scheint es vernünftig zu sein, eine strengere Spesenpolitik einzuführen, um die Kosten zu senken.

Aber wenn Sie an die möglichen nachgelagerten Effekte denken, dann ist das vielleicht gar nicht die klügste Idee. Eine striktere Spesenpolitik wird teure Flüge verhindern und die Ausgaben für Geschäftsessen mit Kunden reduzieren, kann aber ebenso gut dazu führen, dass Ihr gesamtes Team mehr Zeit und Mühe darauf verwenden muss, Quittungen zuzuordnen und Ausgaben zu rechtfertigen. Das führt nicht nur dazu, dass dem Team weniger Zeit für produktivere Aktivitäten fehlt, es kann die Mitarbeiter auch davon abhalten, überhaupt Einladungen zu Geschäftsessen auszusprechen oder aber Reisen zu planen.

Unterm Strich kann sich als Nettoeffekt eine Verringerung des wirtschaftlichen Erfolges in Ihrem Vertriebsteam ergeben. Statistisch gesehen, konnten die Gewinne in der Vergangenheit die zusätzlichen Ausgaben augenscheinlich leicht wieder aufwiegen. Und um es klar auszudrücken: Wir behaupten nicht, zu hohe Ausgaben seien kein Problem. Das sind sie. Aber im vorliegenden Fall könnte es besser sein, dieses Problem ungelöst zu lassen, weil die einzige (oder typische) Lösung, die möglich ist, noch größere Probleme verursachen könnte.

Es scheint in der Natur der Sache zu liegen, dass Probleme – um es auf den Punkt zu bringen – schlecht sind und einer Lösung bedürfen. Aber wie am Problem der Spesenvergütung sichtbar wird, muss das nicht immer der Fall sein. Ja, die Konsequenz *erster Ordnung* lautet: Zu hohe Ausgaben wirken sich unterm Strich gewinnmindernd aus. Aber die Schwellenwerte zu minimieren, die Ihr Vertriebsteam für Besuche bei wichtigen Kunden zugrunde legt, selbst wenn diese hohe Reisekosten verursachen, könnte sich als positiver Nettoeffekt bemerkbar machen, wenn Sie sich die Konsequenzen *zweiter Ordnung* vor Augen halten.

Nicht jedes Problem muss sofort gelöst werden

Viele Probleme scheinen sofortige Lösungen zu erfordern. Aber allzu häufig verwechseln wir Wichtigkeit und Dringlichkeit. Tatsächlich hat ein Team von Konsumforschern um Zhu, Yang und Hsee herausgefunden, dass es einen auffälligen „Dringlichkeitseffekt" gibt – eine Haltung, die darauf ausgerichtet ist, eher drängende als wichtige Anliegen anzugehen. Ihre Experimente zeigten, dass die Versuchspersonen dazu neigen, Aufgaben mit einem geringeren Nutzen eine höhere Priorität zuzuweisen, wenn diese als dringend eingestuft wurden, als Aufgaben mit einem höheren Nutzen.[1]

Ein Priorisierungsmodell, wie beispielsweise die bekannte Eisenhower-Matrix, kann Ihnen helfen zu entscheiden, welche Probleme Sie in welcher Reihenfolge angehen. Es überrascht Sie vielleicht nicht, dass Dwight D. Eisenhower, Fünf-Sterne-General der US-Armee, Supreme Commander der Allied Expeditionary Force in Europa während des Zweiten Weltkriegs und schließlich US-Präsident, ein Meister der Organisation war und als Produktivitätsguru seiner Zeit galt. Er blickte über den Tellerrand hinaus und prägte den Ausspruch „Was wichtig ist, ist selten dringend, und was dringend ist, ist selten wichtig"[2].

Um die Matrix anzuwenden, sollten Sie sich folgende Fragen stellen:

1. Wie wichtig ist dieses Problem? Wenn Sie es nicht in Angriff nehmen, wie negativ wären die Auswirkungen?
2. Wie dringend ist das Problem? Mit anderen Worten: Wie wichtig ist es, das Problem innerhalb kürzester Zeit zu lösen? Wenn Sie das Problem zügig in Angriff nehmen, verhindert das dann gravierende Konsequenzen? Oder handelt es sich einfach um ein Problem von geringer Bedeutung, das um Ihre Aufmerksamkeit buhlt?

Wenn Sie eine einfache Matrix mit vier Feldern verwenden, können Sie die Prioritäten leicht erkennen.

Nur die Probleme, die Sie in die Kategorie „wichtig/eilig" einsortiert haben, erfordern sofortige Aufmerksamkeit. Diejenigen, die wichtig, aber nicht dringend sind, können verschoben oder in „Zeitfenster" eingeteilt werden, während dringende, aber nicht wichtige Anliegen delegiert werden sollten, sofern dies möglich ist.

---

1 Meng Zhu, Yang Yang, Christopher K. Hsee (2018), „The Mere Urgency Effect", Journal of Consumer Research. [Online] Band 45 (3. Oktober 2018), S. 673–90. Online verfügbar über: *https://doi.org/10.1093/jcr/ucy008* [Zugriff: 24. Juni 2019].

2 Dwight Eisenhower präsentierte während einer Rede an der Northwestern University in Evanston, Illinois, vor der Zweiten Versammlung des Weltkirchenkonzils eine Version dieses Sprichwortes, in der er es einem nicht genannten früheren Collegepräsidenten zuschrieb.

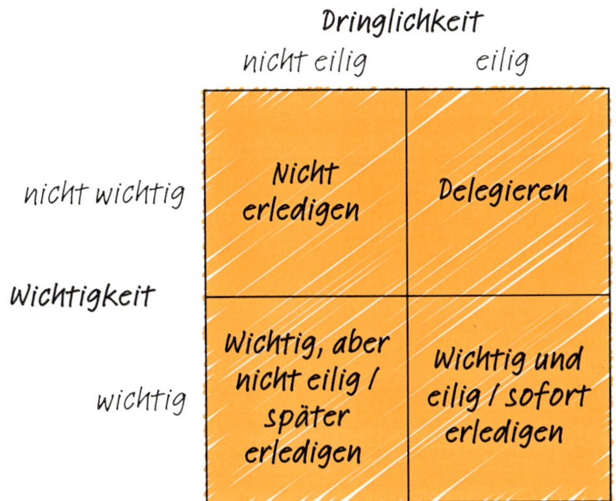

Abbildung 0.1: Eisenhower-Matrix

Nicht jedes Problem muss von Ihnen gelöst werden

Überraschend viele Probleme scheinen sich von ganz allein zu erledigen, wenn sie sich selbst überlassen werden. Haben Sie jemals eine mehrere Wochen alte und von Ihnen vergessene To-do-Liste gefunden, auf der ein paar Dinge als erledigt markiert und die restlichen noch nicht abgehakt waren? Mit großer Wahrscheinlichkeit hatten sie sich längst erledigt. Entweder hat sich schon jemand anders dieser Dinge angenommen oder sie waren einfach nicht mehr aktuell.

Was lernen wir daraus?

Das nächste Mal, bevor Sie Ihre To-do-Liste anfertigen, fragen Sie sich, was geschehen würde, wenn Sie sich des Problems nicht annähmen. Das „Was würde sonst geschehen?"-Phänomen wird als kontrafaktisch bezeichnet.

Stellen Sie sich z.B. eine Karriereentscheidung vor. Für viele Studenten nimmt das Ziel, „die Welt ein bisschen besser zu machen", eine herausragende Stellung ein, wenn sie nach ihren Zielen befragt werden. Es gibt für sie mindestens zwei Möglichkeiten, dieses Ziel zu erreichen: Entweder, indem sie direkt dazu beitragen, das Leben anderer Menschen zu erleichtern oder die Umwelt zu schützen (als Ärzte, politische Aktivisten oder Mitarbeiter einer Hilfsorganisation), oder aber indirekt, indem sie es anderen ermöglichen, ein besseres Leben zu führen oder mehr zu arbeiten (beispielsweise, indem sie an Hilfsorganisationen spenden).

Der Einfluss, den jemand ausübt, der direkt in einem wichtigen Aufgabenbereich arbeitet, kann mitunter geringer sein als der Einfluss, der durch einen gut bezahlten Job ermöglicht wird, weil dann beträchtliche Summen an effektiv arbeitende gemeinnützige Organisationen gespendet werden können.[3] Weil viele der Arbeitsplätze, an

---

3 Diese Idee wird auch „earning to give" genannt und ist Teil einer breiteren philantropen Bewegung, die sich „effektiver Altruismus" nennt.

denen direkt etwas bewirkt werden kann, sehr begehrt sind, gibt es einen ausgeprägten Wettbewerb um diese freien Stellen. Wenn ein Bewerber die Stelle nicht antritt, steht mit großer Wahrscheinlichkeit schon jemand anderes mit der gleichen Qualifikation bereit, um zu übernehmen. Der tatsächliche Effekt einer solchen Berufswahl ist dadurch mit großer Wahrscheinlichkeit geringer als eigentlich erwartet.

Nehmen wir an, Sie arbeiten als Arzt in der Notfallambulanz eines Krankenhauses. Im Laufe Ihres Berufslebens retten Sie tausend Menschen das Leben. Aber wenn Sie diesen Beruf nicht selbst ausüben würden, dann wäre die Wahrscheinlichkeit hoch, dass jemand anderes an Ihrer Stelle in Ihrer Position arbeiten würde. Der unmittelbare Einfluss Ihrer Entscheidung, als Arzt zu arbeiten und Menschenleben zu retten, ist vermutlich geringer, als Sie denken.[4] Um es einfach auszudrücken: Nehmen wir an, Sie würden im Laufe Ihrer Karriere tausend Menschenleben retten. Sie haben eine gute Ausbildung genossen, Sie sind effizient und Sie haben ein ausgeprägtes Bewusstsein für das Gute, das Sie in der Welt bewegen können. Aber Mary, Joe und Tom leben zufällig in derselben Stadt und beenden ihr Medizinstudium im selben Jahr wie Sie. Da sie über den gleichen Hintergrund verfügen wie Sie und dieselbe Universität besucht haben, wären die drei in der Lage, jeweils 980, 950 beziehungsweise 720 Menschenleben zu retten. Wenn es ausreichend Wettbewerb um die Position in der Notfallambulanz gibt (und das Krankenhaus in der Lage ist, den am effizientesten arbeitenden Arzt auszuwählen), dann liegt Ihr Grenznutzen bei „nur“ 20 Menschenleben. Warum ist das so? Wären Sie nicht da, hätte Mary den Job bekommen und im Laufe ihres Berufslebens 980 Menschenleben gerettet.

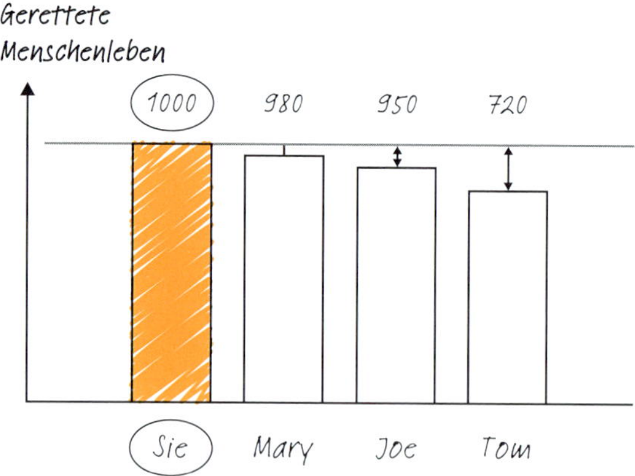

Abbildung 0.2: Gerettete Menschenleben im Vergleich

Andererseits gibt es in der Regel nur wenig Wettbewerb um hohe Spendensummen. Hilfsorganisationen fehlt es eher an Geld als an Freiwilligen, sodass es wirkungsvoller sein kann, sie finanziell zu unterstützen.

4 Eine hervorragende Diskussion zur Frage, wie die tatsächlichen Auswirkungen von Karriereentscheidungen evaluiert werden können, finden Sie auf der Website *https://80000hours.org*.

Checkliste

Probleme richtig angehen

Denken Sie daran, dass Probleme immer aktiv eingegrenzt werden.

Probleme tauchen nicht einfach nur auf; sie werden aktiv ausgewählt und eingegrenzt. Es ist Ihre Entscheidung, ein Problem als solches zu definieren, und eine weitere Entscheidung, aktiv an einer Lösung zu arbeiten.

Fragen Sie, wer ein Interesse daran hat, das Problem zu lösen, und wer kein Interesse hat, dass es gelöst wird.

Probleme haben immer eine politische Komponente. Einige Leute profitieren davon, wenn ein bestimmtes Problem gelöst wird, andere werden darunter leiden. Denken Sie an den Klimawandel. Auf viele von uns wird er sich katastrophal auswirken, möglicherweise auf die gesamte Menschheit, aber sich Maßnahmen gegen den Klimawandel zu widersetzen, kann sich trotzdem für einige Länder oder Organisationen auszahlen, die vom Status quo profitieren. Indem Sie fragen, wer profitiert *(cui bono)*, erkennen Sie die Dynamik der Interessen hinter der Auswahl und Eingrenzung der Probleme, die sich Ihnen zeigen.

Denken Sie an die Effekte zweiten Grades, wenn Sie ein Problem lösen.

Probleme existieren niemals in einem Vakuum. So wie in dem Beispiel mit der Spesenpolitik müssen Sie bei jeder Lösung mit Effekten zweiten Grades rechnen. Fragen Sie sich, ob ein Problem vielleicht nur ein Nebeneffekt eines größeren Phänomens ist, das eventuell gar keiner Lösung bedarf. Würde es vielleicht weitere Schwierigkeiten verursachen, wenn Sie das augenscheinliche Problem lösen, statt alles so zu belassen, wie es jetzt ist?

Erstellen Sie eine Rangfolge Ihrer Probleme mit der Eisenhower-Matrix.

Nicht jedes Problem muss sofort gelöst werden. Die Eisenhower-Matrix hilft Ihnen, Prioritäten zu setzen, indem Sie sich intensiver mit der Wichtigkeit und Dringlichkeit der Anliegen auseinandersetzen. Nutzen Sie dieses Instrument, um Probleme zu lösen, die sofortige Aufmerksamkeit erfordern, und verschieben Sie die Bearbeitung von Problemen mit niedrigerer Priorität.

Fragen Sie sich, was passieren würde, wenn Sie das Problem gar nicht lösen.

Ein wichtiger Schritt, um zu bewerten, welche Auswirkungen Ihr Handeln tatsächlich hat, besteht darin, kontrafaktisch zu denken. (Was würde geschehen, wenn ich es nicht tun würde?) Wenn ein Problem ohnehin auf andere Art und Weise gelöst wird, dann könnten Sie darüber nachdenken, Ihre Bemühungen auf andere Probleme zu richten.

So formulieren Sie Ihre Problemstellungen

Nehmen wir an, Sie sind Inhaber eines kleinen Unternehmens, das Holzspielzeug für Kinder verkauft. Sie lieben Ihre Arbeit und das positive Feedback, das Sie von Eltern aus dem ganzen Land erhalten. Aber da dieses Geschäft Ihre einzige Einnahmequelle ist, müssen Sie einige kluge Entscheidungen treffen.

Ihr Ausgangsproblem lautet: „Wie kann ich mehr verkaufen?" Natürlich gibt es eine ganze Reihe von Möglichkeiten, dieses Ziel zu erreichen. Sie könnten darüber nachdenken, mehr Werbung zu schalten, eine Content-Marketing-Kampagne zu starten, die Mundpropaganda in Schwung zu bringen oder die unverbindlichen Preisempfehlungen ein wenig herunterzusetzen. All diese Ansätze haben das Potenzial, Ihre Umsätze in die Höhe zu treiben.

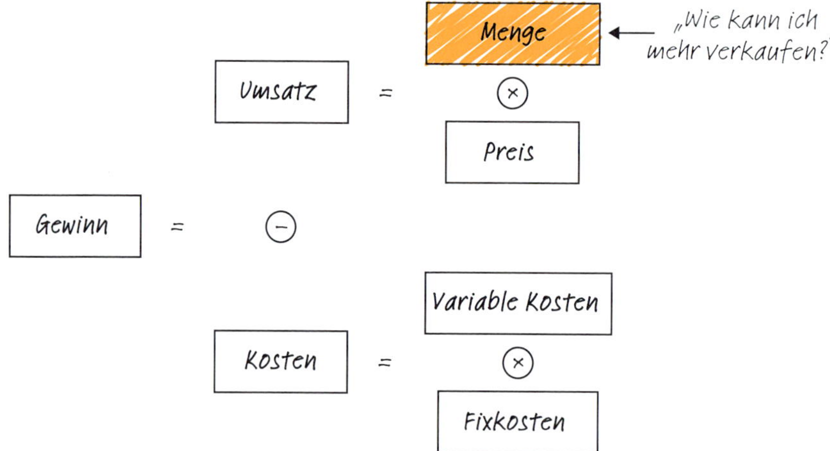

Abbildung 0.3: Alter Problemfokus

Was Sie wirklich wollen, ist jedoch nicht ein höherer Umsatz, sondern ein höherer Gewinn. Indem Sie die Problemstellung neu formulieren und sich die Frage stellen: „Wie erhöhe ich meine langfristigen Gewinne?" werden sich Ihnen ganz neue Horizonte eröffnen. Können Sie beispielsweise den Preis erhöhen und den höheren Erlös in Werbung investieren? Können Sie neue günstigere oder vereinfachte Versionen Ihrer Spitzenprodukte entwickeln, um das Volumen zu erhöhen? Können Sie Kosten sparen, indem Sie die Menge und die Preise Ihrer Rohmaterialien neu verhandeln?

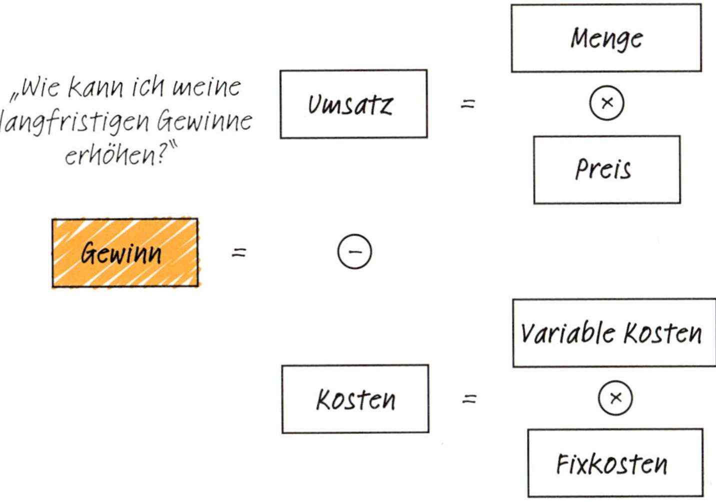

Abbildung 0.4: Neuer Problemfokus

Indem Sie den Fokus des Problems vom Umsatz auf den Gewinn verschieben, haben Sie eine neue Problemstellung definiert. Sie haben die Brennweite verändert, indem Sie sich auf die Finanzkennzahlen konzentrieren, die den Umsätzen nachgeschaltet sind. Und weil die Problemstellung üblicherweise über die Analyse entscheidet, erlaubt uns eine andere Problemstellung, neue Lösungen zu erkennen. Wenn unsere ursprüngliche Problemstellung nur einseitig oder zu eng formuliert ist, dann finden wir möglicherweise nur eine suboptimale Lösung. Statt das globale Optimum (die beste Lösung für das tatsächliche Problem) zu finden, werden wir über das lokale Optimum (die beste Antwort unter dem eingeschränkten Blickwinkel der Problemstellung) nicht hinauskommen.

Symptome versus Ursachen

Beobachten Sie nur das *Symptom* eines umfassenderen Phänomens? Ein gebrochenes Bein tut weh, aber der Schmerz ist nur das Symptom. Morphingaben können den Schmerz unterdrücken, ändern aber nichts an der Ursache. Wenn Sie das ignorieren, hat das unter Umständen tragische Auswirkungen.

Nehmen wir an, Sie sind Büroleiterin in einem Software-Unternehmen. Im Laufe der vergangenen Monate haben Sie bemerkt, dass in den Büroräumen ziemlich viel Müll herumlag – leere Einweg-Kaffeebecher, Getränkedosen und Pfandflaschen, Taschentücher, Altpapier. Selbstverständlich nehmen Sie an, das Problem liege bei den Mitarbeiterinnen und Mitarbeitern im Büro. Ihre Ausgangsproblemstellung lautet: „Wie können wir unser Personal anhalten, ordentlicher zu sein?“

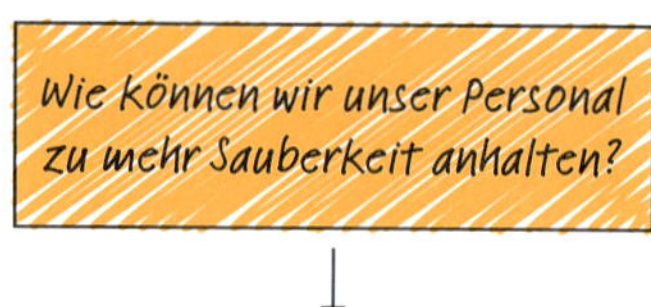

- Allen Mitarbeiterinnen und Mitarbeitern eine E-Mail schicken
- Mehr Mülleimer bereitstellen
- Ein Poster mit der Aufschrift „Danke, dass Sie das Büro sauber halten!" aufhängen
- Die Mitarbeiter und Mitarbeiterinnen „zwingen" aufzuräumen, indem Sie die Zahl der Reinigungskräfte reduzieren

Abbildung 0.5: Problemstellung zur Müllreduzierung im Büro (Symptom)

Mit dieser Problemstellung werden Sie eine ganze Reihe guter Ideen entwickeln. Aber müssen Sie tatsächlich das Übel an der Wurzel packen? Die Ursache des Müllproblems liegt oft nicht nur bei den Mitarbeitenden. Es geht auch um die Dinge, die achtlos auf den Schreibtischen und auf dem Boden liegen bleiben: einmal gebrauchte Kaffeetassen, Plastikverpackungen oder Papier. Formulieren Sie Ihre Problemstellung um in: „Wie können wir unser Büro sauber halten?", um mehr Lösungen zuzulassen.

- Allen Mitarbeiterinnen und Mitarbeitern eine E-Mail schicken
- Mehr Mülleimer bereitstellen
- Ein Poster mit der Aufschrift „Danke, dass Sie das Büro sauber halten!" aufhängen
- Die Mitarbeiter und Mitarbeiterinnen „zwingen" aufzuräumen, indem Sie die Zahl der Reinigungskräfte reduzieren

- Nur wiederverwendbare Tassen und Gläser bereithalten
- Zahl der Reinigungskräfte erhöhen
- Reinigungsgebühr für unsaubere Büros erheben
- Personal dazu anhalten, die Büros sauber zu halten

Abbildung 0.6: Veränderte Problemstellung zur Müllreduzierung im Büro (Ursache)

Auf diese Weise eröffnen sich Ihnen eine Vielzahl weiterer Ideen – und was ursprünglich die Fragestellung war, wird nun zu einem Aspekt unter anderen. Wir werden uns später eingehender mit Ursachen und ihrer Analyse beschäftigen.

Checkliste

Wie Sie neue Problemstellungen finden

Versammeln Sie mehr und unterschiedliche Talente um sich.

Ziehen Sie Leute hinzu, die mit dem Problem zuvor nicht in Berührung gekommen sind. Sie sind nicht in alten Verhaltensmustern verhaftet und bringen frischen Wind mit. Im Idealfall finden Sie Leute, die *genug über das Problem* wissen, aber *kein persönliches Interesse* an der Lösung haben. Unserer Erfahrung nach sind das die Menschen, die Sie bei der Neuformulierung Ihrer Problemstellung am objektivsten und hilfreichsten unterstützen können.

Sichern Sie sich das Potenzial jedes einzelnen Mitarbeiters, ohne dass es zu Gruppendenken kommt.

Viele Brainstorming-Sitzungen scheitern, weil eine einzelne Person die Sitzung dominiert. Das können Sie vermeiden, indem Sie die Teilnehmer bitten, ihre Ideen zuerst niederzuschreiben und sie erst anschließend mit dem ganzen Team zu diskutieren. Wenn Sie die Probleme neu eingrenzen, dann ist die Formulierung von entscheidender Bedeutung. Stellen Sie sicher, dass Ihr Team ausreichend Zeit hat, um über individuelle Lösungen nachzudenken, bevor Sie sie in der größeren Gruppe zusammentragen. Geben Sie ihnen mindestens fünf Minuten.

Stellen Sie bohrende Fragen, um das Denken anzuregen.

Fragen können dazu beitragen, dass die Definition Ihres Problems Formen annimmt. Stellen Sie Ihre Fragen aber erst nach der anfänglichen stillen Brainstorming-Aufgabe. Beispiele für solche Fragen sind:

- Wo liegt die *tatsächliche Ursache* des Problems? Was sind nur die Symptome?
- Was würde geschehen, wenn Sie die Problemstellung enger fassen würden? Was, wenn Sie den Geltungsbereich ausweiten würden?
- Wer profitiert davon, wenn dieses Problem gelöst wird? Wer leidet darunter? Wem ist es egal?

Fazit

Probleme existieren nicht einfach nur; vielmehr wählen wir sie aktiv aus und grenzen sie ein. Gute Entscheider stellen sich als Erstes die „Frage null“: Was ist mein Problem? Denken Sie über die Eingrenzung des Problems nach: Wer hat es formuliert? Welche Interessen liegen der Problemstellung zugrunde? Und dann denken Sie intensiv darüber nach, ob es bei diesem Problem hilfreich wäre, wenn Sie eine neue Problemstellung formulierten. Sollte es überhaupt gelöst werden? Unverzüglich? Von mir?

Teil I

Daten erheben

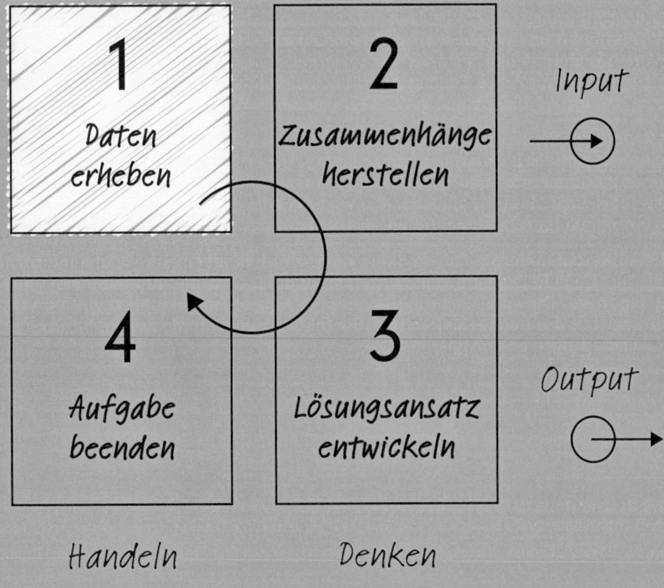

Wir werden von Informationen geradezu überschwemmt. Und nicht nur die *Menge* an Informationen nimmt stetig zu, auch die *Geschwindigkeit*, mit der sie wächst, nimmt unaufhörlich an Fahrt auf. Laut Buckminster Fuller, einem Systemtheoretiker, verdoppelte sich der Umfang menschlichen Wissens bis 1900 etwa alle einhundert Jahre. Anfang der 1950er Jahre verdoppelte sich das Wissen schon alle 25 Jahre. Heute, im Zeitalter miteinander vernetzter Geräte, verdichtet sich diese Zeitspanne immer weiter aufgrund des unablässigen Datenstroms, den die wachsende Zahl der für das Internet der Dinge erforderlichen Geräte produziert.

Gleichzeitig bleibt das Wissen, das wir uns aneignen, indem wir Informationen erfassen und verarbeiten, von wesentlicher Bedeutung, um Entscheidungen treffen und zielgerichtet handeln zu können. Eine Zunahme an Informationen ist nicht das Gleiche wie eine Zunahme an Wissen. Und eine Zunahme an Wissen ist nicht das Gleiche wie eine Zunahme an handlungsbezogener Intelligenz.

Die Menge an Nachrichten nimmt beständig zu, aber das gilt genauso für die Menge an falschen, in die Irre führenden oder ungenauen Informationen. Im Zeitalter der sozialen Medien ist dies eine besonders gefährliche Entwicklung, weil irreführende und falsche Informationen häufig schneller veröffentlicht und verbreitet werden als jede darauffolgende Korrektur.

Im US-amerikanischen Wahlkampf im Jahr 2016 stach ein Ereignis besonders heraus. Im Herbst 2016 verbreitete eine Gruppe rechtsextremer Internetnutzer Gerüchte, es gebe eine Verbindung zwischen der Demokratischen Partei und einem Pädophilen-Ring. In einem Land, das sich entlang des Zweiparteiensystems polarisiert hat, fiel die Nachricht auf fruchtbaren Boden und gelangte über Foren wie 4chan und Reddit an ein größeres Publikum in den sozialen Medien. Ein Pizza-Restaurant in Washington, das angeblich in die Machenschaften verstrickt war, erhielt Hunderte von Drohungen von Menschen, die den Gerüchten Glauben schenkten. All das gipfelte schließlich darin, dass ein bewaffneter Mann die Pizzeria stürmte und aus seinem AR-15-Maschinengewehr drei Salven abfeuerte. Zum Glück wurde dabei niemand verletzt.

Fake News, die als wahr verkauft werden, sind eine große Gefahr für die Gesellschaft. Im günstigsten Fall sorgen sie nur für Verwirrung und Ablenkung, im schlimmsten Fall jedoch führen sie Menschen gezielt in die Irre und wirken extrem manipulativ.

Im ersten Teil des Buches werden wir erläutern, wie wir Daten erheben und Beobachtungen wiedergeben, die unsere Meinungen und unsere Entscheidungen beeinflussen. Wir werfen einen Blick auf die kognitiven Verzerrungen, die unseren Blick einschränken, dazu führen, dass wir wichtige Fakten ignorieren, und unsere Vorstellungen von der Welt verfälschen. Wir zeigen besondere Beispiele auf, analysieren die Verzerrungen und fragen, was nötig ist, um sie systematisch zu überwinden.

Leider sind unsere kognitiven Fähigkeiten häufig durch Vorurteile und vorgefasste Meinungen eingeschränkt, die es uns erschweren, die richtigen Informationen zu erfassen und sie effektiv einzusetzen. Wir nehmen in erster Linie Informationen wahr, die unsere bereits bestehenden Vorurteile bestätigen, und umgeben uns darüber hinaus typischerweise mit Menschen, die unsere Ansichten teilen. Dies führt zu einer verfälschten Perspektive, die Psychologen als *Bestätigungsfehler* bezeichnen.[1] Darüber hinaus wird unsere Wahrnehmung maßgeblich durch das geprägt, was wir denken. Menschen, die viel darüber nachdenken, welche Kleidung sie tragen sollten, sind selbst sehr aufmerksam gegenüber der Kleiderwahl anderer Leute. Menschen, die gerade einen Artikel über Flugzeugabstürze gelesen haben, überschätzen das Risiko, Opfer eines Flugzeugabsturzes zu werden. Wir erinnern uns am ehesten an Dinge, Objekte oder Konzepte, denen wir erst kürzlich begegnet sind. Diese Voreingenommenheit wird als *Verfügbarkeitsheuristik* bezeichnet. Nobelpreisträger Daniel Kahnemann, der zusammen mit Amos Tversky bahnbrechende Forschungsergebnisse in der Verhaltensökonomie vorweisen kann, hat dieses Phänomen „WYSIATI" genannt: „What You See Is All There Is".[2]

Ein weiteres komplexes Phänomen stellen *blinde Flecken* dar. Nicht nur, dass uns Informationen fehlen, wir sind uns auch nicht darüber im Klaren, dass sie fehlen. Unser Gehirn füllt Lücken normalerweise auf, indem es Informationen zusammenfügt und damit eine Gedankenlinie ermöglicht, die über die blinden Flecken hinwegreicht. Das führt dazu, dass wir glauben, alle wichtigen Fakten miteinbezogen zu haben, auf deren Grundlage wir eine bestimmte Entscheidung treffen, selbst wenn uns wesentliche Puzzleteile fehlen.

Diese kognitiven Einschränkungen sorgen dafür, dass wir nicht erkennen, welche Informationen wir tatsächlich benötigen, um kluge Entscheidungen zu treffen, und dass wir die Informationen, über die wir verfügen, nicht effektiv einsetzen. Die gute Nachricht ist, dass es Möglichkeiten gibt, kognitive Verzerrungen zu überwinden. In diesem Teil des Buches stellen wir Ihnen Methoden vor, die helfen, blinde Flecken zu entdecken und falsche Überzeugungen zu korrigieren.

---

1 Die Idee wurde erstmals im Jahre 1960 von dem Experimentalpsychologen Peter Wason entwickelt: Wason, P. C. (1960): „On the failure to eliminate hypotheses in a conceptual task", Quarterly Journal of Experimental Psychology, 12(3), S. 129–40.

2 Kahneman, D., Lovallo, D. und Sibony, O. (2011) „Before you make that big decision", Harvard Business Review, 89(6), S. 50–60.

1

Finden Sie Ihre Schwachstellen

GESTEHEN SIE SICH EIN, WAS SIE NICHT WISSEN,
UND KORRIGIEREN SIE IHRE FALSCHEN ÜBERZEUGUNGEN.

Wir überschätzen in der Regel unsere Meinungen,
Eindrücke und Urteile.

Daniel Kahnemann, Schnelles Denken, langsames Denken

Vorteile dieser mentalen Taktik

Daten zu erfassen und zu verarbeiten ist erste Schritt zur Problemlösung. Auf dem Weg zum Aufbau einer robusten und tragfähigen „Faktenbasis“, die als Grundlage für solide Entscheidungen dient, wimmelt es jedoch vor Fallstricken. Diese Methode hilft Ihnen, Ihre blinden Flecken aufzudecken und Ihr Vertrauen in Ihre eigenen Überzeugungen neu zu justieren.

Diese mentale Taktik ist von so grundlegender Natur, dass Sie sie einsetzen können, wann immer Sie versuchen, ein analytisches Problem zu verstehen und zu lösen.

Gestehen Sie sich Ihre Wissenslücken ein

Als Jamie im Jahr 2005 begann, für ein lizenziertes Taxiunternehmen zu arbeiten, schien der Job eine Goldgrube zu sein. New York war eine boomende Stadt voller wohlhabender Berufstätiger, die zu jeder Tages- und Nachtzeit auf Fahrten kreuz und quer durch die Stadt angewiesen waren. Zu Beginn verdiente er mit Leichtigkeit 200 Dollar pro Tag. Ein paar Jahre später beschloss er, noch tiefer in dieses lukrative Geschäft einzusteigen. Fest davon überzeugt, seiner finanziellen Unabhängigkeit nahe zu sein, nahm er einen Kredit in Höhe von 250.000 Dollar auf, um sich mit einer eigenen Taxiplakette in das Lizenzsystem der Vereinigten Staaten einzukaufen.

Doch zehn Jahre später sah sich Jamie nicht mehr in der Lage, seine Schulden zu begleichen: Seine Tageseinnahmen brachen beträchtlich ein, weil mehr und mehr Nutzer zu Portalen wie Uber oder Lyft wechselten. Obwohl er seine Plakette erst nach der Höchstpreis-Phase erworben hatte (im Jahr 2014 lag der Marktpreis bei mehr als einer Million Dollar), teilte er das Schicksal Tausender anderer Taxifahrer, die das Zeitalter der Apps und Portale nicht hatten heraufziehen sehen.[1] Im Juni 2018 berichtete die New York Post, dass der Preis für die Taxilizenz auf 160.000 bis 250.000 Dollar pro Plakette gefallen war.[2]

Die Sharing Economy hat die Welt der Mobilität auf den Kopf gestellt. Zu einer unbekannten Person ins Auto steigen? Im Bett eines fremden Menschen schlafen? Noch vor wenigen Jahren war das unvorstellbar. Heute sind derartige Modelle im Mainstream angekommen und treffen alteingesessene Unternehmen und Anbieter immer noch bis ins Mark.

Gibt es einen Weg, um systematisch seine eigenen blinden Flecken und falschen Vorstellungen aufzudecken und zu erkennen? Genau um diese Aspekte geht es:

1 Watt, C. S. (2017) „ There's no future for taxis': New York yellow cab drivers drowning in debt“. The Guardian. [Online] 20. Oktober 2017. Link: *www.theguardian.com/us-news/2017/oct/20/new-york-yellow-cab-taxi-medallion-value-cost*. [Zugriff 24. Juni 2019].

2 Byrne, J. A. (2018) „139 taxi medallions will be offered at bankruptcy auction“. New York Post. [Online] Link: *https://nypost.com/2018/06/09/139-taxi-medallions-willbe-offered-at-bankruptcy-auction*. [Zugriff 18. Mai 2019].

- Erstens: So erkennen Sie blinde Flecken – Bereiche, in denen Informationen fehlen, die für Entscheidungen wichtig sind.
- Zweitens: So erkennen und korrigieren Sie falsche Vorstellungen und Überzeugungen.

Vorstellungen über den Zustand und das Funktionieren der Welt

Um es auf den Punkt zu bringen: Vorstellungen, die sich mit der Realität decken und auf Fakten basieren, gehören zu den wichtigsten Bausteinen, um Probleme zu lösen und solide Entscheidungen zu treffen.

Unsere Überzeugungen (oder, wenn wir diese nicht haben, unsere blinden Flecken) lassen sich in drei Kategorien einteilen:

1. **Vorstellungen über den gegenwärtigen Zustand der Welt (heute):** Wenn Sie um 7 Uhr am Flughafen ankommen und glauben, dass Ihr Flug um 8:20 Uhr geht, dieser aber schon um 6:20 Uhr startete, dann unterliegen Sie falschen Vorstellungen über den gegenwärtigen Zustand der Welt (und werden dafür sofort abgestraft, weil Sie Ihren Flug verpassen).
2. **Vorstellungen über die Kausalzusammenhänge in der Welt:** Die falsche Annahme, Impfungen könnten Autismus auslösen, hält zahllose Eltern davon ab, ihre Kinder impfen zu lassen. Auf lokaler Ebene kann das dazu führen, dass die Immunisierungsrate unter die Grenze fällt, die erreicht werden muss, um ansteckende Krankheiten endgültig auszurotten. In einigen Gegenden, z.B. Minnesota, überzeugten Impfgegner eine kritische Anzahl von Eltern, ihre Kinder nicht impfen zu lassen, sodass es 2017 zu 70 bestätigten Masernfällen kam.[3]
3. **Vorstellungen über den zukünftigen Zustand der Welt (Vorhersagen):** Wenn Sie eine Wette auf ein bestimmtes Rennpferd platzieren, dann glauben Sie erstens an die relative Überlegenheit Ihres Favoriten gegenüber der Konkurrenz (Kategorie 1) und zweitens daran, dass Pferderennen ein verlässlicher Mechanismus sind, um die Renngeschwindigkeit von Pferden akkurat zu bestimmen (Kategorie 2).

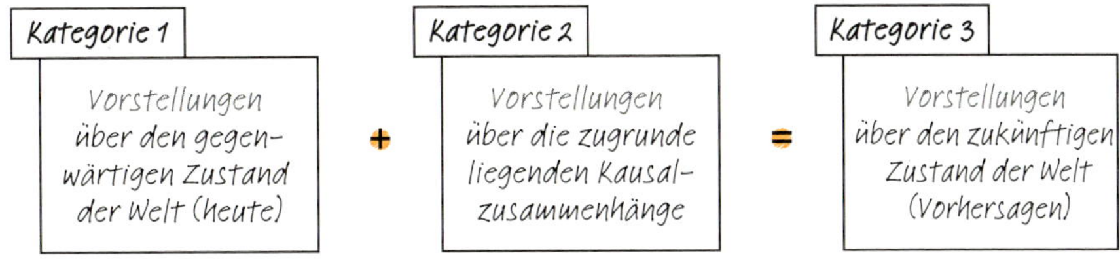

Abbildung 1.1: Drei Kategorien von Vorstellungen

3 Centers for Disease Control and Prevention. (2017) „Morbidity and Mortality Weekly Report: Measles Outbreak – Minnesota April–Mai 2017". [Online] Link: *www.cdc.gov/mmwr/volumes/66/wr/mm6627a1*. [Zugriff 24. Oktober 2018].

Wie aus der Abbildung zu erkennen ist, kann Kategorie 3 der Vorstellungen typischerweise als Funktion der (entweder impliziten oder expliziten) ersten zwei Kategorien betrachtet werden.

Greifen wir noch einmal die Situation von Jamie, dem Taxifahrer, auf. Welche Überzeugungen könnten seine Entscheidung beeinflusst haben? Er hat eventuell

- die Vorlieben seiner Kunden für Mitfahrdienste (Kategorie 1) oder aber die Geschwindigkeit, mit der sich die Vorlieben seiner Kunden verändert haben (Kategorie 2), unterschätzt.
- die Möglichkeiten der Taxilobby unterschätzt, für Regulierungsmechanismen zu sorgen, mit denen der Status quo aufrechterhalten werden könnte (Kategorie 1).
- das Wachstum der Stadtbevölkerung, die Pro-Kopf-Ausgaben und den daraus folgenden Anstieg der Nachfrage nach gefahrenen Kilometern überschätzt (Mix aus Kategorie 1 und 2).

Natürlich können wir an diesem Punkt nur spekulieren, aber jede einzelne oder auch die Kombination dieser Überzeugungen können dazu geführt haben, dass Jamie die Zukunft der Taxizunft durch die rosa Brille gesehen und deshalb in eine Taxiplakette investiert hat.

Vorhersehbar falsch

Wann immer wir unsere Überzeugungen über den Zustand und das Funktionieren der Welt entwickeln, ist Unsicherheit in der einen oder anderen Form im Spiel. Das sollte Sie nicht überraschen. Wir können einfach nicht alles wissen oder verarbeiten.

Einige unserer kognitiven Einschränkungen sind dabei struktureller Natur (und damit vorhersehbar). Sie spielen uns immer wieder und auf immer gleiche Art und Weise Streiche und verfälschen unser Denken. Diese Beschränkungen werden als „kognitive Verzerrungen" bezeichnet und beschäftigen eine wachsende Zahl von Wissenschaftlern, die auf Gebieten wie der Verhaltensökonomie oder den Neurowissenschaften arbeiten.

Man kann beispielsweise durch Experimente belegen, dass wir dazu neigen,

- durch die allererste Information beeinflusst zu werden, die uns zu einem bestimmten Sachverhalt begegnet, und kaum davon abzubringen sind – diesen Effekt nennt man „Ankerheuristik".
- unsere Vorstellungen nur unzureichend auf den neuesten Stand zu bringen, wenn wir mit neuen Beweisen konfrontiert werden – das ist der Effekt der „Status-quo-Tendenz".
- Wahrscheinlichkeiten vollständig außer Acht lassen, wenn wir eine Entscheidung unter Unsicherheit treffen.

Im nächsten Kapitel werden wir die wichtigsten kognitiven Verzerrungen eingehender unter die Lupe nehmen.[4]

4 Zur Vertiefung empfehlen wir Bazerman, M. (2014) The Power of Noticing: What the Best Leaders See. Simon & Schuster.

Fehler einzugestehen, ist nicht angesagt

Wir sind nicht nur in vielerlei Hinsicht voreingenommen, wir sind außerdem strengen sozialen Normen unterworfen, die wir nur schwer überwinden können, um unsere Überzeugungen zu ändern. Es ist immer noch ein soziales Stigma, zuzugeben, dass wir eine Frage nicht beantworten können oder einfach Unrecht hatten. Wenn ein CIO falsche Zahlen in den Quartalsberichten zitiert, können Sie sicher sein, dass er oder sie später zur Rechenschaft gezogen wird. Sogenannte starke Führungspersönlichkeiten werden häufig allein deshalb als stark wahrgenommen, weil sie sich weigern, die Unwägbarkeiten einzuräumen, die für das menschliche Zusammenleben charakteristisch sind. Man erwartet von ihnen, dass sie den Weg kennen und sich mit Riesenschritten vorwärtsbewegen.[5]

Dabei richtet sich die Kritik üblicherweise nicht gegen die Bescheidenheit einer Person, sondern gegen eine unterstellte mentale Verfassung oder Kompetenz. Wenn jemand sagt „Ich weiß es nicht“ kann dies entweder fälschlicherweise als „Ich bin *nicht in der Lage,* es zu wissen“ ausgelegt werden und auf kognitive Einschränkungen verweisen. Oder aber es legt nahe, dass die Person es nicht wissen *will*, und das wäre wiederum ein Hinweis auf eine mangelnde Motivation, etwas herauszufinden.

Unterschiedliche Typen des Nichtwissens

Es ist hilfreich, die unterschiedlichen Kategorien des Nichtwissens einzuordnen, um ihnen schnell auf die Schliche zu kommen. Die folgende Matrix unterscheidet zwischen der Richtigkeit einer Überzeugung und dem wahrgenommenen Vertrauenslevel.

- **Richtigkeit einer Überzeugung:** Ist etwas, das Sie glauben, *objektiv* wahr? Oder ist es falsch?
- **Vertrauenslevel:** Sind Sie *absolut sicher*, dass Sie eine wahre Überzeugung vertreten, oder ist Ihr *Vertrauenslevel niedrig*? Wissen Sie beispielsweise ganz *sicher*, dass Ihr Kollege befördert werden wird, weil Ihr Vorgesetzter Ihnen das gerade zugesteckt hat? Oder ist Ihre Überzeugung nur eine wilde Vermutung, die auf Spekulationen über die Leistung Ihres Kollegen beruht?

5 Das Zurschaustellen eines ausgeprägten Selbstbewusstseins entspricht dem Profil typischer Führungspersönlichkeiten. Das verleitet Gruppenangehörige dazu, narzisstische Personen in Gruppensituationen zu wählen. Diese werden zwar als effektiver wahrgenommen, sorgen aber tatsächlich dafür, dass die Leistung der gesamten Gruppe abnimmt. Siehe Nevicka, B., Ten Velden, F. S., De Hoogh, A. H. und Van Vianen, A. E. (2011) „Reality at odds with perceptions: Narcissistic leaders and group performance“, Psychological Science, 22(10), S. 1259–64.

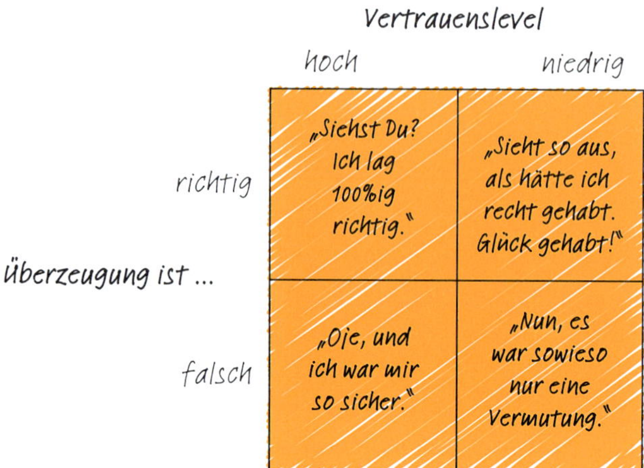

Abbildung 1.2: Matrix zu Vertrauenslevel und Richtigkeit einer Überzeugung

Während Sie Ihren Alltag bewältigen und täglich Hunderte von Entscheidungen treffen, werden Sie sich am häufigsten im linken oberen Quadranten wiederfinden. Um ein einfaches Beispiel zu nennen: Sie können ziemlich sicher sein, dass die Kaffeemaschine nicht explodieren wird, wenn Sie sie morgens einschalten.

Aber achten Sie auf den linken unteren Quadranten, das Paradebeispiel für Selbstüberschätzung. Als die Preise selbstgenutzter Eigenheime während der 1990er und bis in die frühen 2000er Jahre immer mehr anstiegen, waren sich nur wenige Menschen über das Risiko eines Abschwungs bewusst (von einem Crash ganz zu schweigen). Und dennoch passierte genau das und löste überdies einen Domino-Effekt aus Zahlungsverzügen und Zwangsvollstreckungen aus. Auf diese Weise wurden erst die Banken und schließlich die gesamte Weltwirtschaft schwer unter Druck gesetzt. Die Verlagerung der Aufmerksamkeit auf nur eine Tendenz, nämlich die, die nach oben wies, sorgte dafür, dass viele Investoren selbstgefällig wurden und sich überschätzten.

Selbstüberschätzung ist auch im Spiel, wenn es darum geht, die eigenen Fähigkeiten einzuordnen. Dieses Phänomen wird als „Dunning-Kruger-Effekt" bezeichnet.[6] Menschen, die geringer qualifiziert sind, halten ihr eigenes Qualifikationslevel häufig für sehr hoch, was dafür spricht, dass ihnen grundsätzlich die Fähigkeit fehlt, ihre Leistung korrekt einzuschätzen. Auch wenn es eine Korrelation zwischen der Einschätzung der eigenen Fähigkeiten und den tatsächlichen Kompetenzen gibt, ist diese doch geringer, als man vermuten würde: Die oberen 25 Prozent der Studienteilnehmer unterschätzten ihr Abschneiden in einem Test, während die unteren 25 Prozent ihr Abschneiden überschätzten.

Wie sieht es aus, wenn wir bislang keine Überzeugung ausgeprägt haben, vielleicht, weil wir von der Existenz eines Sachverhalts bislang noch gar nichts wussten? Haben

6 Kruger, J. und Dunning, D. (1999), „Unskilled and Unaware of it: How Difficulties in Recognizing One's Own Incompetence Lead to Inflated Self-Assessments", Journal of Personality and Social Psychology, 77(6), S. 1121.

Sie sich beispielsweise noch kein Wissen über Künstliche Intelligenz angeeignet, weil Sie diesem Thema bislang einfach keine Aufmerksamkeit schenken mussten? Die folgende Matrix gibt Aufschluss darüber.

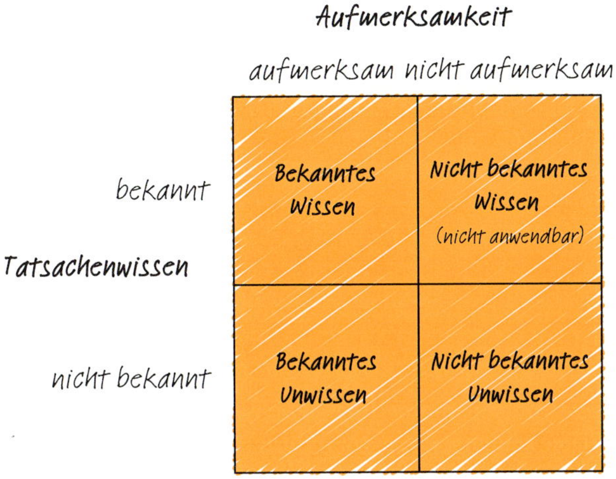

Aufmerksamkeit

Tatsachenwissen	aufmerksam	nicht aufmerksam
bekannt	Bekanntes Wissen	Nicht bekanntes Wissen (nicht anwendbar)
nicht bekannt	Bekanntes Unwissen	Nicht bekanntes Unwissen

Abbildung 1.3: Matrix zu Aufmerksamkeit und Tatsachenwissen

Beginnen wir mit dem linken oberen Quadranten, dem „bekannten Wissen“.[7]

Hier handelt es sich typischerweise um relativ überschaubare Situationen, die sowohl deterministisch geprägt sind als auch klare kausale Zusammenhänge aufweisen. Probleme und Lösungen in diesem Bereich werden normalerweise nicht infrage gestellt. Stellen Sie sich z.B. vor, Sie haben einen Platten an Ihrem Auto. Es steht nicht nur außer Frage, worin das Problem besteht (Sie stellen fest, dass keine Luft mehr im Reifen ist), auch die Ursache ist häufig erkennbar (ein Riss oder ein Nagel). Zudem liegt die Lösung des Problems auf der Hand: Wechseln Sie Ihren Reifen.

Gehen wir zum unteren linken Quadranten, dem „bekannten Unwissen“. Typische Beispiele für Probleme in dieser Kategorie sind Fragen in Lehrbüchern. Wenn Sie auf solche Probleme stoßen, ist Fachwissen das Mittel der Wahl. Bevor Sie im Mathematik-Lehrbuch das Kapitel über Integralrechnung gelesen haben, wissen Sie nicht, wie Sie eine Formel integrieren können, aber sobald Sie das Kapitel durchgearbeitet haben, ist die Aufgabe leicht zu lösen. Oberflächlich betrachtet, machen Probleme dieser Kategorie einen beängstigenden und komplizierten Eindruck, weil die Zahl der Antworten so groß erscheint. Aber wenn Sie sich in die Details vertiefen, werden Sie feststellen, dass Probleme dieser Art schon vorher gelöst worden sind.

7 Dieser Begriff erlangte durch den früheren US-Außenminister Donald Rumsfeld Berühmtheit, als dieser sich während einer Pressekonferenz über die spärliche Beweislage äußerte, die den Irak mit Massenvernichtungswaffen in Verbindung brachte. Er kann darüber hinaus auf die Arbeit der Psychologen Joseph Luft und Harrington Ingham zurückgeführt werden.

Die dritte Kategorie auf der rechten unteren Seite enthält die wirklichen blinden Flecken. Dieses „nicht bekannte Unwissen“ stellt uns nachweislich vor die größte Herausforderung. Per definitionem wissen wir gar nicht, was wir nicht wissen. Deshalb kann es keinen besonderen Rat dafür geben, wie wir mit den Sachverhalten in dieser Kategorie verfahren sollten, weil sie schlicht nicht bekannt sind. Dennoch gibt es kreative Wege, um sie ans Tageslicht zu bringen. Wenn Sie einige der Ansätze, die wir im Folgenden vorstellen, beherzigen, dann wird Ihnen das helfen, sich das Unvorstellbare vorzustellen und das „nicht unbekannte Unwissen“ aus dem unteren rechten in den unteren linken Quadranten zu verschieben.

Decken Sie Ihre blinden Flecken auf

1. Verstehen Sie, wie Ihr Verstand funktioniert

Es gibt drei kognitive Verzerrungen, die es uns so schwer machen, blinde Flecken zu erkennen und falsche Überzeugungen zu verändern. Wir haben einige von ihnen bereits erwähnt. Unser Verstand neigt dazu,

- automatisch nach Beweisen zu suchen, die unsere vorgefassten Meinungen *bestätigen.*
- blinde Flecken mit *wohlklingenden* (z.B. plausiblen und glaubhaften) Geschichten zu füllen.
- eher etwas zu bemängeln, was wir direkt vor Augen haben, statt herauszufinden, was *fehlt.*

Reden wir über das erste Phänomen. Es wird als „Bestätigungsfehler“ bezeichnet. Wir neigen dazu, Belege zusammenzutragen, die uns in unseren bestehenden Überzeugungen und Erwartungen bestärken, statt Beweise zu finden, die diese auf die Probe stellen.

Um dieses Problem zu überwinden, müssen Sie sich darüber klar werden, welche Werte Ihrer Meinung nach wahr sind und welche Vorstellungen Sie von der Welt haben. Dies gilt sowohl für Ihre eigene Wahrnehmung und für die Medien, auf die Sie zurückgreifen, als auch für die (sozialen) Medien selbst.

Zweitens überbrückt Ihr Verstand blinde Flecken mithilfe überzeugender Geschichten. Und das geschieht nicht nur, bevor wir eine Entscheidung treffen, sondern auch danach. In einem faszinierenden Experiment führten Wissenschaftler eine Verkostung durch, bei der Tee und Konfitüre angeboten wurden, und Passanten wurden nach der Verkostung gefragt, welche Kombination sie bevorzugten. Nachdem sie ihre Entscheidung getroffen hatten, wurden die Probanden gebeten, erneut zu probieren und dann zu erläutern, warum sie diese Wahl getroffen hatten. Für die Teilnehmer nicht sichtbar hatten die Forscher in der Zwischenzeit den Inhalt der Gläser ausgetauscht, sodass die Gläser genau das Gegenteil von dem enthielten, was die Probanden zuvor ausgewählt hatten. Nicht mehr als ein Drittel aller Teilnehmer bemerkte den Austausch.[8] Unser Verstand füllt die Lücken ganz schnell, selbst wenn dies nicht wirklich unserer Erfahrung entspricht.

Schließlich ist es viel einfacher, etwas zu kritisieren, was wir direkt vor uns sehen, also etwas, was *bekannt* ist, als etwas zu identifizieren, was *nicht vorhanden* ist. Dies geschieht den Autoren andauernd, beispielsweise, wenn wir unsere Unterlagen oder Präsentationen kontrollieren. Herauszufinden, was fehlt (also welches Argument oder welche Annahme vorhanden sein sollte, aber nicht da ist), ist eine wesentlich komplexere Aufgabe als etwas zu korrigieren, was falsch ist (z.B. eine falsche Aussage oder eine unlogische Annahme).

2. Versuchen Sie, das bestmögliche Argument für die Gegenseite zu liefern

Es ist leicht, sich in seine eigenen Perspektiven und Ansichten zu verlieben. Wir schaffen uns Überzeugungen, die für uns maßgeschneidert sind, und verteidigen sie dann. Wir gewöhnen uns an sie.

Es ist jedoch ganz allgemein eine gute Übung, das *bestmögliche Argument für die Gegenseite* zu suchen. Lassen Sie es zu, Zweifel gewinnbringend zu nutzen: Gestatten Sie Ihrem Gegenüber (oder sich selbst) das beste und überzeugendste Argument zu finden, das belegt, *warum Sie falsch liegen.* Je mehr Sie sich dafür engagieren, *Beweismaterial für die Gegenseite* zusammenzutragen, desto eher finden Sie nicht nur Schwachstellen in Ihren eigenen Überzeugungen, sondern bauen auch Ihre Empathie für die Gegenseite aus. Daniel Dennett, ein prominenter Intellektueller, der sich mit der Philosophie des Geistes und mit Kognitionswissenschaften beschäftigt hat, schrieb: „Sie sollten versuchen, die Position Ihres Gegners so klar, lebendig und fair darzustellen, dass Ihr Gegenüber sagt: ‚Danke, ich wünschte, ich hätte es auch so formuliert.‘“[9]

3. Bleiben Sie bescheiden

Ihre Bescheidenheit zu trainieren, ist der effektivste Weg, um Ihre Selbstüberschätzung in den Griff zu bekommen. Richard Feynman, der berühmte Physiker und Pädagoge, sagte einmal: „Ich bin klug genug zu wissen, dass ich dumm bin.“[10] Bescheidenheit ist eine Methode, um eine Einstellung auszuprägen, die einkalkuliert, dass man Unrecht haben könnte, und die es erlaubt, aktiv um Rat zu fragen und Wege zu finden, Überzeugungen und Bewertungen zweimal zu überprüfen.

---

8 Hall, L. et al. (2010), „Magic at the marketplace: Choice blindness for the taste of jam and the smell of tea“, Cognition, 117(1), S. 54–61.

9 Dennett, D.C. (2013), Intuition pumps and other tools for thinking. W.W. Norton & Company.

10 Richard Feynman, amerikanischer Physiker (1918–1988).

4. Weisen Sie Ihren Überzeugungen Wahrscheinlichkeiten zu und justieren Sie sie regelmäßig

Statt nur gegeneinander aufzurechnen, wie viele Ereignisse Sie richtig eingeschätzt haben und bei wie vielen Sie falsch lagen, sollten Sie konkreter werden. Eine Möglichkeit, Bescheidenheit an den Tag zu legen, besteht darin, Wahrscheinlichkeiten zu ermitteln, die Ihren jeweiligen Überzeugungen zugrunde liegen.

Im Anhang stellen wir Ihnen eine erprobte Methode zur Selbsteinschätzung vor und illustrieren diese mit einem Beispiel.

5. Schließen Sie Wetten über Ihre Überzeugungen ab

Ein Sprichwort besagt, Worte seien nichts als Schall und Rauch – und in unserer durch die sozialen Medien beeinflussten Welt produzieren wir mehr Worte als jemals zuvor. Es ist einfach, unbegründete Behauptungen aufzustellen oder wilde Vermutungen über die Welt zu äußern, in der wir leben, solange es um nichts geht. Aber was geschieht, wenn wir uns an höheren Maßstäben messen lassen und Schlussfolgerungen ziehen, um uns zu ermutigen, unsere Überzeugungen kritisch zu hinterfragen und auf die Probe zu stellen?

Eine simple Möglichkeit besteht darin, sich die Gewohnheit anzueignen, Wetten über Ihre Überzeugungen und Vorhersagen abzuschließen. Wenn ein kostspieliger Restaurant-Besuch oder ein 100-Dollar-Einsatz daran geknüpft sind, wie genau wir Dinge einschätzen, dann denken wir vielleicht sorgfältiger über unsere Antworten nach. Alex Taborrok, Professor an der George Mason University, brachte das einmal auf den Punkt, als er Wetten als „a tax on bullshit“ bezeichnete.[11]

6. Werden Sie zum Skeptiker

Im Jahr 2017 kürte das Collins Dictionary „Fake News“ oder „Alternative Fakten“ zum Unwort des Jahres. Der Begriff wurde genutzt, um eine aus subjektiver Sicht unliebsame Berichterstattung sowie die Medien im Allgemeinen zu kritisieren, und war schnell in aller Munde.

Es liegt auf der Hand, dass wir als Entscheidungsträger auf der Hut sein müssen, um nicht auf Fake News hereinzufallen. Aber dafür müssen wir wissen, wie wir diese erkennen.

Behauptungen sollten auf zwei Ebenen analysiert werden:

1. Ist die Behauptung *in sich* stimmig?
2. Ist die *Quelle* vertrauenswürdig und nicht widersprüchlich?

---

11 Tabarrock, A. (2012), „A bet is a tax on bullshit“. Marginal Revolution. [Online] 2. November 2012. Link: *https://marginalrevolution.com/marginalrevolution/2012/11/a-bet-is-a-taxon-bullshit.html.* [Zugriff 10. November 2018].

Beginnen wir mit dem ersten Aspekt. Wir neigen dazu, mithilfe unseres intuitiven Wissens über die Welt einzuschätzen, wie plausibel eine Behauptung ist. Je besser sich eine Behauptung in unsere bisherigen Überzeugungen einfügt, desto plausibler ist sie. Je weniger dies der Fall ist, desto mehr Belege sind erforderlich. Um es mit Carl Sagan auszudrücken: „Außergewöhnliche Behauptungen erfordern außergewöhnlich starke Beweise."[12]

Nun zum zweiten Punkt. Können wir der *Quelle* vertrauen?

Nachdem in einer Studie der Zusammenhang zwischen Zuckerkonsum und Herzerkrankungen aufgedeckt worden war, beendete die Zucker-Lobby in den USA (damals wurde sie Sugar Research Foundation genannt) die Studie und verhinderte die Veröffentlichung der Ergebnisse. Stattdessen finanzierte John Hickson, Mitglied der obersten Führungsriege der Stiftung, klammheimlich zwei einflussreiche Harvard-Wissenschaftler dafür, ein Papier zu veröffentlichen, das ungesättigten Fettsäuren den Schwarzen Peter zuschob.[13] Das Beispiel zeigt, wie wichtig es ist, zu verstehen, welche Motive Ihre Quelle hat, eine bestimmte Information herauszugeben. Warum unternimmt sie die Anstrengung, etwas zu sagen oder zu veröffentlichen? Welche Motivation liegt Ihrer Quelle zugrunde? Wie wird sie finanziert? Noch wichtiger: Wer profitiert davon?

Nicht immer ist Niedertracht die zugrunde liegende Motivation: Denken Sie an das Publikationsbias in wissenschaftlichen Publikationen. Es ist hinreichend belegt, dass Wissenschaftler dazu neigen, Artikel nur dann zu veröffentlichen, wenn sie eindeutig positive Ergebnisse aufweisen.[14]

Mit anderen Worten, das Ergebnis einer Studie beeinflusst maßgeblich, mit welcher Wahrscheinlichkeit sie publiziert wird. Dieses Verhalten ist zutiefst rational, sowohl aus Sicht der Wissenschaftler als auch aus Sicht der Zeitschrift, führt aber zu einer Unausgewogenheit wissenschaftlicher Ergebnisse und damit zu einer Verzerrung des „wissenschaftlichen Konsens" über wichtige wissenschaftliche Themen.

Nachdem Sie die zugrunde liegende Motivation unter die Lupe genommen haben, fragen Sie sich, ob die Quelle *in der Lage ist,* eine wahre Aussage zu treffen. Verfügt sie über die *Kompetenz,* die Recherchen und Analysen zu betreiben, die erforderlich sind, um eine vertrauenswürdige Information hervorzubringen? So wie Sie einer betrunkenen Person nicht zutrauen, Ihnen korrekte Richtungsanweisungen zu geben, wenn Sie sie nach dem Weg fragen, werden Sie wahrscheinlich auch nicht unbedingt einen spirituellen Heiler ohne jede schulmedizinische Ausbildung aufsuchen, wenn Sie sich das Bein gebrochen haben.

---

12 Sagan, C. (1979), Broca's Brain, Reflections on the Romance of Science, New York: Random House (oder: Unser Kosmos (Fernsehserie), Folge 12, Eine galaktische Enzyklopädie; *https://de.wikiquote.org/wiki/Carl_Sagan*).

13 O'Connor, A. (2017), „Sugar Industry Long Downplayed Potential Harms". The New York Times. [Online] 21. November 2017. Link: *www.nytimes.com/2017/11/21/well/eat/sugar-industry-long-downplayed-potential-harms-of-sugar.html.* [Zugriff 3. April 2018].

14 Kicinski, M. (2013), „Publication bias in recent meta-analyses", PloS one, 8(11), S. e81823.

7. Tauchen Sie in die Gedankenwelt anderer Menschen ein

Wie bereits erwähnt, neigen wir dazu, uns während des Problemlösungsprozesses zu früh auf eine Interpretation festzulegen, und ändern unsere Überzeugungen auch dann nicht, wenn wir mit Gegenbeweisen konfrontiert werden. Wir akzeptieren Geschichten und schillernde Erklärungen, schenken aber Beobachtungen keinerlei Beachtung, die gegenteilige Interpretationsansätze erfordern. Die Lösung für diese Verzerrung ist einfach: Tauchen Sie in die Gedankenwelt anderer Menschen ein, um Abhilfe zu schaffen.

Mit großer Wahrscheinlichkeit haben Sie in Ihrem Job täglich mit anderen Menschen zu tun. Es ist ebenso wahrscheinlich, dass diese nicht über die gleichen blinden Flecken verfügen wie Sie, weil der Lebensweg jedes Menschen anders verläuft. Indem Sie diesen Menschen unterschiedliche Rollen zuweisen, die sie spielen sollen, können Sie ihren analytischen Fokus gezielt nutzen, um Überzeugungen auf den Prüfstand zu stellen. Hier sind zwei typische Rollen, die in Teamzusammenhängen gut funktioniert haben:

- **Des Teufels Advokat:** Hier handelt es sich um ein besonders kritisches Teammitglied, das zunächst einmal die Probleme und Risiken darstellt, die ein Ansatz mit sich bringt. Solche Teammitglieder stehen einem Vorschlag nicht unbedingt ablehnend gegenüber, sind aber darauf fokussiert, seine Gültigkeit zu überprüfen. Sie finden neue Beweise, die Sie eventuell noch nicht kennen und die Sie zunächst auch gar nicht herausfinden wollen. Eine ähnliche Herangehensweise ist die Einrichtung von „roten Teams" oder „roten Zellen" nach dem Beispiel der CIA oder bestimmter Vertragsunternehmen der Regierung. Hier handelt es sich um unabhängige Gruppen, die mit voller Absicht etablierte Meinungen oder Ansichten infrage stellen, um Schwachstellen, blinde Flecken oder andere Unzulänglichkeiten aufzudecken. Die CIA begann mit diesem Vorgehen nach den 9/11-Anschlägen und es erwies sich als sehr wirksam.[15]
- **Die Fakten-Checker:** Sie bringen versteckte Annahmen in Aussagen ans Tageslicht und werfen noch einen zweiten Blick auf die Fakten. Im Gegensatz zu des Teufels Advokat nimmt der Fakten-Checker nicht unbedingt die Position Ihres Widersachers ein. Seine Rolle besteht schlicht darin, noch tiefer zu graben, implizite Prämissen aufzudecken, Aussagen mit Beweisen abzugleichen und Fakten in die Diskussion einzubringen.

Erwarten Sie nicht, dass Ihre Teammitglieder diese Rollen aus freien Stücken übernehmen. Insbesondere in hierarchischen Umgebungen gibt es wenig Anreize, kritische Anmerkungen zu machen. Es ist besser, gezielt Mitarbeiter zu benennen, um diese Rolle zu spielen. Sie können auch darüber nachdenken, die Rollen wechselweise zu vergeben, beispielsweise in jeder neuen Sitzung einen Rollentausch vorzunehmen. Davon wird nicht nur Ihre alltägliche Arbeit profitieren, es ermöglicht auch all denjenigen, die die Rollen übernehmen, ihr aufmerksames, kritisches Denken zu schulen.

---

15 Zenko, M. (2015) „Inside the CIA Red Cell: How an experimental unit transformed the intelligence community". Foreign Policy. [Online] 30. Oktober Link: *http://foreignpolicy.com/2015/10/30/inside-the-cia-red-cell-micah-zenko-red-team-intelligence/*. [Zugriff 18. November 2018].

Fazit

Wir Menschen verfügen nicht über einen eingebauten Mechanismus, um falsche Überzeugungen zu erkennen oder uns und anderen einzugestehen, dass wir etwas nicht wissen. Stattdessen suchen wir normalerweise nach Beweisen, mit denen unsere Voreingenommenheit noch bestärkt wird, und erfinden zufriedenstellende Geschichten, mit denen wir die Lücken füllen. Um fundierte Entscheidungen zu treffen, ist es wichtig, dass Sie regelmäßig Ihre Überzeugungen auf die Probe stellen, Ihre Selbsteinschätzung justieren und mehr Bescheidenheit an den Tag legen.

2

Verabschieden Sie sich von kognitiven Verzerrungen

DURCHSCHAUEN SIE DIE STREICHE, DIE IHR VERSTAND IHNEN SPIELT

Auch wenn es paradox klingt, so trifft es doch zu, dass wir, je mehr Wissen wir anhäufen, absolut gesehen umso unwissender werden. Denn nur durch diese Einsicht werden wir uns unserer Grenzen bewusst. Es ist gerade eines der erfreulichsten Ergebnisse der intellektuellen Evolution, dass sich immer neue und größere Perspektiven auftun.

Nikola Tesla

Vorteile dieser mentalen Taktik

Indem Sie die kognitiven Verzerrungen, denen Sie unterliegen, systematisch offenlegen und untersuchen, sind Sie auf einem guten Weg dahin, Ihren Horizont zu erweitern – Sie werden nicht nur einen klareren, sondern auch einen umfassenderen Blick auf die Welt haben. Dies ist insbesondere während der Erhebung von Daten wichtig. Die Qualität Ihrer Ergebnisse und Analysen hängt von Ihrem Input ab (also von den Daten und Beweisen, die Sie zusammentragen). Sie sollten alles daransetzen, so objektiv und umfassend wie möglich zu arbeiten.

Denken Sie daran, dass es sich hier nur um Empfehlungen handelt. Sie werden nicht mit allem einverstanden sein, worüber wir hier reden. Vielleicht haben Sie sogar das Gefühl, dass Sie keinen dieser Vorschläge jemals umsetzen werden. Auch wenn wir vorsichtig unterstellen möchten, dass Sie Gefahr laufen, sich selbst zu überschätzen, ist das trotzdem in Ordnung. Es ist ein Gegenmittel, um vorschnelle Urteile abzuwenden, und eine Hilfe, um unvoreingenommen über Situationen und Menschen nachdenken zu können.

Wir glauben, dass diese mentale Taktik sehr hilfreich sein kann, während Sie sich auf der Jagd nach Informationen, in der Phase der Informationsverarbeitung oder im Nachbetrachtungsmodus befinden.

Durchschauen Sie die Streiche, die Ihr Verstand Ihnen spielt

Ist es Ihnen schon einmal passiert, dass Sie nach einem langen Tag zu Hause angekommen sind und sich nicht mehr sicher waren, wie Sie dorthin gekommen sind? Bestellen Sie zum Mittagessen immer und immer wieder das gleiche Gericht, obwohl Sie irgendwo tief in Ihrem Innern die Vermutung haben, dass es auch etwas geben könnte, das Sie eigentlich lieber mögen, wenn Sie es nur ausprobieren würden? Haben Sie schon einmal jemanden kennengelernt, der ein wenig aussah wie ein Freund von Ihnen, was dazu führte, dass Sie sich sofort ein Bild von seiner Persönlichkeit gemacht haben? Und selbst Monate später, nachdem Sie längst realisiert hatten, dass er Ihrem Freund in keinerlei Hinsicht ähnelt, dauerte es noch eine ganze Weile, bis Sie Ihre ursprünglichen Annahmen schließlich revidieren konnten?

Wir haben Ihnen gezeigt, wie Sie Ihre blinden Flecken finden und falsche Überzeugungen aufdecken und verändern können. Nun werden wir darüber reden, was geschieht, wenn Sie beginnen, Daten zusammenzutragen, um Ihre Überzeugungen auf den neuesten Stand zu bringen. Wir wollen aufzeigen, welchen Einschränkungen die menschlichen Fähigkeiten der Informationsverarbeitung unterliegen, wir sehr unsere Entscheidungen durch instinktive Reaktionen beeinflusst werden, und wir werden Sie auf die vorhersehbaren Verzerrungen aufmerksam machen, denen Sie eventuell unterliegen. Anschließend werden wir Ihnen einige Werkzeuge an die Hand geben, um diese zu überwinden.

Kognitive Verzerrungen

In den letzten Jahrzehnten haben Psychologen und Verhaltensökonomen eine Reihe kognitiver Verzerrungen aufgedeckt, die systematisch unsere Informationserfassung und Entscheidungsfindung verfälschen. Die *Dual-Process-Theorie* besagt, dass menschliche Entscheidungen von zwei unterschiedlichen Systemen beherrscht werden.[1] System 1 ist aus evolutionärer Sicht das ältere, ein Überbleibsel aus unserer Vergangenheit als Primaten, und vertraut auf unsere Intuition. System 2 dagegen beruht auf Verstandesleistungen und rationalen Überlegungen.[2] Sie können sich System 1 als instinktives und System 2 als rationales System vorstellen.

Das in System 1 stattfindende Denken vollzieht sich üblicherweise viel schneller, automatisch und mit höherer Frequenz, basiert jedoch auf Stereotypen und groben Schätzungen. Unsere Vorfahren mussten nicht genau wissen, ob das verschwommene Objekt am Horizont ein Löwe oder ein Rhinozeros war. Wichtig war nur, dass der Kampf- oder Fluchtmodus aktiviert wurde. System 1 ist so etwas wie ein mentaler Autopilot. Wenn Sie schon einmal gedankenverloren Ihr Auto in die Einfahrt gefahren haben und etwas irritiert festgestellt haben, dass Sie schon zu Hause angekommen sind, dann hat System 1 die Führung übernommen. System 1 ist unglaublich nützlich, da es uns erlaubt, uns durchs Leben zu bewegen, ohne ständig und ununterbrochen Entscheidungen treffen, wieder verwerfen und erneut treffen zu müssen. Es schützt uns vor Überforderung.

Das Denken des zweiten Systems wird häufig als gezielt, aufwendig und reflektiert bezeichnet. Wir nutzen dieses Denken z.B., wenn wir versuchen, Sätze in einer Sprache zu formulieren, die wir gerade lernen, wenn wir einer Anleitung zur Montage unserer IKEA-Möbel folgen oder wenn wir an der Kosten-Nutzen-Analyse der neuen Abteilung unseres Unternehmens arbeiten.

Viele der Verzerrungen, die Verhaltensforscher im Laufe der letzten Jahrzehnte aufgedeckt haben, lassen sich auf Denkmuster in System 1 zurückführen, die intuitiv in Situationen angewendet werden, in denen eigentlich eine rationalere und reflektiertere Herangehensweise angemessener wäre – Situationen also, in denen uns System 2 bessere Dienste erweisen würde. In vielen Fällen engt das Denken aus System 1 unsere Perspektive auf eine Art und Weise ein, die dazu führt, dass wir den Fokus nur auf einen bestimmten Aspekt einer Situation richten und dabei alle weiteren außer Acht lassen. Wir werden deshalb herausarbeiten, auf welche Weise Verzerrungen unsere Fähigkeit einschränken können, effektiv Informationen zusammenzutragen – und was wir stattdessen besser machen können.

---

1 Die Dual-Process-Theorie geht ursprünglich auf die Arbeiten von William James zurück und wurde dann weiterentwickelt. James, W. (1890) Psychologie, Leipzig, 1920, Bd. I.

2 Mehr zum Thema Denken in System 1 und System 2 finden Sie in dem herausragenden Buch des Nobelpreisträgers Daniel Kahnemann, Schnelles Denken, langsames Denken, München, 2012.

Evolution ist hilfreich – und hinderlich

Je mehr Wissen aus Kognitionswissenschaften, Sozialpsychologie und Entscheidungstheorie vorhanden ist, desto mehr erfahren wir über die Grenzen, denen Menschen unterliegen, wenn sie Informationen verarbeiten und Entscheidungen treffen. Inzwischen haben Wissenschaftler mehr als 100 kognitive Verzerrungen entdeckt, die unsere Urteilsfähigkeit einschränken können. Ironischerweise haben tatsächlich einige dieser Verzerrungen maßgeblichen Anteil daran, dass der Mensch den heutigen Stand der Evolution überhaupt erreichen konnte. Die Welt ist ein komplexer Ort und wir werden von Informationen geradezu überrollt. Sie können sich unsere Verzerrungen vorstellen wie eine Sehhilfe, mit der wir Freund und Feind, Essbares von Giftigem und Bedrohungen von Chancen unterscheiden können. In der modernen Welt werden unsere Bedürfnisse der Informationsverarbeitung zunehmend komplex.

Unser Ziel ist es, Ihnen einen Überblick über die kognitiven Verzerrungen zu geben, denen wir – und zwar wir alle – mit großer Wahrscheinlichkeit unterliegen, wenn wir Entscheidungen treffen müssen. Diese Liste kann natürlich nicht vollständig sein, aber wir hoffen, dass Sie sich an drei Aspekte erinnern werden:

- Informationen zu sammeln und zu verarbeiten ist in Ihrem prähistorischen Ich verwurzelt; die Suche nach Wahrheit ist weniger wichtig, als es die schnelle Informationsverarbeitung und der Erhalt der eigenen Sicherheit sind.
- Es gibt eine Reihe vorhersagbarer Verzerrungen, denen Sie wieder und wieder begegnen werden, wenn Sie und Ihre Teams versuchen, systematisch Informationen zusammenzutragen und sich einen Reim darauf zu machen.
- Sie können jedoch Schritte unternehmen, um diese Verzerrungen zu erkennen, zu reduzieren und gegen sie anzugehen. Dazu werden wir Ihnen hier einige Werkzeuge vorstellen.

Wissenschaftler haben inzwischen mehr als 100 kognitive Verzerrungen dokumentiert.[3] Wir werden Ihnen diejenigen vorstellen, von denen wir glauben, dass sie im Datenerhebungsprozess am wichtigsten sind.

Kognitive Verzerrungen vereinfachen – das 3S-Modell

Wir stellen Ihnen hier in Kurzform einige der wichtigsten Verzerrungen vor, die Ihnen in Beruf und Privatleben mit großer Wahrscheinlichkeit begegnen werden. Weil der Schwerpunkt in Teil I darauf liegt, Beweise zusammenzutragen, werden uns nur auf diejenigen konzentrieren, die Ihre Wahrnehmung in der Phase der Datenerhebung einschränken. Keine Sorge, sobald wir uns später in den Entscheidungs- und Handlungsphasen befinden, nennen wir Ihnen noch ein paar weitere.

---

3 Wenn Sie nach einer regelmäßig überarbeiteten und beinahe vollständigen Liste der kognitiven Verzerrungen suchen, empfehlen wir den entsprechenden Wikipedia-Artikel. URL: *https://de.wikipedia.org/wiki/Liste_von_kognitiven_Verzerrungen.* (Original: https://en.wikipedia.org/wiki/List_of_cognitive_biases). Eine weitere anschauliche Übersicht finden Sie in Buster Benson's „Cognitive Biases Cheat Sheet". Link: *https://betterhumans.coach.me/cognitive-bias-cheat-sheet-55a472476b18.*

Wenn wir beginnen, Informationen zu verarbeiten, um damit Entscheidungen vorzubereiten, stoßen wir typischerweise auf drei Arten kognitiver Verzerrungen, die sich im „3S-Modell" wiederfinden (simplifiying, sense-making, sticking). Wir *vereinfachen* (simplifizieren), wir versuchen, unseren Beobachtungen einen *Sinn zuzuordnen,* und dann bleiben wir der Ansicht, die wir uns zu eigen gemacht haben, *verhaftet.* Ohne sich über diese Verzerrungen im Klaren zu sein und ohne Übung ist es nahezu unmöglich, sie im entscheidenden Moment zu erkennen.

Wir unterliegen zu schnell einer Vereinfachung und Stereotypisierung

Auf gewisse Art und Weise sind unsere Gehirne wie Haie, die das Wasser auf der Jagd nach Beute durchpflügen: Wir angeln sofort nach jeder Information, die in unseren Blick gerät. Menschen sind begnadet darin, Informationen zusammenzutragen. Aber wie ein hungriger Hai schnappen wir allzu häufig einfach nach der erstbesten Information, die unseren Weg kreuzt, ohne uns die Zeit zu nehmen, diese gründlich in Augenschein zu nehmen. Es ist grundsätzlich kein Problem, gleich nach den ersten Daten zu greifen. Im Gegenteil, es kann sich sogar als sehr effektiv erweisen. Das Problem ist nur, dass dadurch häufig alle anderen Informationen, die wir später erhalten, untergehen. Dieses Phänomen bezeichnen wir als *Ankerheuristik:* Wir erinnern uns an die ersten Informationen und treffen auf dieser Grundlage unsere Entscheidungen, statt auf robustere Datensätze, Durchschnittswerte oder repräsentativere Beispiele zurückzugreifen.

Zur großen Gruppe der Stereotypisierung gehören zahlreiche Verzerrungen, die die Wahrnehmung und Erfassung von Daten beeinträchtigen, so wie die *Verknüpfungstäuschung.* Halten Sie sich das Original-Beispiel vor Augen, das Tversky und Kahnemann in ihrem ersten Aufsatz von 1983 nennen:

„Linda ist 31 Jahre alt, alleinstehend, offen und reflektiert. Sie hat ein Philosophiestudium absolviert. Als Studentin hat sie sich intensiv mit Themen wie Diskriminierung und sozialer Gerechtigkeit befasst und außerdem an Anti-AKW-Demonstrationen teilgenommen."

Die Frage, die sie anschließend stellten, lautete: „Welche der folgenden Aussagen trifft mit größerer Wahrscheinlichkeit zu?"

1. „Linda ist Bankangestellte."
2. „Linda ist Bankangestellte und in der Frauenbewegung aktiv […]."[4]

Die überwiegende Mehrheit der Menschen, denen diese Frage gestellt wird, nennt die zweite Antwort. Das gilt auch für viele Statistiker. Wenn Sie jedoch genauer hinschauen, werden Sie bemerken, dass die Wahrscheinlichkeit einer Kombination beider Aussagen (A ist wahr und B ist wahr) mindestens ebenso groß sein muss wie die Wahrscheinlichkeit einer der Einzelaussagen (A ist wahr). Aber weil die Beschreibung von Linda sich so wunderbar in unsere Vorstellung von einer Feministin einfügt, greifen wir automatisch zur zweiten Erklärung.

---

4 Tversky, A. und Kahneman, D. (1983) „Extensional Versus Intuitive Reasoning: The Conjunction Fallacy in Probability Judgment", Psychology Review 90, 4. doi: 10.1037/ 0033-295X.90.4.293.

Werfen Sie einen Blick auf die linke Seite der folgenden Abbildung. Die Schnittmenge (die schraffierte Fläche) zeigt die Wahrscheinlichkeit, dass Linda eine Bankangestellte und eine Frauenrechtsaktivistin ist. Die schraffierte Fläche wird immer kleiner sein (oder höchstens ebenso groß wie die Fläche des Kreises „Bankangestellte".) Die Geschichte „Linda ist eine Bankangestellte und engagiert sich in der Frauenbewegung" erscheint uns aus Sicht der narrativen Plausibilität viel naheliegender. Aber statistisch gesehen, ist die Wahrscheinlichkeit der Aussage „Linda ist eine Bankangestellte" größer.

Abbildung 2.1: Beispiel zur Verknüpfungstäuschung

Wir erwarten auch dann Sinnhaftigkeit und Geschichten, wenn sie gar nicht vorhanden sind

Ebenso wie wir den Wunsch haben, uns an die erste Information zu klammern, die wir sehen, neigen wir auch dazu, diesen Informationen so schnell wie möglich einen Sinn zuzuschreiben. Als menschliche Wesen haben wir das instinktive Bedürfnis, Geschichten zu erzählen, die uns die Welt, die uns umgibt, erklären. Wir mögen es, wenn die Geschichten, die wir erzählen, einfach sind, und bevorzugen Erklärungen, die auf einer einzigen Ursache beruhen. In Wirklichkeit haben Ereignisse fast nie nur eine einzige Ursache, im Gegensatz zu den Geschichten, die wir uns selbst und anderen erzählen.

Unser Gehirn hält außerdem viel stärker an diesen Geschichten fest als wir an den zugrunde liegenden Daten. Für eine nicht repräsentative Studie hat Professor Jennifer Aaker an der Stanford University ihre Studenten gebeten, alle Dinge zusammenzutragen, an die sie sich aus den Präsentationen ihrer Kommilitonen erinnern. Nur 5 Prozent der Studenten konnten sich an die Fakten erinnern, die ihnen präsentiert worden waren, während sich etwa 63 Prozent aller Studenten an die Geschichten erinnerten, die während der Präsentation erzählt worden waren. Aaker berichtete dem „Guardian" kurz darauf in einem Interview: „Die Forschung belegt, dass unsere Gehirne keine ausreichenden Verknüpfungen aufweisen, um logische Zusammenhänge zu erfassen oder Fakten über einen langen Zeitraum zu behalten. Unsere Gehirne sind darauf ausgerichtet, Geschichten zu verstehen und zu behalten."[5]

5 Carlon Rush, B. (2014) „Science of storytelling: why and how to use it in your marketing". The Guardian. [Online] 28. August 2014. URL: *www.theguardian.com/media-network/media-network-blog/2014/aug/28/science-storytelling-digital-marketing*. [Zugriff: 2. Dezember 2018].

Dieser Effekt kann noch stärker ausfallen, wenn wir nur einen Bruchteil einer Information zur Verfügung haben, um den herum wir unsere Geschichte entwerfen. Beispielsweise verlassen wir uns häufig auf die Ergebnisse einer Entscheidung, um ihre Qualität einzuschätzen oder sie zur Grundlage zukünftiger Entscheidungen zu machen. Ein gutes Beispiel für dieses Phänomen ist, wenn wir uns bei einer Aussage wie der folgenden ertappen: „Sheila hat sich als wirklich gute Marketingmanagerin erwiesen, also müssen unsere Rekrutierungsprozesse gut sein." Auf heute vorhandenes Wissen zu verweisen und auf dieser Grundlage vorangegangene Entscheidungen zu rechtfertigen, ist sehr riskant. Auf diese Weise können wir zufällige Treffer oder kalkulierte Risiken nicht korrekt bewerten.

Um zu erkennen, wie sehr wir Geschichten und schlüssige Erklärungen lieben, lassen Sie uns einen Blick auf ein Experiment der Entscheidungstheoretiker Jonathan Baron und John Hershey werfen, die versuchen, Ergebnisverzerrungen zu quantifizieren. Sie berichteten in ihren Vorlesungen vom Fall eines 55-jährigen Mannes mit einer Herzproblematik, die mithilfe einer Bypass-Operation therapiert werden sollte. Die Wahrscheinlichkeit, dass der Patient während der Operation sterben könnte, so wurde den Studenten erklärt, liege bei 8 Prozent. Der Arzt entschied, die Operation durchzuführen. Baron und Hershey erklärten der Hälfte der Testpersonen, dass der Patient die Operation überlebt habe, und der anderen Hälfte, dass er während der Operation verstorben sei. Die Befragten legten eine größere Bereitschaft an den Tag zu erklären, dass der Arzt die falsche Entscheidung getroffen hatte, wenn ihnen erzählt worden war, dass der Patient verstorben war.[6]

Wir hängen an den Erklärungen, die wir entwickeln, und es ist schwer, unsere Überzeugung zu ändern

Sobald wir Daten erhoben und eine Geschichte um diese herum entworfen haben, ist es sehr schwer für uns, davon wieder abzuweichen. Wir hängen so sehr an unseren Geschichten, dass unser Gehirn nach fast jeder Erklärung greift, damit sich das nicht ändert. Die Bezeichnung dafür lautet: *Bestätigungsfehler* – damit wird unsere Tendenz bezeichnet, neue Beweise im Lichte unserer vorhandenen Überzeugungen oder Geschichten zu interpretieren.

Der Bestätigungsfehler beeinflusst die Art und Weise, wie wir eine Reihe von Informationen wahrnehmen und verarbeiten. Stellen Sie sich z.B. vor, dass eine neue Mitarbeiterin, Avery, Mitglied Ihres Teams geworden ist. In der ersten Teamsitzung bemerken Sie, dass Avery sich nicht zu Wort meldet, und Sie notieren sich diese Beobachtung. Sie erklären sich das damit, dass Avery eine schüchterne, introvertierte Person ist. In jeder weiteren Begegnung suchen Sie von nun an unbewusst nach Belegen, die Ihre Geschichte stützen: Sitzungen, in denen Avery sich nicht äußert, Konflikte, in denen sie zurückhaltend wirkt, Unterhaltungen, in denen Sie das Gefühl haben, dass sie nicht viel beizusteuern hat. Der Bestätigungsfehler ist so ausgeprägt, dass Sie mit großer Wahrscheinlichkeit die zweite Sitzung vergessen werden, in der Avery sich mehr

6 Baron, J. und Hershey, J. C. (1988) „Outcome Bias in Decision Evaluation". Journal of Personality and Social Psychology Vol. 54, No. 4, S. 569–79. URL: *http://commonweb.unifr.ch/artsdean/pub/gestens/f/as/files/4660/21931_171009.pdf.* [Zugriff: 25. Juni 2019].

als fünf Mal zu Wort gemeldet hat. Sie nehmen unter Umständen noch nicht einmal wahr, dass Avery ausgelassen mit Kollegen plaudert oder eine intensive Diskussion mit neuen Zulieferern geleitet hat.

Sie haben sich bereits Ihre Meinung gebildet und Ihr Gehirn arbeitet wie eine Wärmebildkamera auf Hochtouren, um nach Informationen zu suchen, die Ihre Schlussfolgerungen bestätigen.

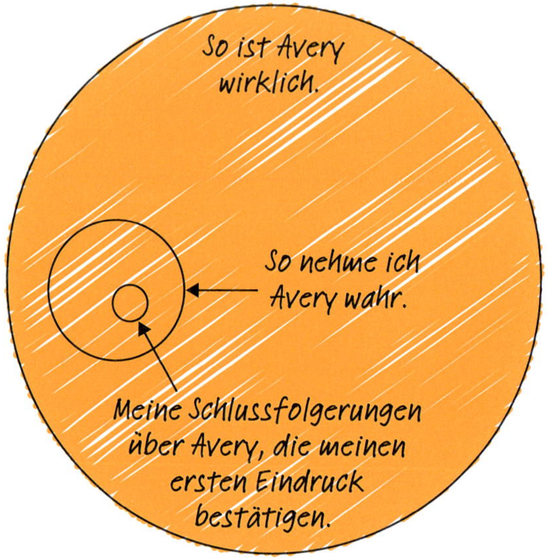

Abbildung 2.2: Beispiel zum Bestätigungsfehler

Werden Sie Ihre kognitiven Verzerrungen los

Sobald Sie durchschaut haben, welche Streiche Ihnen Ihr Gehirn unausweichlich spielt, stellt sich wie von selbst der Wunsch ein, selbst mitzuspielen und herauszufinden, ob es einen Weg gibt, kognitive Verzerrungen zu überwinden. Wenn Sie sich auf dieses Spiel einlassen wollen, möchten wir Sie bitten, sich als Erstes einzugestehen, dass das System 1 in vielerlei Hinsicht sehr hilfreich sein kann. Wir könnten einfach nicht funktionieren, wenn wir all die Informationen, die auf uns einstürmen, erst sorgfältig abwägen und verarbeiten müssten. Doch auch wenn System 1 unglaublich nützlich sein kann, steht es unseren reflektierten, objektiven Entscheidungsprozessen auch häufig im Weg. Es ist definitiv erstrebenswert, dafür zu sorgen, dass Sie in kritischen Momenten innehalten können. Wir wollen Ihnen hier die Ansätze vorstellen, mit denen das gelingt und die sich für uns als sehr hilfreich erwiesen haben.

Seien Sie sich selbst gegenüber kritisch

Als Erstes ist es wichtig zu verstehen, wann kognitive Verzerrungen auftreten könnten. Wir werden noch häufiger in diesem Buch darauf hinweisen, dass eine erhöhte Achtsamkeit gegenüber der Art und Weise, wie Sie Entscheidungen treffen, und gegenüber den Kräften, die auf Sie einwirken, erste Schritte sind, um Entscheidungsprozesse anders durchzuführen. Diese Art der Achtsamkeit erlaubt es Ihnen, Situationen wahrzunehmen oder zu definieren, die möglicherweise durch situative Verzerrungen beeinflusst werden können. Wie sicher sind Sie sich einer Tatsache? Wie stark sind Ihre Überzeugungen?

Je ausgeprägter Ihr Selbstvertrauen ist, desto unwahrscheinlicher ist es, dass Sie aktiv nach Hinweisen suchen, die von Ihren bestehenden Überzeugungen abweichen. Wenn Sie beispielsweise von den neuen Produkten eines Unternehmens völlig überzeugt sind (vielleicht sogar, weil Sie selbst in den Entwicklungsprozess involviert waren), dann wird es für Sie deutlich schwieriger sein, sich der Kritik der anderen Abteilungen zu stellen oder sich rational mit den Marktforschungsergebnissen auseinanderzusetzen, die nahelegen, dass die Kunden dem Produkt weniger positiv gegenüberstehen.

Wenn wir neuen Menschen begegnen, dann treffen wir instinktiv Urteile über sie. Dieser erste Eindruck wird von unserem Gehirn automatisch schwerer gewichtet als der zweite, dritte oder zehnte Eindruck. Mehr noch, dieser erste Eindruck wird so intensiv haften bleiben, dass er alle nachfolgenden Eindrücke beeinflussen wird. Als Einstieg können Sie morgen einmal versuchen, alle Situationen zu erfassen, in denen Sie einer der drei genannten kognitiven Verzerrungen auf den Leim gegangen sind.

Suchen Sie nach Möglichkeiten, um mehr über Ihre eigenen Neigungen und Situationen zu erfahren, in denen Sie anfälliger für Verzerrungen sind, ohne dies bewusst wahrzunehmen. Ein sehr wertvoller Einstieg ist der Harvard's Implicit Association Test.[7] Er zeigt die Verknüpfungen auf, die Ihr Gehirn automatisch zwischen Kategorien herstellt (z.B.: Assoziieren Sie den Beruf des Wissenschaftlers eher mit einer Frau oder mit einem Mann? Assoziieren Sie den Begriff Eltern eher mit einer Frau oder mit einem Mann?). Wenn Sie den Test durchlaufen, wird das nicht dazu führen, dass Sie in Zukunft frei von Verzerrungen sind; es wird Ihnen nur helfen, zu bemerken, worauf Sie Ihren Blick richten sollten.[8]

Arbeiten Sie gezielt daran, objektive Daten zusammentragen

Sobald Sie eine Situation identifiziert haben, in der Sie für kognitive Fehleinschätzungen anfällig sind, brauchen Sie eine Methode, um Ihr Gehirn mit seinen eigenen Waffen zu schlagen. Sie müssen sich Wege zurechtlegen, um neue Daten zu erfassen und andere Geschichten zu erzählen. Das gelingt Ihnen am besten, wenn Sie ganz gezielt nach objektiven, aussagekräftigen Daten suchen.

---

7 Project Implicit. [Online] URL: *https://implicit.harvard.edu/implicit/*. [Zugriff: 1. Dezember 2018].

8 Wer sich eingehender mit den wissenschaftlichen Grundlagen des Impliziten Assoziationstests befassen möchte, sei auf die Arbeit von Banaji, M. R. und Greenwald, A. G. verwiesen. Delacorte Press (2013) Online verfügbar unter *https://faculty.washington.edu/agg/pdf/Greenwald_Banaji_PsychRev_1995.OCR.pdf*.

Wir, die Autoren, haben uns am Graduiertenkolleg der Harvard-Universität kennengelernt. Dort konnten wir beobachten, wie in einem Institut intensiv daran gearbeitet wurde, das reflexartige System-1-Denken durch das rationale System-2-Denken zu ersetzen. Im MBA-Programm der Harvard Business School kann die mündliche Teilnahme bis zu 50 Prozent der endgültigen Note ausmachen.[9] Sie können sich vorstellen, dass die Dozenten schon in der ersten Woche ein erstes Urteil darüber fällen, wie oft ein Seminarteilnehmer sich zu Wort meldet. Sie können sich auch vorstellen, dass die Dozenten sehr leicht durch Stereotype zu beeinflussen sind – vielleicht auch durch die Annahme, dass Männer bestimmter oder selbstbewusster auftreten als Frauen.

In der Vergangenheit war das tatsächlich so und die männlichen Teilnehmer erhielten für ihre mündliche Teilnahme regelmäßig bessere Bewertungen als die Frauen. Um die Diskussionsprozesse während der Seminare für alle fairer zu gestalten, führte die Business School ein Tracking-System ein – ein Sekretär saß mit im Raum und hielt Bemerkungen über die Teilnahme (oder Nichtteilnahme) aller Studierenden fest. Die Professoren konnten sich dann anschließend auf dieses objektive Protokoll berufen, wenn sie die Noten zuwiesen, statt sich auf ihre eigene verzerrte Wahrnehmung und ihr verfälschtes Erinnerungsvermögen zu verlassen.

Schöpfen Sie unterschiedliche Quellen aus

Während Sie Fakten zusammentragen, sollten Sie gleichzeitig systematisch nach gegenteiligen Ansichten suchen. Sie können das in fast jedem Bereich tun – indem Sie Medien auswählen, die Sie normalerweise nicht konsumieren würden (vielleicht eine Zeitung oder eine News-Webseite), oder indem Sie gezielt darauf achten, wie häufig sich Ihr schüchternes Teammitglied in den wöchentlichen Sitzungen zu Wort meldet. Im Privatleben bitten wir Freunde, die andere politische Ansichten vertreten, uns mit Lektüre zu versorgen oder uns Kommentatoren zu nennen, denen wir auf Twitter folgen können. Genauso verfahren wir mit Freunden in aller Welt. Es ist ein Leichtes für Julia, über die jüngsten Entwicklungen in der australischen Politik bestens informiert zu sein, aber wenn sie den Nachrichten aus Südeuropa ebenso viel Aufmerksamkeit schenken will, wird sie auf ein paar hilfreiche Hinweise angewiesen sein.

---

9 Morourke (2018) „Worker Centers & OUR Walmart: Case studies on the changing face of labor in the United States". The Case Studies Blog, Harvard Law School. [Online] 19. Juni 2018. URL: *https://blogs.harvard.edu/hlscasestudies/2014/12/02/hbs-shares-how-to-make-class-discussions-fair/.* [Zugriff: 25. Juni 2019].

Checkliste

So befreien Sie sich selbst von kognitiven Verzerrungen

 **Überprüfen Sie's noch einmal, bevor Sie's vermasseln.**

Wir haben Sie dazu ermutigt, zu einem Skeptiker zu werden – sogar sich selbst gegenüber. Es ist ein guter Einstieg, davon auszugehen, dass Ihr Referenzrahmen begrenzt ist, und dann nach Möglichkeiten zu suchen, ihn zu erweitern.

 **Bauen Sie eine objektive Datenbasis auf.**

Wenn Sie vor wirklich wichtigen Entscheidungen stehen, sollte Ihr erster Schritt darin bestehen, Fakten systematisch zusammenzutragen, statt allein auf Ihre persönlichen Eindrücke zu vertrauen. Sorgen Sie dafür, dass Sie folgende Frage beantworten können: „Was würde dazu führen, dass Du Deine Meinung änderst?"

 **Behalten Sie die Kontrolle über eingehende Informationen.**

Suchen Sie nach Möglichkeiten, aus vielen unterschiedlichen Quellen zu schöpfen. Warten Sie damit nicht, bis Sie ein wirkliches Problem lösen müssen, öffnen Sie sich neuen Perspektiven mit großer Selbstverständlichkeit.

Fazit

Unser Verstand nutzt eine Reihe von Abkürzungen und Vereinfachungen, um uns die Bewältigung des Alltags zu erleichtern. Das Problem besteht darin, dass die meisten dieser Vereinfachungen auf eine Umgebung ausgerichtet sind, die schon längst nicht mehr existiert. Das führt unter den modernen sozialen Rahmenbedingungen zu Verzerrungen. Soweit es darum geht, Fakten und Beweise zusammenzutragen, sind drei Typen von Verzerrungen besonders relevant. Erstens Stereotype und Vereinfachungen. Zweitens die Akzeptanz von Geschichten, die allzu schnell sinnvoll erscheinen. Drittens die uns innewohnende Neigung, an Überzeugungen festzuhalten, die wir uns einmal zu eigen gemacht haben. Sich selbst von solchen Verzerrungen zu befreien, ist zeitaufwendig, kann aber erlernt werden. Den Anfang machen Sie mit dem Eingeständnis, selbst solchen Fehleinschätzungen zu unterliegen, dann benötigen Sie Aufmerksamkeit und Umsicht und schließlich entwickeln Sie Methoden, um gezielt auf System 2 umzuschalten.

Ergründen Sie Ihre Daten

SAMMELN, ÜBERPRÜFEN UND VISUALISIEREN SIE INFORMATIONEN, UM DARAUS SCHLUSSFOLGERUNGEN ZU ZIEHEN

Es geht darum, Daten in Informationen zu verwandeln und aus Informationen Erkenntnisse zu gewinnen

Carly Fiorina, ehemalige CEO von Hewlett Packard

Vorteile dieser mentalen Taktik

Wenn wir damit beginnen, ein Problem zu untersuchen oder zu lösen, dann suchen wir in der Regel zuerst nach belastbaren Fakten. Häufig greifen wir dabei nach dem ersten Indiz, das uns begegnet. Das aber ist ein falscher Ansatz – wenn Ihre Datenbasis die Wirklichkeit nicht angemessen widerspiegelt, kann das dazu führen, dass Sie komplett daneben liegen.

Meistens sind wir eher Datenkonsumenten, statt selbst präzise Analysen zu erarbeiten. Wir setzen uns normalerweise mit den Ergebnissen auseinander, die jemand anders ausgearbeitet hat, statt diese Aufgabe selbst zu übernehmen. Die Checkliste sieht deshalb ein wenig anders aus – sie ist eine Anleitung, welche Fragen wann gestellt werden sollten.

Sammeln, überprüfen und visualisieren Sie Informationen, um daraus Schlussfolgerungen zu ziehen

Wann sollten Sie Ihr eigenes Unternehmen gründen?

Im Silicon Valley herrscht die Überzeugung, die jüngsten CEOs in Technologieunternehmen seien die besten. Sie haben die originellsten Ideen, können bestehende Branchen aufmischen und haben keine Hemmungen, die größten Risiken auf sich zu nehmen. Halten Sie einen Moment inne und stellen Sie sich diese erfolgreichen CEOs vor. Wie sehen sie aus? Ich wette, sie tragen Jeans und Turnschuhe, und sie sind jung. Sehr jung. Das ist eine sehr verbreitete Annahme. So verbreitet, dass wichtige Investoren und Risikokapitalgeber tatsächlich angefangen haben, CEOs, die älter als dreißig Jahre sind, mit einem gewissen Argwohn zu betrachten. Paul Graham, einer der Gründer des Inkubators Y-Combinator, erzählte der New York Times: „In den Köpfen der Investoren liegt die Grenze bei 32 Jahren.“[1]

Das ist eine plausible Annahme, oder? Wir alle haben die Bilder der Gründer-Superstars vor Augen: Mark Zuckerberg, der in seinem Studentenwohnheim in Harvard Facebook aus der Taufe hob, oder Sergey Brin, der im Alter von 25 Jahren Google mitgründete. Aus diesen leicht zugänglichen Daten Schlussfolgerungen zu ziehen, ist jedoch problematisch, denn es stellt sich schnell heraus, dass sie überhaupt nicht repräsentativ sind und ohne Weiteres durch andere Daten widerlegt werden können. Wir werden hier aufzeigen, warum es häufig sehr mühevoll ist, quantitative Belege heranzuziehen, um überzeugende Begründungen zu entwickeln.

---

1 Rich, N. (2013). „Silicon Valley's Start-Up Machine“. The New York Times Magazine. [Online] 2. Mai 2013. URL: *www.nytimes.com/2013/05/05/magazine/y-combinator-silicon-valleys-start-up-machine.html* [Zugriff: 11. November 2018].

Abbildung 3.1: Mark Zuckerberg – sieht so ein CEO aus?
Quelle: Anthony Quintano from Honolulu, HI, United States; (https://commons.wikimedia.org/wiki/File:Mark_Zuckerberg_F8_2018_Keynote_(cropped_2).jpg), „Mark Zuckerberg F8 2018 Keynote (cropped 2)", https://creativecommons.org/licenses/by/2.0/legalcode

Wir werden gleich zu unseren CEO-Freunden zurückkehren. Erst wollen wir Ihnen jedoch die Werkzeuge an die Hand geben, mit denen Sie Daten korrekt erfassen – und aus ihnen schlau werden können. Diese Tools werden Ihnen helfen, die Verzerrungen zurechtzurücken, die wir eben diskutiert haben, und rationalere und objektivere Entscheidungen zu treffen.

Wenn Sie tragfähige und qualitativ aussagekräftige Entscheidungen treffen wollen, besteht der erste Schritt darin, sich Zugang zu den Daten zu verschaffen, die Ihnen ermöglichen, einen objektiven Standpunkt einzunehmen. Viele Menschen glauben, dass sie ein Gespür dafür haben, an die richtigen Informationen zu gelangen, sie zu manipulieren und für ihre Zwecke zu nutzen. Die Praxis widerlegt das vollständig: Wir denken weder reflektiert noch sorgfältig genug über unsere Probleme nach, selbst wenn viel Geld im Spiel ist. Wir entwerfen keine strukturierten, datengestützten Ansätze, um Probleme zu lösen, selbst wenn wir es könnten. Paul Graham drückte es im bereits erwähnten Interview folgendermaßen aus: „Ich kann von jedem übers Ohr gehauen werden, der aussieht wie Mark Zuckerberg."[2]

Kommen wir zurück zu den CEOs. Wie sich gezeigt hat, ist der unbändig erfolgreiche junge CEO ein Mythos. An dieser Stelle kommen vier talentierte und erfahrene Wissenschaftler ins Spiel: Pierre Azoulay, Benjamin Jones, J. Daniel Kim und Javier Miranda.

---

2 Rich, N. (2013) „Silicon Valley's Start-Up Machine". The New York Times Magazine. [Online] 2. Mai 2013. URL: *www.nytimes.com/2013/05/05/magazine/y-combinator-silicon-valleys-start-up-machine.html* [Zugriff: 18. November 2018].

Sie hatten ebenfalls die Titelseiten der Wirtschaftsmagazine gesehen, auf denen CEOs mit Mitte zwanzig oder Start-up-Gründer im Teenageralter zu sehen waren. Nachdem sie sich mit den Gewinnern einer beliebten Start-up-Gründershow beschäftigt hatten, stellten sie fest, dass die Gewinner im Schnitt 29 Jahre alt waren.[3] Die Juroren dieses Wettbewerbs sind gewiefte und anspruchsvolle Investoren, die mussten doch wissen, was sie tun, oder? Falsch.

Die Wissenschaftler untersuchten Daten des Statistischen Bundesamtes der Vereinigten Staaten (United States Census Bureau) und ermittelten, wie alt die Gründer US-amerikanischer Unternehmen tatsächlich waren. Es stellte sich heraus, dass das Durchschnittsalter der Gründerinnen und Gründer bei 42 Jahren lag – damit waren sie mehr als doppelt so alt wie Mark Zuckerberg, als Facebook entstand. Darüber hinaus stellten die Wissenschaftler fest, dass ältere Unternehmer mit größerer Wahrscheinlichkeit erfolgreicher waren, als sie sich das in ihren kühnsten Träumen erhofft hatten. Ein überdurchschnittlicher Erfolg der Start-ups (zugehörig zur Spitzengruppe der 0,1 Prozent junger Unternehmen mit dem höchsten Mitarbeiterwachstum) war umso häufiger zu beobachten, je älter die Unternehmer zum Zeitpunkt der Gründung waren – teilweise schon Ende fünfzig. Unsere Unternehmerhelden, so stellte sich heraus, sehen ganz anders aus als Mark Zuckerberg.

Wir wollen Ihnen helfen, sich nicht mehr nur an einzelnen Datenpunkten festzuhalten (also an Ausreißern oder Durchschnittswerten), sondern stattdessen Datenverteilungen in den Blick zu nehmen.

Formulieren Sie Ihre Hypothese

Manchmal erhalten Sie Datensätze, wie z.B. den Quartalsbericht aus dem Vertrieb, einen Stapel Quittungen oder eine Liste mit den Wachstumsraten der Bruttoinlandsprodukte verschiedener Länder, und man erwartet von Ihnen, dass Sie daraus schlau werden. Manchmal sind Sie selbst die Person, die solche Rohdaten an Ihre Mitarbeiter übermitteln und schließlich prüfen muss, ob diese sich einen Reim darauf machen konnten.

Um einen soliden Interpretationsprozess zu starten, müssen Sie systematisch vorgehen. Wir möchten Ihnen nahelegen, als Erstes eine Hypothese aufzustellen und diese als Basis zu nutzen, um Ihre eigene Arbeit zu überprüfen. Ohne eine Hypothese können Sie endlos mit den Daten herumspielen, ohne jemals Fortschritte zu machen.[4]

Sie sollten sich die Datenanalyse als Möglichkeit vorstellen, Antworten auf eine oder mehrere sehr spezifische Fragestellungen zu finden. Der beste Einstieg in eine solche Übung ist die Erstellung einer eindeutigen Hypothese, die als Vorschlag, nicht als Frage formuliert wird. Stellen Sie sich vor, Ihnen liegen die Umsatzzahlen Ihrer Ver-

---

3 Azoulay, P., Jones, B., Daniel Kim, J. und Miranda, J. (2018) „Research: The Average Age of a Successful Startup Founder Is 45". Harvard Business Review. [Online] 11. Juli 2018. URL: *https://hbr.org/2018/07/research-the-average-age-of-a-successful-startup-founder-is-45*. [Zugriff: 18. November 2018].

4 Die beste Einführung in das strukturierte Denken, nicht nur in Bezug auf quantitative Problemlösungsverfahren, sondern im Hinblick auf organisiertes Denken im Allgemeinen ist das Buch „Das Prinzip der Pyramide: Ideen klar, verständlich und erfolgreich kommunizieren" von Barbara Minto, München (2005).

triebsmitarbeiter für das laufende Geschäftsjahr vor. Einige von ihnen erhalten Bonuszahlungen, weil sie zusätzliche Aufträge an Land gezogen haben, während andere ihr normales festes Gehalt bekommen. Sie wollen wissen, ob die Bonuszahlungen gerechtfertigt sind, und notieren sich einige Hypothesen, die sich aufdrängen (stellen Sie sich diese als sehr spontan auftauchende Gedanken vor). Eine solche Liste könnte folgendermaßen aussehen:

- H1: Die Vertriebsmitarbeiter verkaufen mehr, wenn ihnen Bonuszahlungen angeboten werden.
- H2: Die Umsätze steigen proportional zu den potenziellen Bonuszahlungen.
- H3: Die daraus resultierenden Umsatzsteigerungen sind höher als die Kosten für die Bonuszahlungen.

Wenn wir als Mentoren junge oder neue Mitarbeiter betreuen, stellen wir häufig fest, dass sie zögern, eine Hypothese aufzustellen. Sie haben Angst, dass es negative Auswirkungen hätte, sollte die Hypothese sich als falsch erweisen. Wir hören z.B.: „Ich will mich nicht mit meiner Meinung aus dem Fenster lehnen, bevor ich die Daten nicht gründlich unter die Lupe genommen habe", oder „Es ist noch zu früh, etwas dazu zu sagen". Wir verstehen das, aber eine Hypothese ist nur eine grobe Idee, keine Antwort oder Schlussfolgerung. Indem Sie eine solche Hypothese aufstellen, strukturieren Sie Ihre Analyse und versehen sie mit Prioritäten. Ohne einen solchen Schritt werden Sie womöglich von Ihren Daten überrollt. Dieser Schritt ist umso wichtiger, wenn Sie die Analyse nicht selbst durchführen, sondern der Endverbraucher sind. Wenn jemand aus Ihrem Team oder ein Berater sich darauf vorbereitet, diese Arbeit zu erledigen, dann ist es von entscheidender Bedeutung, dass Sie selbst in die Formulierung und Überarbeitung Ihrer Hypothese involviert sind, sodass Sie auch etwas von der Übung haben.

Schöpfen Sie Ihre Daten aus

Auch wenn Sie bereits eine Reihe wohlüberlegter Hypothesen aufgestellt haben, sollten Sie nicht direkt anfangen, sie zu überprüfen. Vorher müssen Sie sicherstellen, ob die Datenbasis sich für Ihren Job überhaupt eignet. Die folgende Checkliste gibt Ihnen einen Überblick über die Fragen, die wir üblicherweise stellen, bevor wir in Datensätze abtauchen.

Fragestellung	Warum ist das wichtig?	Beispiel
Ist dieser Datensatz in vollem Umfang repräsentativ?	Ihre Daten müssen Annäherungswerte an die Realität darstellen. Das kann auf zweierlei Weise geschehen: • Datensatz besteht aus Grundgesamtheit. • Datensatz enthält Stichproben. Wenn Ihre Daten nicht die Grundgesamtheit aller Ereignisse oder eine Stichprobe enthalten, dann sind sie nicht repräsentativ. Das bedeutet, dass es nicht möglich ist, statistisch relevante Schlussfolgerungen aus den Daten herzuleiten. Es kann trotzdem sein, dass Sie aus den vorhandenen Daten wertvolle Rückschlüsse ziehen können, aber Sie sollten vorsichtig sein.	Sie verfügen wahrscheinlich über die Daten sämtlicher Transaktionen, die ein Kunde jemals mit Ihrem Unternehmen vorgenommen hat. Aus Ihrer Sicht kann es sich dabei um eine Grundgesamtheit handeln. Wenn sich die Daten allerdings nur auf Geschäfte beziehen, die mit einer Kreditkarte beglichen wurden, nicht jedoch auf Bargeschäfte, dann wäre der Datensatz nicht repräsentativ. Manchmal ist es unhandlich, unpraktisch oder zu teuer, Daten über die Grundgesamtheit zusammenzutragen. Nehmen wir an, Sie wollen wissen, wie zufrieden all Ihre Mitarbeiter im Unternehmen sind. Sie könnten jeden Einzelnen fragen – oder Sie könnten zufällig ausgewählte Mitarbeiter befragen. Wichtig daran ist, dass die Stichprobe sich im Hinblick auf relevante Kriterien der Grundgesamtheit annähert (dass sie beispielsweise den gleichen Anteil an Frauen und Männern erfasst, der in der gesamten Belegschaft vorhanden ist, ebenso wie den gleichen Anteil an alten und jungen Mitarbeitern oder dass die Stichprobe Mitarbeiter aus allen Niederlassungen enthält).

Tabelle 3.1: Repräsentativität des Datensatzes

Fragestellung	Warum ist das wichtig?	Beispiel
Aus welchen Quellen stammen die Datensätze? Wie wurden sie erfasst?	Warnsignale, die darauf hinweisen, dass die Daten Verzerrungen aufweisen oder nicht repräsentativ sind: • Antworten von Selbsternannten: Gibt es eine bestimmte (Unter-)Gruppe von Mitarbeitern, die eher bereit sind, Fragen zu beantworten als andere? • Ichbezogene Antworten: Menschen haben eine Neigung dazu, Fragen so zu beantworten, dass es ihnen zum Vorteil gereicht. • Antworten Selbstinteressierter Analysten: Datensätze, bei denen die Person, die die Analyse durchführt, ein Interesse am Ergebnis ihrer Arbeit hat, sollten ebenfalls mit Vorsicht behandelt werden. Wenn ein Hersteller von Reinigungsmitteln eine Studie durchführt, die mit der Schlussfolgerung endet, dass ein durchschnittlicher Haushalt vor gefährlichen Bakterien nur so wimmelt und dem nur durch den entschlossenen Einsatz von Reinigungsmitteln entgegengewirkt werden kann, dann sollten Sie stutzig werden. • Absichtserklärungen versus beobachtete Verhaltensweisen: Wenn Sie die Mitglieder eines Fitness-Studios befragen, ob sie beabsichtigen, in der darauffolgenden Woche zu trainieren, ist das weit weniger aussagekräftig, als wenn Sie das Einbuchen der Mitglieder an den Geräten untersuchen (offenbarte Präferenzen).	Wir greifen noch einmal unsere Mitarbeiterbefragung auf. Wenn Sie einen Umfragebogen an alle Mitarbeiter verschicken, um sie nach ihrer Zufriedenheit zu befragen, dann sollten Sie annehmen, dass die Antworten repräsentativ sind. Wer beantwortet solche Fragebögen? Diejenigen, die sehr zufrieden sind, diejenigen, die sehr unzufrieden sind, und diejenigen, die ein Interesse daran haben, dass die Ergebnisse besonders gut oder schlecht ausfallen. Zweitens: Wenn Sie Menschen die Frage stellen, was sie tun, statt zu beobachten, wie sie sich verhalten, dann seien Sie vorsichtig. Als Verhaltensökonomin lebt Julia nach der Devise „jede/-r täuscht ohne böse Absicht". Menschen neigen dazu, ihr positives Verhalten überzubewerten und ihr weniger positives herunterzuspielen (das wird als selbstwertdienliche Strategie bezeichnet). Jedes Mal, wenn Sie auf ichbezogene Antworten vertrauen müssen, sollten Sie sich der Gefahr der selbstwertdienlichen Verzerrung bewusst sein. Wenn Sie beispielsweise heterosexuelle Paare befragen, welchen Anteil an der Hausarbeit sie leisten, dann ist die Summe in der Regel höher als 100 Prozent. Es liegt auf der Hand, dass es aussagekräftiger wäre, das Verhalten zu beobachten oder Haushaltstagebücher auszuwerten.

Tabelle 3.2: Quellen und Erfassung des Datensatzes

Fragestellung	Warum ist das wichtig?	Beispiel
Wer wird durch diesen Datensatz nicht erfasst?[5]	Zu wissen, wer oder was in Ihren Datensätzen nicht auftaucht, ist wirklich wichtig. Sie sollten sich über zwei Fehlerquellen im Klaren sein: • Zufällig fehlende Daten: Stellen Sie sich diese als Ereignisse vor, die aus Ihren Datensätzen ausgeschlossen wurden, ohne dass dies die Variablen beeinflussen würde, an denen Sie interessiert sind. • Nicht zufällig fehlende Daten: Ereignisse, die in Ihrem Datensatz fehlen und durch die die Variablen, an denen Sie interessiert sind, tatsächlich verfälscht werden. Hierbei handelt es sich um systematische Verzerrungen, durch die Erkenntnisse aus Ihren Datensätzen signifikant verfälscht werden könnten.	Wie sehen diese beiden Typen fehlender Daten aus? • Zufällig fehlende Daten: Sagen wir, die Kasse in einer bestimmten Filiale hat an einem bestimmten Tag im Mai nicht richtig funktioniert. Für diese Filiale liegen Ihnen also nur die Datensätze für 364 Tage vor. Solange dieser Tag nicht aus irgendeinem Grund von besonderem Interesse ist (z.B. der Black Friday), dann spielt das Fehlen der Daten vermutlich keine große Rolle, wenn Sie untersuchen wollen, welche Ihrer Filialen am erfolgreichsten war. Sie können die fehlenden Daten eventuell durch den Datensatz vom gleichen Tag des vorangegangenen Jahres ersetzen. • Nicht zufällig fehlende Daten: In unserer Vertriebsdatenbank werden die Onlineumsätze bestimmter Bundesstaaten nicht erfasst, sondern nur die direkten Verkäufe, die von Vertriebsmitarbeitern abgeschlossen werden – und die Onlineumsätze in anderen Bundesstaaten. In diesem Fall müssen Sie einen anderen Weg finden, um die fehlenden Daten zusammenzutragen, bevor Sie mit der Analyse fortfahren. Ansonsten können Sie die Daten nur benutzen, um Schlussfolgerungen über Ihre Vertriebsmitarbeiter zu gewinnen, nicht jedoch über Ihre Onlinekanäle.

Tabelle 3.3: Fehlende Daten beim Datensatz

Bauen Sie Säulen aus Daten

Nun haben Sie die Tabellen auf den letzten Seiten durchgearbeitet und sind mit Ihren Datensätzen zufrieden. Sie erscheinen Ihnen repräsentativ, weisen relativ geringe Verzerrungen auf und dienen dem gewünschten Zweck. Fangen wir also an, sie auszuwerten.

Unser Gehirn liebt das, was Ökonomen als Referenzpunkte bezeichnen. Das sind einzelne Daten, auf die wir zugreifen und die wir nutzen, um unsere Gedanken um sie herum zu organisieren. Ein Durchschnittswert ist ein solcher Referenzpunkt. Wir haben alle in unserem Mathematikunterricht gelernt, dass ein Durchschnittswert

5 Das Problem fehlender Daten ist von großem Interesse, sowohl für Wissenschaftler in der Forschung als auch für Datenanalysten und Systemingenieure. Letztendlich geht das Thema uns alle etwas an. Zur intensiveren Beschäftigung mit fehlenden Daten siehe Raghunathan, T. (2015), Missing Data Analysis in Practice. Chapman and Hall/CRC.

berechnet wird, indem wir die Summe aller Werte durch die Anzahl der Werte dividieren. In diesem Sinne ist der Durchschnittswert sinnvoll. Er lässt Rückschlüsse darauf zu, was ungefähr richtig ist.

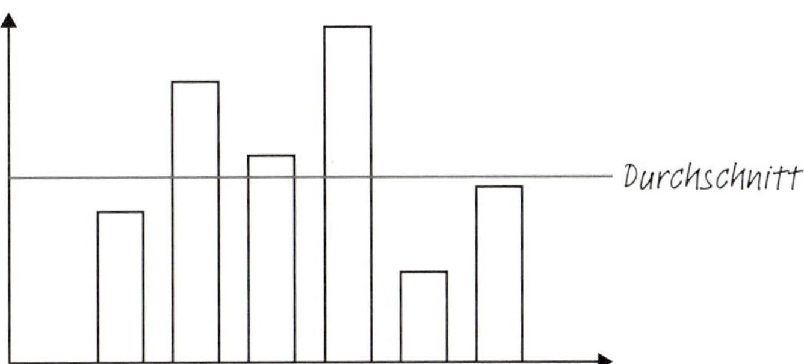

Abbildung 3.2: Darstellung eines Durchschnittswerts

In manch anderer Hinsicht ist ein Durchschnittswert jedoch überhaupt keine Hilfe und die Fixierung vieler Führungskräfte, Lehrer, Politiker und Analysten auf durchschnittliche Leistungen kann in die Irre führen oder sogar gefährlich werden. Andererseits können Durchschnittswerte enorm zur Motivation beitragen. Viele Menschen vergleichen sich gern mit dem Durchschnitt und versuchen, diesen zu übertreffen.

Stellen wir uns einen Biologielehrer vor, der eine Klasse mit 30 Schülern unterrichtet. Diese Schüler legen regelmäßig schriftliche Prüfungen ab, um zu überprüfen, ob sie die Unterrichtsinhalte verstanden haben. Natürlich gibt es einige Schüler, die besser abschneiden als andere. Im Folgenden finden Sie ein Streudiagramm, das die Leistungen der Schüler in ihrer letzten Klausur enthält: die Zahl der Schüler mit einer bestimmten Punktzahl auf der y-Achse und die Wertung (bis zu 100 Punkte) auf der x-Achse.

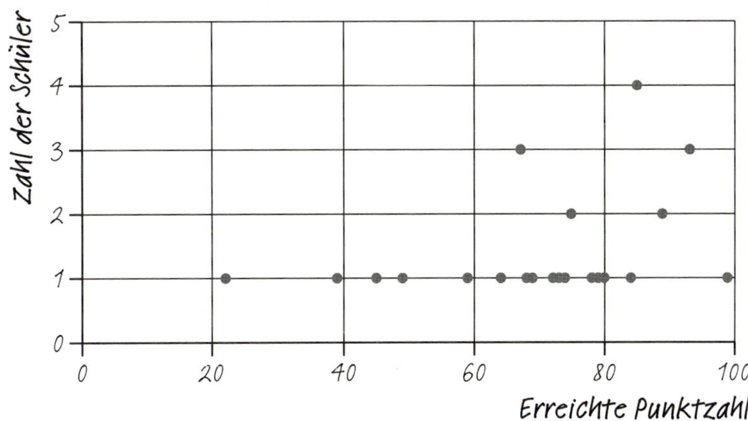

Abbildung 3.3: Leistungsverteilung von Schülern im Streudiagramm

Als Erstes können wir einige Angaben dazu machen, wie unsere Daten verteilt sind. Wir haben eine geringe Anzahl an Schülern, die weniger als 50 von 100 möglichen Punkten erreicht haben, recht viele Schüler, die zwischen 60 und 80 Punkten erreicht haben, und ein paar wenige Schüler mit 80 bis 100 Punkten. Um wirklich aussagekräftige Rückschlüsse aus irgendeinem neuen Datensatz zu gewinnen, übertragen wir die Daten als Erstes in ein Säulendiagramm. Wir glauben, dass Säulen- oder auch Balkendiagramme ungeliebte, aber sehr aussagekräftige Grafiken sind. Ein Säulendiagramm ermöglicht Ihnen, auf den ersten Blick Wahrscheinlichkeiten zu erkennen. Es erlaubt Ihnen, sofort zu erfassen, wie wahrscheinlich ein bestimmtes Ereignis (in diesem Fall die erreichte Punktzahl) ist. Sehen Sie sich die Testergebnisse als Säulendiagramm an.

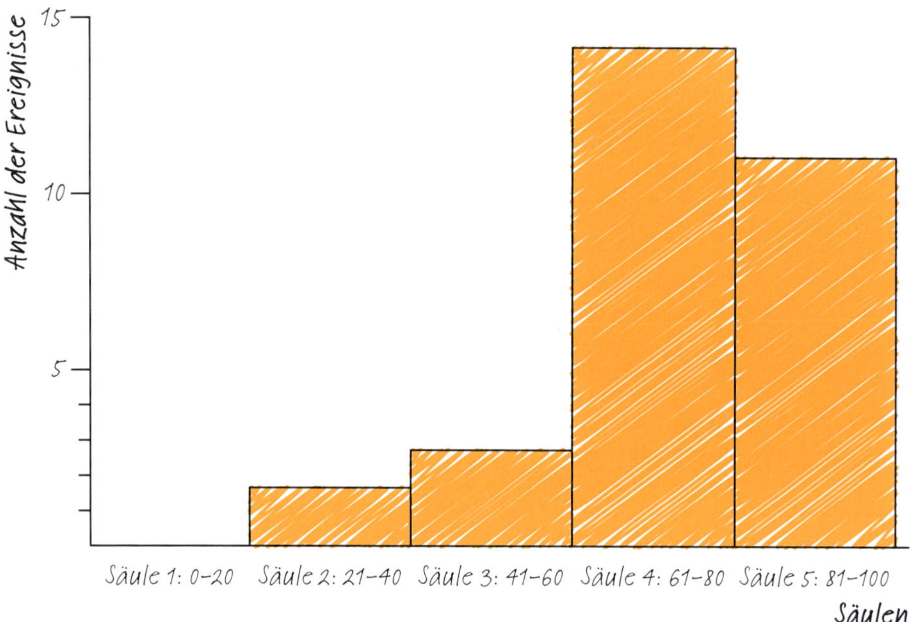

Abbildung 3.4: Leistungsverteilung von Schülern im Säulendiagramm

Wenn wir das Säulendiagramm erstellt haben, können wir auf den ersten Blick über- und unterdurchschnittliche Leistungen erkennen. Wir können auch damit beginnen, uns die Verteilung der Ergebnisse anzusehen. Werfen Sie einen Blick auf das folgende Säulendiagramm, um eine grobe Skizze der Datenverteilung zu sehen. Sie haben eine Klasse, die ziemlich gut abgeschnitten hat, in der aber einige Schüler sind, die ungenügende Leistungen gezeigt haben. Stellen Sie sich vor, Sie wiederholen diese Übung mit den Datensätzen Ihrer Vertriebsmitarbeiter und deren Umsätzen oder mit Informationen über Ihren IT-Support und die dort bearbeiteten Anfragen. Sie erkennen sofort, wie aussagekräftig ein Säulendiagramm für einen ersten Eindruck zu Ihren Daten ist. Wir können eine beachtliche Zahl von Schülern sehen, die sehr gut abgeschnitten haben, eine große Anzahl, die gute Leistungen erbracht hat, und eine kleine Gruppe, die zu kämpfen hat.

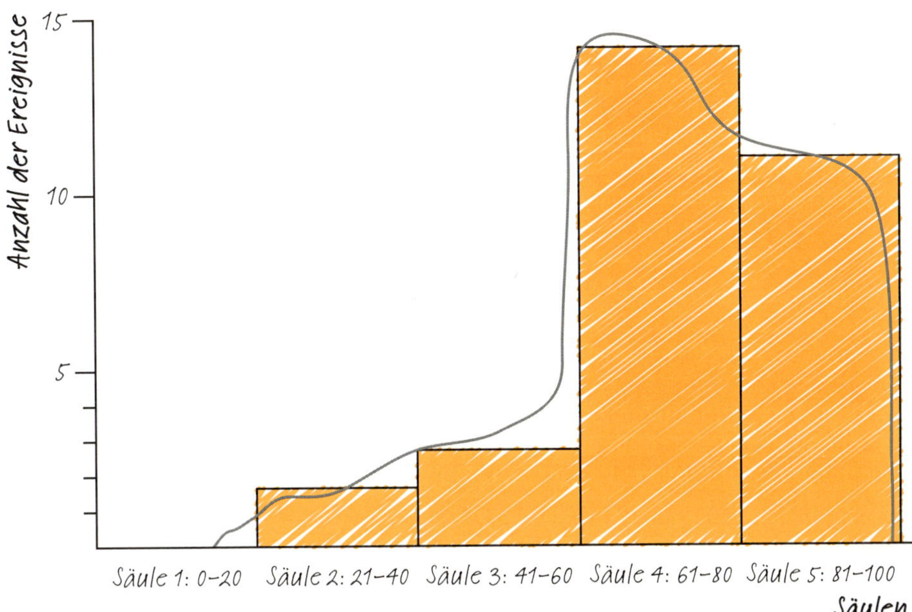

Abbildung 3.5: Ermittlung des Durchschnittswerts der Punkte

Wenn Sie sich die Grafik oben ansehen, sollten Sie sofort erkennen, dass eine durchschnittliche Punktzahl hier nicht sonderlich hilfreich ist. Aber es gibt einige andere Werte, die Sie vielleicht weiterbringen. Vielleicht wollen Sie sich einen Überblick über die Bandbreite der Leistungen verschaffen und schauen auf die Mindest- und Höchstpunktzahl. Sobald wir unser Säulendiagramm erstellt haben, bedienen wir uns mehrerer Verfahren aus der deskriptiven Statistik, um herauszufinden, welche Geschichte die Daten zu erzählen haben. Genau das spielen wir mit unserem Datensatz auf den folgenden Seiten durch. Das Ziel dieses Abschnittes ist es, Ihnen ein Gefühl für die Daten zu vermitteln und nicht unbedingt irgendwelche Schlussfolgerungen zu ziehen. Beispielsweise können wir anhand des Säulendiagramms nicht erkennen, ob die Klausur einfach oder schwierig war, ob die Schüler, die schlecht abgeschnitten haben, irritiert oder krank oder nach der Mittagspause einfach abgelenkt waren. Wenn Ihr Säulendiagramm steht, sollten Sie als Erstes eine „Fünf-Zahlen-Zusammenfassung" erstellen.

Nutzen Sie Methoden aus der deskriptiven Statistik

Die „Fünf-Zahlen-Zusammenfassung“ ist ein einfaches Tool, mit dem Sie Ihre Daten noch ein wenig genauer erforschen können. In unserem Datensatz sieht die Zusammenfassung folgendermaßen aus:

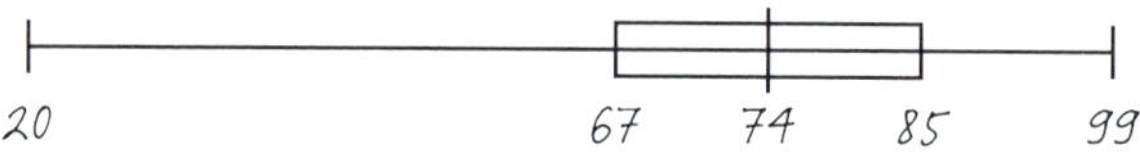

Abbildung 3.6: Fünf-Zahlen-Zusammenfassung

Das Diagramm wird auch als „Box-and-Whisker-Plot“ bezeichnet. Dabei handelt es sich um eine weitere, völlig unterschätzte Grafik, die Ihre Daten wirkungsvoll darstellt. Ein Box-and-Whisker-Plot enthält fünf Werte:

- Den Median, oder auch Mittelwert (Zentralwert), das ist die erreichte Punktzahl, die genau in der Mitte der (Punkt-)Verteilung liegt. Es ist immer hilfreich, sowohl den Median als auch den Durchschnittswert einer Verteilung zu kennen, weil der Median durch die Ausreißer (z.B. ein sehr niedriges oder ein sehr hohes Ergebnis) weniger beeinträchtigt wird.

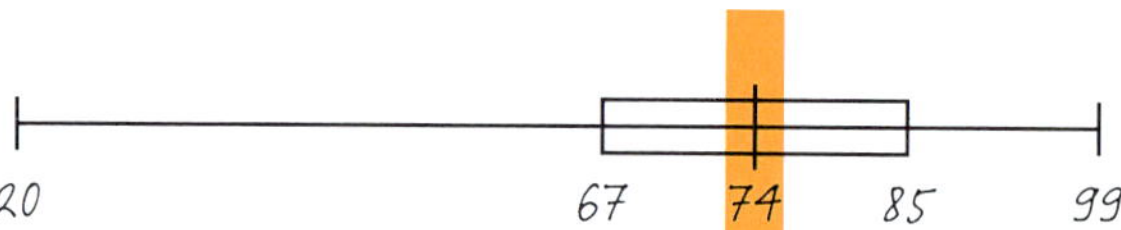

Abbildung 3.7: Median

- Das Ereignis mit dem niedrigsten Wert des Datensatzes (in diesem Fall das Ergebnis unseres unglücklichen Schülers mit der Punktzahl 20).
- Das Ereignis mit dem höchsten Wert des Datensatzes (in diesem Fall unsere Schlauberger, die 99 Prozent der Punkte erreicht haben).

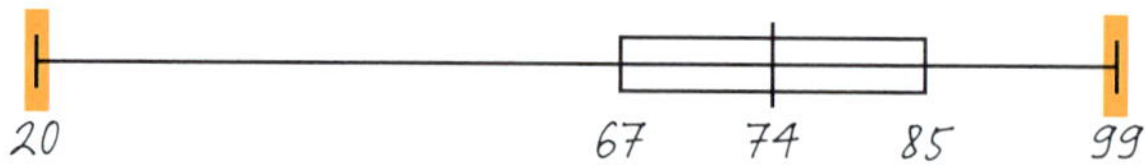

Abbildung 3.8: Niedrigster und höchster Wert des Datensatzes

- Das erste Quartil unseres Datensatzes (Q1) und das dritte Quartil des Datensatzes (in diesem Fall 67 bzw. 85).

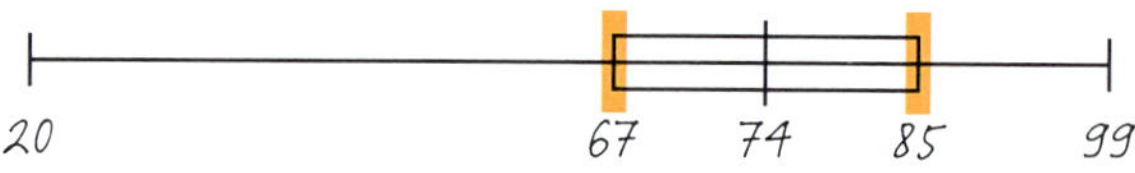

Abbildung 3.9: Erstes und drittes Quartil des Datensatzes

Diese ersten Spielereien mit Ihren Daten nehmen so gut wie keine Zeit in Anspruch. Wenn Sie einen überschaubaren Datensatz zur Verfügung haben, können Sie die Berechnungen von Hand erledigen, wie hier gezeigt. Wenn es sich um einen größeren Datensatz handelt, greifen Sie auf ein Datenanalyse-Paket (Microsoft Excel, SPSS, Stata, R) zurück. Wenn Sie ein Team von Mitarbeitern haben, die sich mit der Datenanalyse beschäftigen, dann bitten Sie sie darum, dass Ihnen ein solcher statistischer Überblick zur Verfügung gestellt wird, damit Sie sich ein realistisches Bild von den Daten machen können, mit denen Sie arbeiten.

Diese drei Werkzeuge (Streudiagramm, Säulendiagramm und Box-and-Whisker-Plot) können sehr hilfreich sein, um Ihre Daten in den Griff zu bekommen. Stellen Sie sich einen Moment lang vor, dass Sie Callcenter-Manager sind und die Daten, die Sie oben verwendet haben, die durchschnittlichen Minuten ungenutzter Zeit darstellen, die jedes Ihrer Teammitglieder zwischen zwei Anrufen verbringt. Jetzt ist es sehr einfach, die Spitzenreiter und die Schlusslichter innerhalb des Teams zu identifizieren und Leistungsabweichungen zu erkennen. In unserem Box-and-Whisker-Plot hat unser Lehrer seine Daten sofort unterteilt. Er hat nun nicht mehr 30 Schüler, sondern vier Gruppen, in denen unterschiedliche Leistungen erbracht werden und die jeweils unterschiedliche Lernansätze benötigen.

Verteilen Sie Ihre Daten

Sie haben oben gesehen, wie die Werte aus unserem Beispiel verteilt wurden: Nun werden wir Ihnen einige weitere gängige Verteilungsfunktionen aus der Statistik vorstellen (also zeigen, welche Formen Ihre Daten annehmen können) und Ihnen helfen zu antizipieren, wo Sie diese finden können.[6]

Wenn Sie diese Verteilungsfunktionen kennen und wissen, unter welchen Bedingungen sie mit großer Wahrscheinlichkeit auftreten werden, können Sie aus dem, was Sie tatsächlich beobachtet haben, Rückschlüsse über die Wahrscheinlichkeit der Ereignisse ziehen. Und mehr noch, wenn Sie die gängigen Verteilungsfunktionen kennen, hilft Ihnen das, die Datenpunkte, die Sie noch nicht erfasst haben, besser einzuschätzen. Wenn Sie die Verteilung Ihrer Daten verstehen, erkennen Sie Muster hinter den einzelnen Ereignissen.

6 Mehr zum Thema Verteilung finden Sie bei Tegmark, M. (2014) Our Mathematical Universe: My Quest for the Ultimate Nature of Reality. Vintage.

Normalverteilung

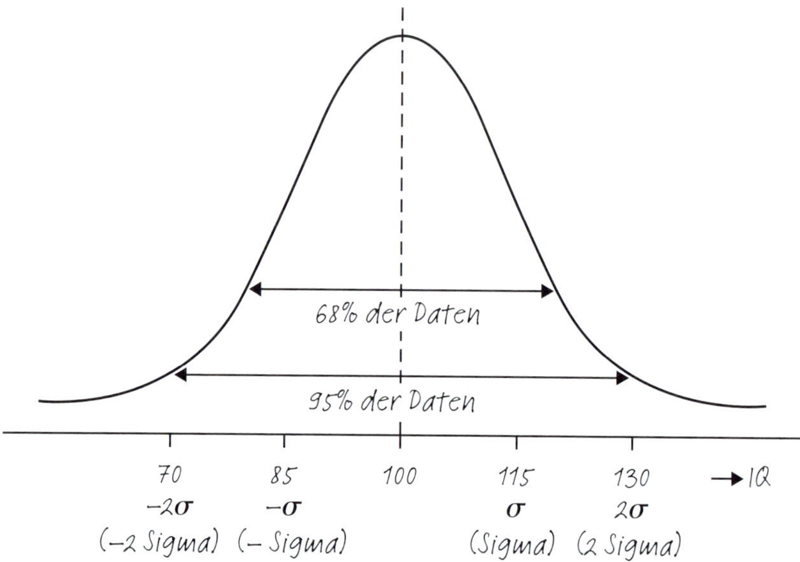

Abbildung 3.10: Normalverteilung am Beispiel des IQ einer Gruppe von Menschen

Mit dieser Verteilungsfunktion sind Sie höchstwahrscheinlich vertraut (sie wird ihrer Form wegen üblicherweise als „Glockenkurve" oder auch als Gauß-Verteilung nach dem berühmten Mathematiker und Physiker Carl Friedrich Gauß bezeichnet). Es handelt sich um eine der häufigsten Verteilungsfunktionen in der Naturgeschichte. Wenn Sie die Größe oder auch die IQs einer Gruppe von Menschen grafisch darstellen wollen, dann nimmt die Verteilung die Form einer Glockenkurve an. Der durchschnittliche IQ einer Population ist der Standard von 100. Das bedeutet, dass Sie erwarten können, dass 68 Prozent der Population einen IQ zwischen 85 und 115 haben und 95 Prozent der Population einen IQ zwischen 70 und 130 aufweisen. Mit anderen Worten, es ist extrem unwahrscheinlich, dass eine zufällig ausgewählte Person einen IQ von mehr als 130 oder weniger als 70 aufweist.

Sicher haben Sie schon von der 80:20-Regel gehört? Ihr liegt die Idee zugrunde, dass 80 Prozent aller Umsätze von 20 Prozent der Vertriebsmitarbeiter erzielt werden oder dass 80 Prozent der Reklamationen von 20 Prozent der Kunden stammen. Dieses verbreitete Phänomen wird durch das Pareto-Prinzip beschrieben. Wenn Sie eine solche Verteilung sehen, dann bedeutet das immer, dass eine relativ kleine Anzahl von Inputs für einen relativ großen Anteil des Outputs verantwortlich ist.

Pareto-Verteilung

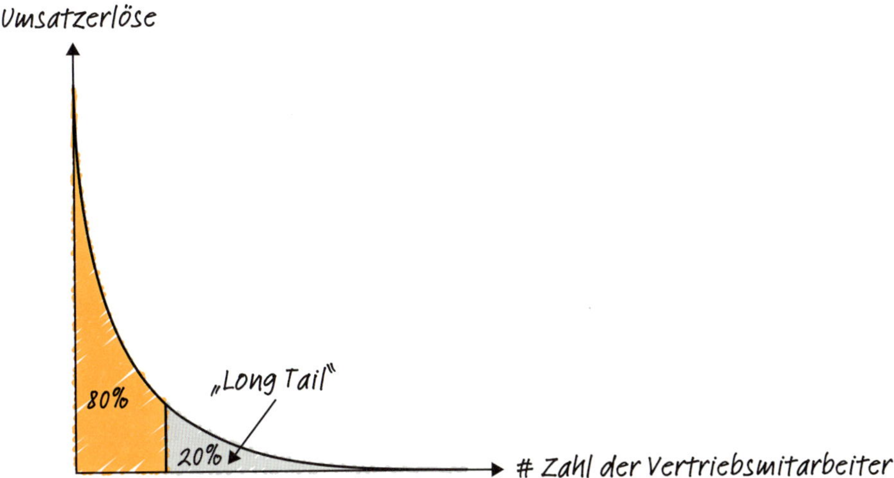

Abbildung 3.11: Pareto-Verteilung am Beispiel der Umsätze von Vertriebsmitarbeitern

Wo können Sie diese Verteilung im echten Leben finden? Viele Communitys insbesondere online, wie z.B. Wikipedia oder YouTube, werden von Super-Usern am Leben gehalten. Super-User sind Nutzer, die einen großen Teil ihrer Zeit und Energie in die Plattformen investieren. Ihre Super-User sind unsere Ausreißer insofern, als sie außerhalb (manchmal sehr weit außerhalb) der zwei Standardabweichungen, die wir oben beschrieben haben, liegen. Aber ihre Auswirkungen können unproportional hoch sein.

Ein Beispiel: Im Jahr 2015 berichtete der bekannte Blog Priceonomics, dass Wikipedia einige ernste Ausreißer hat: „Von den 26 Millionen registrierten Nutzern auf Wikipedia sind nur 125.000 (also weniger als 0,5 Prozent) "aktive" Nutzer, die Texte verfassen und editieren. Von diesen 125.000 haben in den letzten sechs Monaten nur 12.000 mehr als 50 Änderungen vorgenommen."[7]

Wenn Sie über Ihre Kunden nachdenken, dann sollten Sie sich fragen, wer Ihre Super-User sind und welchen Beitrag sie leisten. Wie gut bedienen und wertschätzen Sie diese statistischen Ausreißer? Sind die Veränderungen, die Sie anstreben, im Sinne Ihrer Kunden?

Poisson-Verteilung

Wann immer Sie die Zahl der Ereignisse bezogen auf Zeiteinheiten, Orte oder Mengen schätzen, dann werden Sie die Poisson-Verteilung nutzen. Einer der ersten realen Datensätze, die in einer Poisson-Verteilung dargestellt wurden, war eine Liste preußischer Soldaten, die zwischen 1875 und 1894 unabsichtlich durch den Tritt eines Pferdes gestorben

7 Crockett, Z. (2015), „The most prolific editor on Wikipedia", Priceonomics, [Online] 14. Oktober 2015. URL: *https://priceonomics.com/the-most-prolific-editor-on-wikipedia/* [Zugriff: 20. Februar 2019].

waren. Andere Beispiele sind die Anzahl der Kunden, die pro Stunde ein Ladenlokal betreten, die Zahl der Kunden, die pro Monat wegen eines Problems anrufen, oder die Zahl der Flugzeugabstürze, die sich bezogen auf eine Million Flugstunden ereignen.

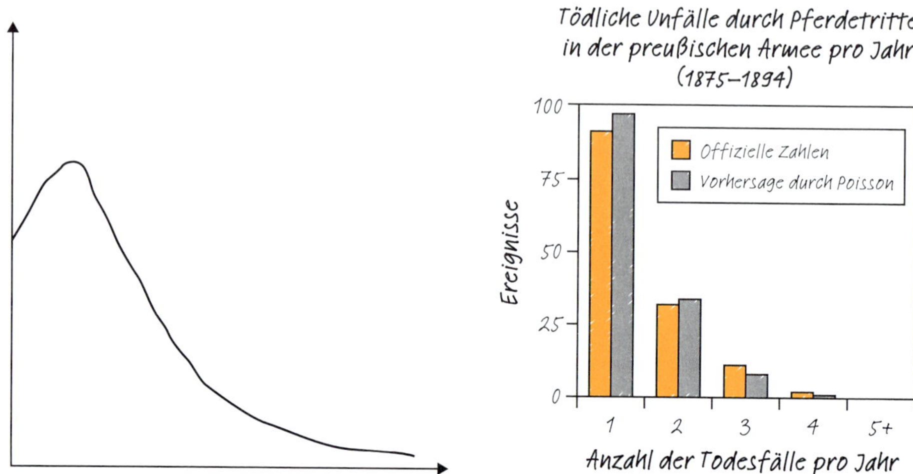

Abbildung 3.12: Poisson-Verteilung am Beispiel tödlicher Unfälle durch Pferdetritte in der preußischen Armee

Stetige Gleichverteilung (Uniformverteilung)

Die Uniformverteilung, die auch als Rechteckverteilung oder kontinuierliche Gleichverteilung bezeichnet wird, ist die einfachste aller Verteilungsfunktionen. Typische Beispiele sind die Seriennummern auf einem willkürlich ausgewählten Dollarschein oder die Zahl, die erscheint, wenn Sie würfeln oder ein Roulette-Rad drehen.

Abbildung 3.13: Stetige Gleichverteilung am Beispiel eines Würfels

Fazit

Die Daten, die Sie nutzen, um Ihre Analyse in Gang zu bringen, entscheiden darüber, wie nützlich Ihre Ergebnisse sein werden – und ob sie überhaupt nützlich sind. Stellen Sie sicher, dass Ihre Daten eine hohe Qualität haben, und stellen Sie Hypothesen auf, damit Ihre Informationen einen Sinn ergeben. Suchen Sie immer nach Möglichkeiten, um mehr als nur die Durchschnittswerte zu berechnen, und machen Sie sich ein vollständiges Bild von Ihren Daten (indem Sie sich der Methoden aus der deskriptiven Statistik bedienen und sich verschiedene Verteilungsfunktionen ansehen). Auf diese Weise gewinnen Sie fundierte Eindrücke.

Teil II

Zusammenhänge herstellen

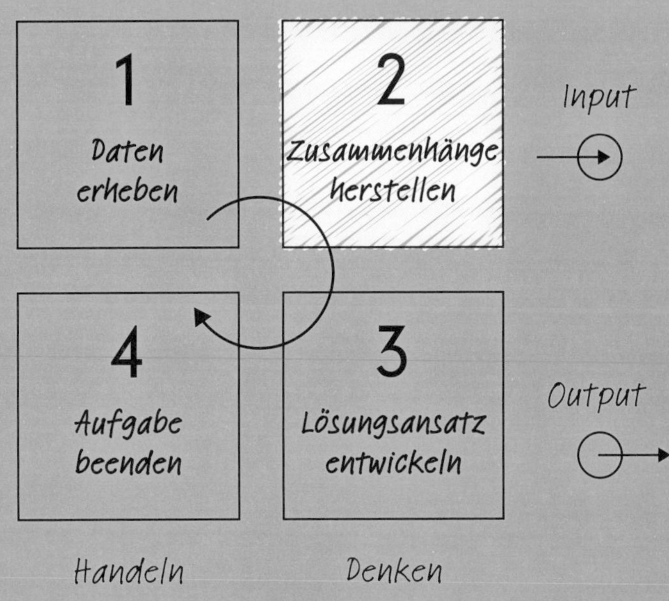

In Teil I des Buches ging es um die kognitiven Verfälschungen, Ablenkungen und Verzerrungen, denen wir unterliegen, wenn wir Daten verarbeiten. Unsere Gehirne sind darauf ausgerichtet, schnelle Entscheidungen in Kampf- oder Fluchtsituationen zu treffen, wie sie vor Tausenden von Jahren an der Tagesordnung waren – an die Geschäftswelt und die Sitzungsräume der heutigen Zeit sind sie einfach nicht angepasst. Kein Wunder, dass es so häufig zu mentalen Ausrutschern kommt. In Teil I haben wir Ihnen Werkzeuge an die Hand gegeben, mit denen Sie Ihre Wahrnehmung proaktiv gestalten können. Sie sind nun in der Lage, Fakten genauer zu erkennen, sich Informationen ohne Verzerrungen zu beschaffen und Ihre Aufmerksamkeit auf das zu richten, was nicht offensichtlich ist. Sie verfügen nun über mentale Strategien, mit denen Sie Unbekanntes und Unsicheres ins Licht rücken können. Sie sind bereit für den nächsten Schritt.

Menschen tun nichts lieber, als darüber zu spekulieren, wie Dinge funktionieren und warum sie nicht funktionieren. Es handelt sich um einen natürlichen Impuls, der gleichzeitig die Grundlage kritischen Denkens ist. Willkommen in Teil II des Decision Maker Playbook: Stellen Sie Zusammenhänge her.

In diesem Teil versorgen wir Sie mit den mentalen Taktiken, mit denen Sie die bereits erfassten Daten analysieren können.

Zuerst werden wir Ihnen drei Diagramme vorstellen, mit denen sich Strukturen in ihre Komponenten aufschlüsseln und damit die tatsächlichen *Ursachen von Problemen* identifizieren lassen.

Als Nächstes werden wir analysieren, inwiefern *zufällige Ereignisse* unsere Wahrnehmung kausaler Zusammenhänge beeinträchtigen können. Wenn wir versuchen, Kausalzusammenhänge zu isolieren, kann uns der Zufall in die Quere kommen. Diese mentale Taktik kann Ihnen dabei helfen, diesen Unterschied klar zu erkennen.

Schließlich, nachdem wir uns den Unterschied zwischen Glück und Können klar gemacht haben (oder den Unterschied zwischen tatsächlichen Kausalzusammenhängen und zufälligen Koinzidenzen), werfen wir einen Blick auf die komplexeren Systeme kausaler Beziehungen. *Systemische Ansätze* erlauben Ihnen, kausale Einflüsse (wie z.B. Mundpropaganda oder Werbung) mit Ergebnissen (z.B. Umsätzen einer Abteilung) zu verknüpfen. Systemisches Denken erklärt Dynamiken und Entwicklungen wie das Bevölkerungswachstum oder eine Hyperinflation und ist ein nützliches Werkzeug, um Lösungen für eine große Bandbreite an Problemen zu finden – vom Klimawandel über Pflege und Gesundheit bis hin zur persönlichen Vermögensverwaltung.

4

Bohren Sie tiefer

NUTZEN SIE BAUMDIAGRAMME,
UM PROBLEME AUSEINANDERZUNEHMEN

Nur Menschen, die aus dem Rahmen fallen, sehen das Bild als Ganzes.

Salman Rushdie, The Ground Beneath Her Feet

Vorteile dieser mentalen Taktik

Wenn Sie Datensätze in ihre Bestandteile zerlegen, hilft Ihnen das, Projekte zu strukturieren, wichtige Einnahmequellen zu generieren und Ursachen zu identifizieren. Drei Diagramme haben sich über Jahre hinweg bewährt und gelten noch immer als die wichtigsten Visualisierungstools für diesen Zweck. Sie ermöglichen Ihnen, über die Beziehungen zwischen einzelnen Aspekten nachzudenken, und sind hilfreich, um komplexe Anliegen zu vermitteln. Sie befähigen Sie, sinnvollere Fragen zu stellen, z.B.: „Ist das, was ich beobachte, ein extremer Fall oder ist das normal?“ oder auch Hypothesen über die restliche Population in einer Stichprobe aufzustellen. Letztendlich können sie dazu beitragen, Werte aufzudecken, die sonst verborgen geblieben wären.

Baumdiagramme sind hilfreiche Werkzeuge, wenn Sie

- verstehen wollen, welche Faktoren den Aufwendungen und Erträgen eines Unternehmens zugrunde liegen.
- einen Arbeitsplan für ein Projekt entwerfen wollen.
- die Schwachstellen eines Produktes oder einer Software identifizieren wollen.
- Ursachenforschung betreiben wollen.
- eine Krankheit diagnostizieren wollen, deren Symptome Sie kennen.
- Werttreiber (Erträge, Gewinne, Kosten) verstehen und beeinflussen wollen.
- Komponenten eines Problems, das gelöst werden soll, priorisieren wollen.
- Argumente logisch nachvollziehen wollen, indem Sie notwendige und hinreichende Bedingungen evaluieren.
- mehrstufige Ergebnisse und Produktvariationen visualisieren möchten.
- Möglichkeiten ausloten wollen.

Nutzen Sie Baumdiagramme, um Probleme auseinanderzunehmen

Angenommen, Sie haben sich intensiv mit Ihren kognitiven Fähigkeiten auseinandergesetzt. Sie haben ausgiebig über die Legitimität Ihrer Überzeugungen nachgedacht und sind bereit, auch kleinste blinde Flecken aufzudecken. Sie haben jede kognitive Verzerrung einkalkuliert, die Ihr Denken beeinträchtigen könnte, und Sie haben etwas über die Bedingungen gelernt, die erforderlich sind, damit Ihre Daten wirklich verlässlich sind, wie die Stichprobengröße und die Repräsentativität.

Nun ist es an der Zeit, Ihre Datensätze zu analysieren und die Zwiebelschalen zu entfernen. Der erste Weg dorthin führt über Baumdiagramme.

Baumdiagramme (oder Verzweigungsdiagramme) helfen, komplexe Probleme in ihre Einzelteile zu zerlegen, Gleichungen in ihre Faktoren und Ziele in ihre Komponenten aufzuschlüsseln. Sie erweisen sich auch als nützlich, wenn Sie versuchen, einen Markt zu segmentieren oder einen Kundentypus zu kategorisieren. Bäume sind das

Lieblingswerkzeug von Managern, die grafisch strukturiert denken. Ein Baumdiagramm weist ganz ähnliche Merkmale auf wie ein wirklicher Baum mit seinen unterschiedlichen Ebenen (Stamm, Ästen, Zweigen und Blättern).

Baumdiagramme sorgen aufgrund ihrer Beschaffenheit dafür, dass Sie umfassend denken. Mit ihnen können alle Komponenten erfasst werden, die zum Thema gehören, das untersucht werden soll. Bäume erlauben Ihnen, die Faktoren gleich null zu setzen, die für das Verhalten (oder Ergebnis) verantwortlich sein können, das Sie beobachten. Nehmen wir an, Sie verlassen morgens das Haus und Ihr Auto springt nicht an. Dafür kann es Tausende von Gründen geben. Ein Baumdiagramm lässt zwar Ihr Auto nicht wieder anspringen, aber es kann Ihnen helfen herauszufinden, wo der Fehler liegt.

Das Baumdiagramm wurde 1962 von H. A. Watson bei Bell Labs entwickelt. Eigentlich sollte es als Fehlerbaum dienen. Fehlerbäume visualisieren Schwachstellen innerhalb eines Systems und erleichtern es, Probleme aufzufinden sowie die Zuverlässigkeit und sicherheitsrelevante Aspekte zu prüfen.

Werfen wir einen Blick auf einen Fehlerbaum: Wir finden heraus, warum Ihr Auto nicht anspringt. Welche Gründe könnte das haben? Die Zweige auf dem ersten Level unterscheiden nach Anwenderfehler, mechanischem Fehler und elektrischem Fehler. Auf dem zweiten Level wird jede dieser Kategorien in eine Reihe weiterer Ursachen aufgeschlüsselt.

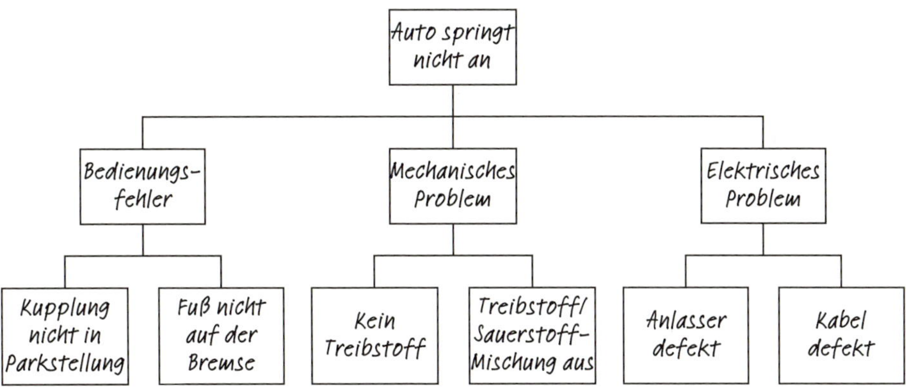

Abbildung 4.1: Fehlerbaum für ein nicht funktionierendes Auto

Prioritäten für die weitere Analyse darstellen

Lassen Sie uns mit einem Beispiel aus der Finanzwelt beginnen. In typischen Geschäftssituationen sind Sie daran interessiert, die Schlüsselfaktoren zu identifizieren, die einen bestimmten Wert erhöhen oder reduzieren, z.B. Erträge oder Kosten.

Hier ist ein einfacher Verzweigungsbaum, der die Kostenstruktur für eine fiktive Fluggesellschaft, nennen wir sie Dhar Airways, darstellt.

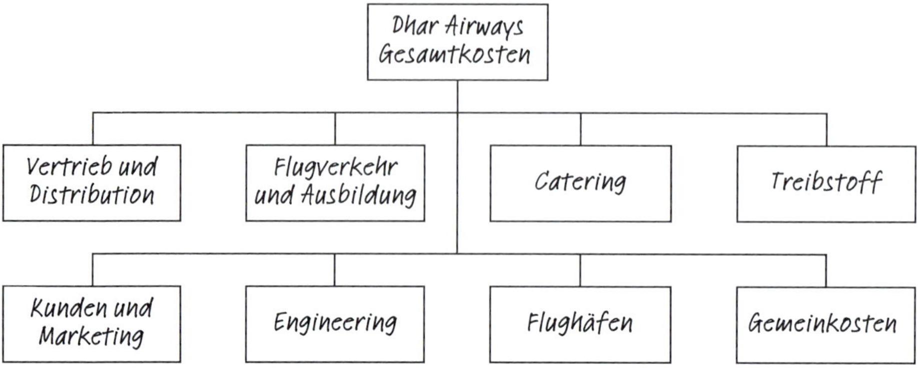

Abbildung 4.2: Baumdiagramm für die Gesamtkosten einer Fluggesellschaft

Ein weiteres anschauliches Beispiel ist der Faktorenbaum unten, der den Webseiten-Traffic und die damit generierten Erträge darstellt. Halten Sie sich vor Augen, dass dieser Baum in Abhängigkeit von der Frage, die Sie beantworten wollen, um ein Vielfaches komplexer aussehen könnte.

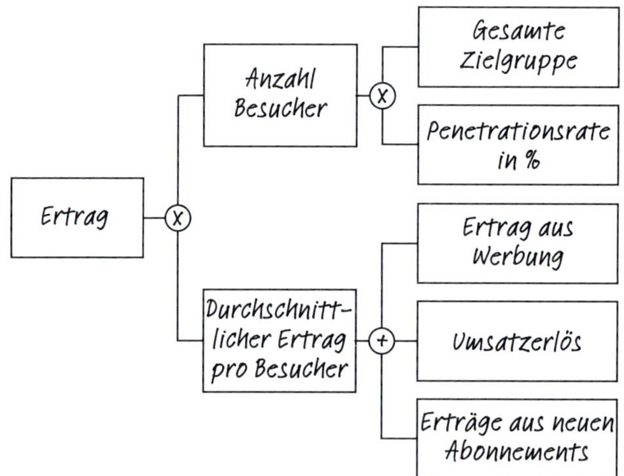

Abbildung 4.3: Faktorenbaum für die Erträge durch Webseiten-Traffic

Bäume wie der hier abgebildete können helfen, wichtige von unwichtigen Kostentreibern zu unterscheiden und Hinweise auf die Faktoren zu liefern, die mit großer Wahrscheinlichkeit den Effekt verursachen, an dem Sie interessiert sind (in diesem Fall der Ertrag). Sie helfen auch zu verstehen, wo Chancen liegen. Es könnte sein, dass Sie nur einen kleinen Teil der Zielgruppe erreicht haben (darauf weist das Feld „Penetrationsrate in %“ hin) oder dass der Ertrag, der durch Werbung generiert wird, recht hoch ist, während der Umsatzerlös niedrig ist.

Arbeiten Sie mit strukturierten Hierarchien

Beginnen wir mit der einfachsten Anwendung, dem Entwurf eines Arbeitsplans für ein Projekt. Die unterschiedlichen Levels eines Projektes könnten folgendermaßen aussehen:

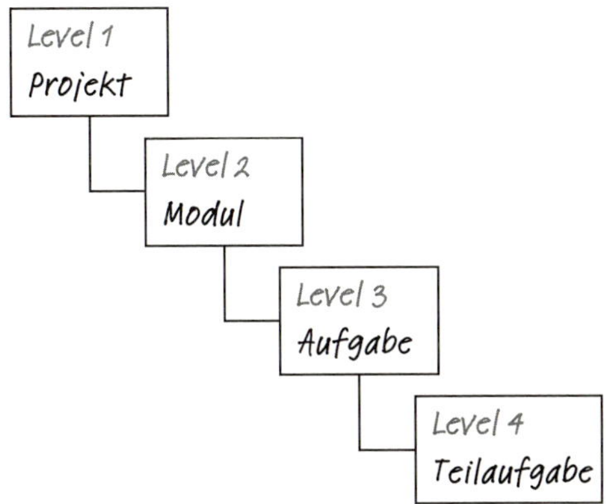

Abbildung 4.4: Arbeitsplan für ein Projekt

Die Erledigung aller Arbeitspakete ist erforderlich, um eine Aufgabe zum Abschluss zu bringen. Die Beendigung aller Aufgaben ist nötig, damit ein Modul abgeschlossen ist, und so weiter.

Ein weiteres Beispiel für die Hierachisierung ist die Planung einer Urlaubsreise.

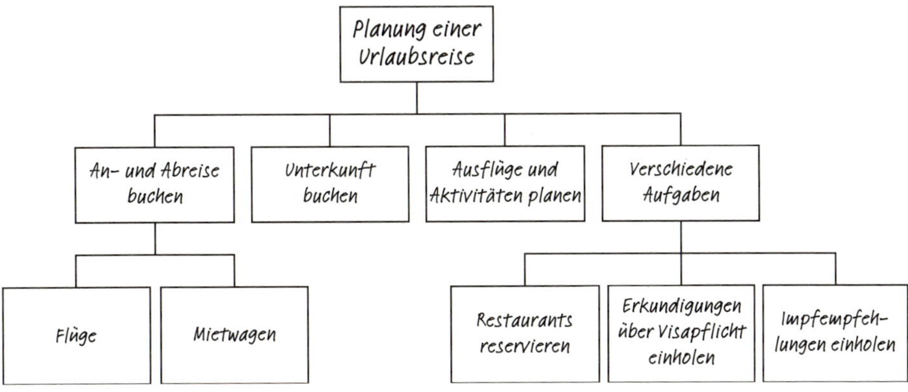

Abbildung 4.5: Baumdiagramm für die Planung einer Urlaubsreise

Da Baumdiagramme sich hervorragend für die Darstellung von Hierarchien eignen, werden sie in der Regel auch genutzt, um Organigramme oder Strukturen in Abteilungen und Büros zu visualisieren.

Checkliste

So pflanzen Sie einen Baum

Entscheiden Sie, ob Sie die vertikale oder horizontale Ausrichtung bevorzugen.

Baumdiagramme werden normalerweise von oben nach unten oder von links nach rechts entwickelt. Wenn man einmal von der Größe des Papiers absieht, mit dem Sie arbeiten, gibt es keinerlei Einschränkungen, die Sie im Hinblick auf Ihr Layout beachten müssen. Wir bevorzugen Baumdiagramme in vertikaler Struktur, um Module, Produkte oder Fehlerquellen zu erschließen. Um quantitative Strukturen oder Kausalzusammenhänge darzustellen, nutzen wir in der Regel Bäume, die von links nach rechts entwickelt werden.

Skizzieren Sie den Baum.

Notieren Sie das Thema oder die Frage oben (oder links). Entwerfen Sie die erste Stufe der Verzweigungen, indem Sie sich fragen, welche Faktoren eine Rolle für die Frage oder das Thema spielen, das Sie oben niedergeschrieben haben.

Stellen Sie sicher, dass der Baum MECE ist – keine Überschneidungen, keine Lücken.

Vielleicht haben Sie von der Abkürzung MECE (sprich m[i] s[i]) gehört: Sie bedeutet, dass alle Elemente sich gegenseitig ausschließend und insgesamt erschöpfend dargestellt werden müssen. Es handelt sich um ein hilfreiches Konzept, mit dem ein umfangreicheres Thema in seine Einzelteile aufgeschlüsselt werden kann.

- Erstens müssen sich die Elemente der einzelnen Stufen *voneinander unterscheiden.* Es sollte keine Überschneidungen geben. Das zwingt Sie, sich jedes Feld auf den einzelnen Stufen genau anzusehen und sicherzustellen, dass Sie nicht versehentlich Teile in mehr als einem Feld untergebracht haben.
- Zweitens sollte die Gesamtsumme der Elemente *hinreichend* sein, um die Stufe darüber zu erstellen. Wenn ein Baumdiagramm dazu genutzt wird, um die fünf Mitglieder eines Projektteams vorzustellen, dann sollte keines fehlen.
- Drittens sollte das Problem oder die Struktur in Unterkategorien mit einer *begrenzten* Anzahl übergeordneter Kategorien (Feldern auf den einzelnen Stufen) zerlegt werden.

Definieren Sie funktionale Abhängigkeiten.

Meistens ist die funktionale Beziehung zwischen jeder Stufe und der Spitze ein „Und". Wenn das oberste Feld beispielsweise den Eintrag „Ertrag Nordamerika" enthält, dann sollten in den Feldern darunter „USA", „Kanada" und „Mexiko" stehen. Die implizierte Beziehung zwischen ihnen lautet „und".

Es kann aber ebenso gut ein „Oder" sein. Wenn Sie z.B. die Frage stellen: „Wer hat Elisabeth umgebracht?" Dann könnten es „Der Gärtner" oder „Sir Thomas" oder „Miss Lilly" gewesen sein (oder, je nach Drehbuch, auch mehr oder weniger Personen).

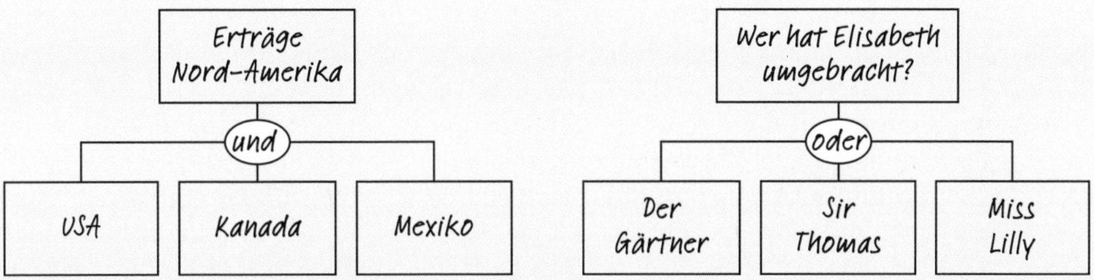

Abbildung 4.6: Beispiele für „Und"- und „Oder"-Abhängigkeiten

Legen Sie eine ausreichende Anzahl von Verzweigungen fest und hören Sie dann auf.

Bäume können sich über zahllose Stufen erstrecken. In der Regel genügen aber Bäume mit drei oder maximal vier Verzweigungen, um ein Problem angemessen zu visualisieren und zu analysieren.

Nutzen Sie Bäume, um Durchschnittswerte zu umgehen

Wir nutzen ständig Durchschnittswerte. Es gibt mehr als 152 Sonnentage pro Jahr in Seattle. Die durchschnittliche Lebenserwartung in Japan liegt bei 83,8 Jahren. Im Jahr 2017 besaßen mehr als 40 Prozent der Weltbevölkerung ein Smartphone.

Es ist nicht falsch, mit solchen Zahlen zu arbeiten, aber wirklich aussagekräftige Erkenntnisse gewinnen Sie üblicherweise erst, indem Sie die Bandbreite hinter den Durchschnittswerten aufdecken. Wir haben schon darauf hingewiesen, dass Durchschnittswerte hervorragend geeignet sind, um Ergebnisse zu kommunizieren, aber nicht unbedingt ideal, um ein Phänomen zu verstehen.

Das Gesundheitswesen ist eine Branche, in der das Aufschlüsseln von Durchschnittswerten von wesentlicher Bedeutung ist. Nehmen wir Jonathan, Forschungsleiter eines mittelständischen Unternehmens, das Nahrungsergänzungsmittel herstellt. Seine Produktentwicklungsabteilung hat eine Studie über sechs Monate durchgeführt, um die Wirkung eines natürlichen Produktes zu untersuchen, das den Blutdruck senken soll. Die Studie konnte nicht belegen, dass das Produkt positive Effekte auf den Durchschnittspatienten hat. Statt das Produkt einfach fallen zu lassen, weil die Studie nicht die richtigen Ergebnisse erbrachte, entschloss sich Jonathans Team, die Ergebnisse aufzuschlüsseln. Die Mitarbeiter entdeckten, dass zwar nicht alle Patienten auf die Behandlung ansprachen, dass es aber eine beachtliche Menge gab, auf die das Produkt positive (blutdrucksenkende) Auswirkungen hatte. Indem sie die Ergebnisse nach Geschlecht und Alter aufschlüsselten, fanden sie heraus, dass Männer unter 40 Jahren am meisten profitierten. Auf Grundlage dieses Wissens ersann das Produktentwicklungsteam Möglichkeiten, um genau diese Zielgruppe zu erreichen. Auf diese Weise konnte vermieden werden, dass der Markt mit Werbung geflutet wurde, was nicht nur eine Verschwendung von Werbemitteln gewesen wäre, sondern auch zu negativer Mundpropaganda und schlechten Bewertungen durch die Menschen geführt hätte, denen das Mittel nicht helfen konnte.

Checkliste

Wie Sie Durchschnittswerte aufschlüsseln

Beginnen Sie mit dem, was Sie bereits wissen.

Im folgenden Beispiel steht das durchschnittliche Einkommen eines Haushaltes im Mittelpunkt.

Durchschnittliches Einkommen pro Haushalt, USA (2007) in 1.000 US-Dollar	88

Abbildung 4.7: Durchschnittliches Haushaltseinkommen in den USA

Entwickeln Sie Hypothesen über relevante und interessante Unterkategorien.

Wonach suchen Sie? Nehmen wir an, dass Sie sich besonders für die Einkommensverteilung nach Gruppen oder Perzentilen der Bevölkerung interessieren. Dies ist ein üblicher Weg, um Ungleichheiten in einem Land aufzudecken. Sie sind insbesondere an den Zehntel-Segmenten z.B. in Form von 20-Prozent-Einheiten interessiert, um schlussendlich zu erfahren, wie hoch das Einkommen der Spitzengruppe des obersten ein Prozentes ist. Ihr Baum wird dann logischerweise sechs Zweige haben:

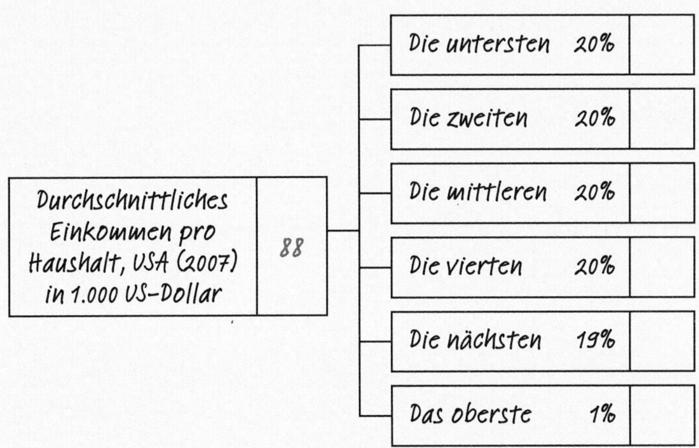

Abbildung 4.8: Aufschlüsselung des durchschnittlichen Haushaltseinkommens nach Gruppen in Prozent

Tragen Sie die Zahlen zusammen.

Sie müssen zwei Variablen kennen:

1. Das Durchschnittseinkommen jeder der Gruppen
2. Die Gewichtung jeder dieser Gruppen

Aus der Fragestellung ergibt sich, dass wir die Gewichtung der Gruppen bereits kennen: Sie ist äquivalent zu der Zahl der Menschen in jedem der Kästen (und entspricht der Prozentzahl in den unten gezeigten Feldern). Um das durchschnittliche Einkommen pro Unterkategorie herauszufinden, ist ein gewisser Rechercheaufwand erforderlich. Eine zuverlässige Quelle sind internationale Organisationen (OECD), Universitäten und Forschungsinstitute.

Das aufgeschlüsselte Durchschnittseinkommen pro Haushalt wird, den jeweiligen Untergruppen zugeordnet, unten gezeigt.

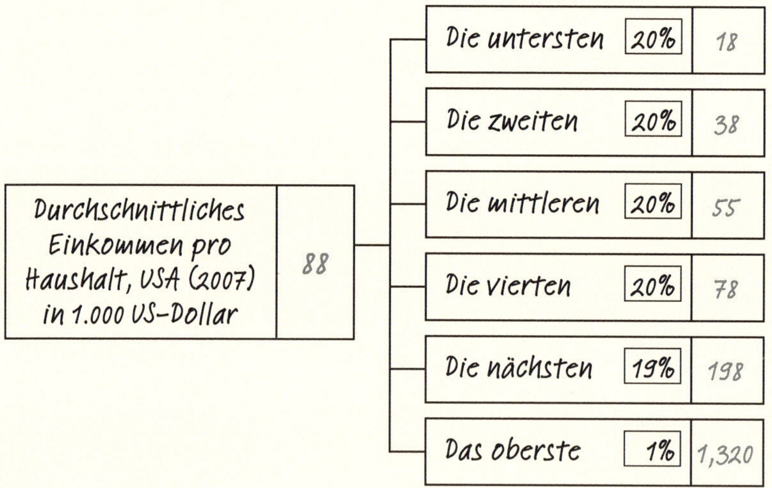

Abbildung 4.9: Aufschlüsselung des durchschnittlichen Haushaltseinkommens nach Gruppen in absoluten Zahlen

Überprüfen Sie die Zahlen.

Um zu überprüfen, ob Ihre Zahlen tatsächlich stimmen, multiplizieren Sie die Gewichtung jeder der Gruppen mit dem durchschnittlichen Einkommen dieser Unterkategorie und addieren Sie alle Werte. Das Ergebnis muss dem durchschnittlichen Einkommen pro Haushalt entsprechen.

Nutzen Sie Baumdiagramme und Flowcharts, um Ursachen zu erkennen

Baumdiagramme sind ein hervorragendes Werkzeug, um Phänomene in ihre Bestandteile zu zerlegen. Aber sie eignen sich auch, um Ursachenforschung zu betreiben. *Ursachen* sind der eigentliche Grund dafür, dass ein Problem existiert. Sie müssen von *Symptomen* unterschieden werden, die lediglich Signale oder Indikatoren von Problemen darstellen. Wenn Sie ein Symptom beseitigen, wird sich das nicht auf die Ursache auswirken. Ohne die Ursache direkt an der Wurzel zu packen, werden in Zukunft ähnliche Symptome auftauchen. Lassen Sie uns das an einem medizinischen Beispiel verdeutlichen: Ein Symptom kann ein schmerzender Hals, ein Husten oder eine laufende Nase sein. Als eigentliche Ursache könnte ein Infekt zugrunde liegen. Wenn die Symptome behandelt werden, führt das kurzfristig dazu, dass sich der Patient besser fühlt: Eine Aspirin-Tablette vermindert üblicherweise die unangenehmen Symptome, wird aber nichts an der eigentlichen Ursache ändern oder in diesem Fall die Krankheit beenden.

Kommen wir zur Ursachenanalyse, auch bekannt als „5-W-Methode“ oder Ursache-Wirkungs-Diagramm. Die Ursachenanalyse kombiniert visuelles Denken mit dem strukturierten Ansatz, mehrfach „Warum?“ zu fragen. Hier ist ein simples lineares Beispiel eines Ursache-Wirkungs-Diagramms, das untersucht, warum ein Schüler eine schlechte Note erhalten hat:

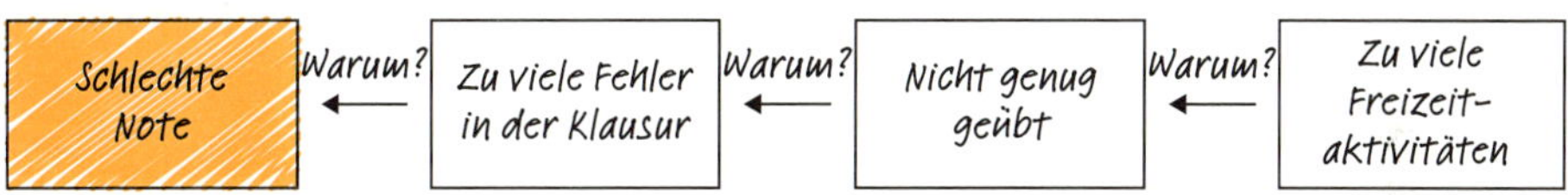

Abbildung 4.10: Ursache-Wirkungs-Diagramm zu schlechter Schulnote

Checkliste

Ursachen aufdecken

Definieren Sie das Problem eindeutig.

Schlagen Sie in Kapitel zwei nach, wenn Sie weitere Informationen benötigen. Notieren Sie als Erstes das Thema oder das Problem im Feld ganz links. Die leeren Felder daneben dienen als Bausteine der Analyse.

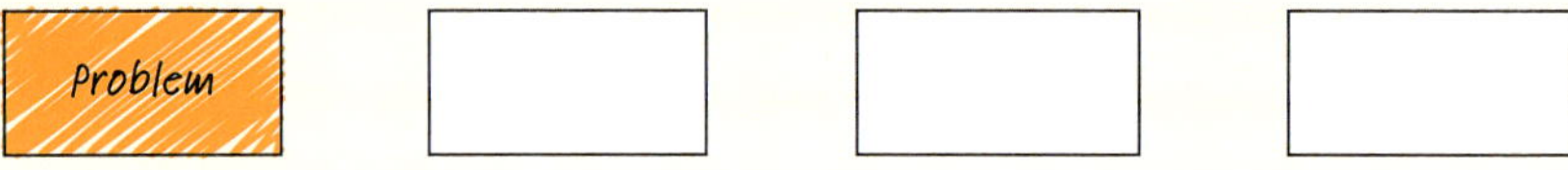

Abbildung 4.11: Problemdefinition

Halten Sie die Ursachen fest.

Als Nächstes notieren Sie die Ursachen für jeden der vorangegangenen Effekte und fragen jedes Mal „Warum?“, wenn Sie ein weiteres Feld ausgefüllt haben.

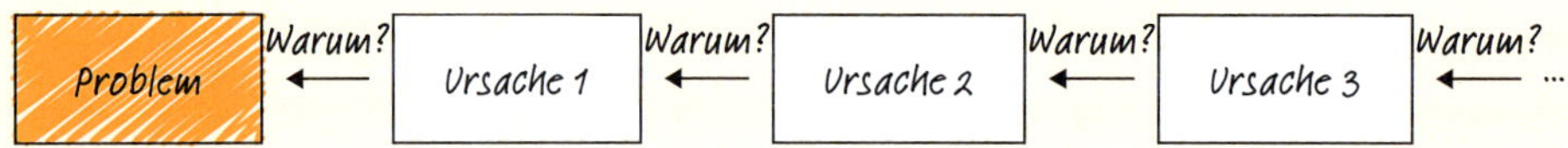

Abbildung 4.12: Ermittlung der Ursachen des Problems

Verbinden Sie die Felder durch Pfeile. Diese Pfeile haben unterschiedliche Bedeutungen:

- Von links nach rechts werfen Sie die Frage auf, warum ein Effekt eingetreten ist.
- Von rechts nach links können Sie den Pfeil durch die Aussage „verursacht durch“ ersetzen.

Beobachten Sie die Ursachen.

Während Sie mit der Analyse fortfahren, werden Sie feststellen, dass das kausale Netz nicht so linear ist, wie in dem Beispiel gezeigt wird. Stattdessen können Effekte vielfältige Ursachen in folgender Hinsicht haben:

- Beide Ursachen waren nötig, um den Effekt hervorzurufen („und“).
- Eine der beiden Ursachen hat den Effekt hervorgebracht („oder“).

Hier ist ein einfaches Beispiel. Um ein Feuer zu machen, benötigen Sie brennbares Material (Zunder, Holz, Benzin) und einen Funken oder eine Flamme. Aber um ein Feuer zu löschen, müssen Sie entweder das brennbare Material oder den Sauerstoff entziehen.

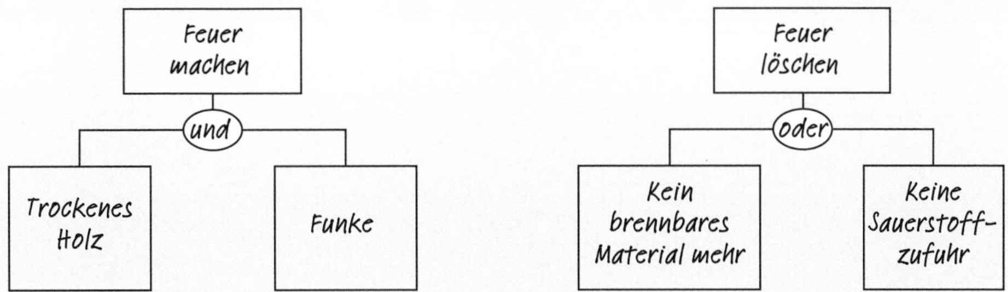

Abbildung 4.13: Ursache-Effekt-Zusammenhang am Beispiel von Feuer machen oder löschen

Logische Operatoren wie *und* oder *oder* zu benutzen, ähnelt dem Konzept der notwendigen versus hinreichenden Bedingung.

- *Notwendige Bedingung:* Wir können das brennbare Material (Holzscheite) und die Ursache des Feuers (Funke) als notwendige Bedingung für das Entzünden des Feuers betrachten. Nur beide zusammen sind hinreichend, um das Feuer zum Brennen zu bringen.
- *Hinreichende Bedingung:* Um das Feuer zu löschen, reicht einer der genannten Gründe aus: Entweder Sie entziehen dem Feuer das brennbare Material oder den Sauerstoff – es ist nicht beides notwendig, um das Feuer zu löschen.

Wenn Sie sich allmählich an die Ursachen heranarbeiten, statt sich auf die Symptome oder Effekte erster Ordnung konzentrieren, dann können Sie Probleme effektiver und nachhaltiger angehen.

Weitere Beispiele

Optimieren Sie Ihre Rekrutierungskanäle

Alyssa führt ein junges, aber wachsendes Start-up und ihr oberstes Anliegen ist es, ihre Belegschaft um ehrgeizige und qualifizierte Mitarbeiter zu erweitern. Nehmen wir an, sie muss im Laufe des nächsten Monats 20 Entwickler einstellen. Sie hat bereits einige Hebel in Bewegung gesetzt, um die freien Stellen zu vermarkten. Sie hat die Stellenanzeigen auf Onlineportalen gepostet, in sozialen Netzwerken wie LinkedIN und auf Schwarzen Brettern an Orten, an denen sich Entwickler häufig aufhalten, z.B. in Campus-Cafés. Und es funktioniert – sie hat zahlreiche Bewerbungen erhalten, die sich jedoch in ihrer Qualität sehr deutlich voneinander unterscheiden. Nun nutzt sie ein Baumdiagramm, um die Menge an Bewerbungen nach den genutzten Kanälen aufzuschlüsseln. Dafür hat sie jeden Bewerber, den sie zu einem Gespräch eingeladen hat, gebeten, einen kurzen Fragebogen auszufüllen. Das erlaubt ihr, die Kanäle mit besonders hochqualifizierten Bewerbern zu identifizieren und dort intensiver zu suchen.

Fazit

Probleme und Daten sind häufig komplex und unsortiert. Baumdiagramme sind eine einfache Möglichkeit, Ihr Denken zu strukturieren und geben Ihnen ein wichtiges Kommunikationsmittel an die Hand. Bäume helfen Ihnen, Trends oder Dynamiken in ihre Faktoren aufzuschlüsseln, aus Durchschnittswerten schlau zu werden, die Ursachen eines Problems zu erkennen oder eine Präsentation, ein Projekt oder auch einen Urlaub zu strukturieren. Baumdiagramme erfordern, dass Sie in MECE-Kategorien denken (sich gegenseitig ausschließend und insgesamt erschöpfend), und ermöglichen Ihnen, Probleme und Datensätze tiefer zu ergründen und mehr Klarheit zu erlangen.

5

Nehmen Sie die Dinge selbst in die Hand!

PLANEN SIE DIE REGRESSION ZUR MITTE EIN

„Erwäge ohne Unterlass: Die Welt ist Veränderung, das Leben Einbildung.“[1]

Marcus Aurelius

1 Marcus Aurelius, Selbstbetrachtungen, IV, 3.

Vorteile dieser mentalen Taktik

Sobald Sie das Phänomen der Regression zur Mitte verinnerlicht haben, sollte Ihnen klar werden, dass die meisten Leistungen nicht nur auf Können, sondern auch auf Glück und Zufall beruhen.[2] Wenn Sie versuchen herauszufinden, welchen Anteil beide Faktoren an einem bestimmten Ergebnis hatten, wird Sie das motivieren, weil dieses Wissen aus mehreren Gründen für Sie wichtig ist:

1

Es hilft Ihnen, Ihre Ergebnisse zu bewerten

Wenn Kompetenzen im Spiel sind, dann ist eine relativ kleine Stichprobe erforderlich, um die Person oder den Prozess zu bewerten, die das Ergebnis hervorgebracht hat (Schach z.B. ist ein Spiel, bei dem man kaum ausschließlich auf sein Glück setzen kann). Wenn mehr Glück im Spiel ist, dann werden Sie sich eine größere Stichprobe ansehen müssen.

2

Es ermöglicht Ihnen, Ergebnisse zu prognostizieren

Sobald Sie wissen, welchen Einfluss Kompetenz und Glück jeweils auf ein Ergebnis hatten, können Sie sicherere Prognosen über zukünftige Ergebnisse abgeben.

3

Es hilft Ihnen, Ihr Feedback anzupassen

Die meisten Menschen stimmen der Auffassung zu, dass es nicht sinnvoll ist, eine Person, deren Erfolg ausschließlich vom Glück abhängt, zu loben (oder abzustrafen). Menschen, denen es an Qualifikationen fehlt, können Sie dagegen unterstützen, indem Sie die Kompetenzen identifizieren, an denen es ihnen mangelt. Eine Weiterbildung kann dann dafür sorgen, dass sie in Zukunft erfolgreicher agieren können.

Nutzen Sie diese mentale Taktik immer dann, wenn Sie befürchten, dass Glück oder Zufall eine bevorstehende Entscheidung maßgeblich beeinflussen könnten.

Planen Sie die Regression zur Mitte ein

Abbildung 5.1: Baseball als Beispiel für die Regression zur Mitte

2 Die Art und Weise, wie wir uns dem Konflikt zwischen Talent und Glück in diesem Kapitel nähern, ist inspiriert von Michael Mauboussin's Buch „The Success Equation“, das eine wesentlich umfangreichere Abhandlung des Themas bietet: Mauboussin, M.J. (2012) The Success Equation: Untangling Skill and Luck in Business, Sports, and Investing. Harvard Business Press.

Im Baseball kennt man das „verflixte zweite Jahr“ gut: Ein Spieler, der eine herausragende erste Saison gespielt hat, wird mit sehr großer Wahrscheinlichkeit im zweiten Jahr nicht genauso gute oder noch bessere Leistungen zeigen. Das ist Regression zur Mitte in der Praxis.

Im Baseball wird der beste Neuling jeder Liga zum Ende der Saison mit dem Rookie of the Year (ROY) ausgezeichnet. Im zweiten Jahr ist die Leistung des Gewinners fast immer deutlich schlechter als in der ersten Saison. Dem Rookie gelingt es nicht, seine Leistungsstandards aufrechtzuerhalten. Profi-Sportler sind nicht die einzigen, die diesem Fluch unterliegen. Auch Schüler und Studenten, die im ersten Semester Bestnoten vorweisen konnten, erbringen üblicherweise im zweiten Studienjahr weniger gute Leistungen. Und für Sänger und Bands, die mit ihrem ersten Album einen großen Hit gelandet haben, gilt das Gleiche.

Was geht hier vor? Der Übeltäter ist die Regression zur Mitte, ein statistisches Phänomen, das besagt, dass sich außerordentliche Ergebnisse im Laufe der Zeit auf ein Mittelmaß einpendeln.

Wenn es um die Leistung eines Menschen geht, dann tritt die Regression zur Mitte auf, weil Erfolg immer auf die Kombination von Fähigkeiten *und* glücklichen Umständen zurückzuführen ist. ROYs, herausragende Erstsemester und neue Entertainer, denen gleich mit ihrem ersten Werk der große Wurf gelingt, werden immer nach ihrem ersten Erfolg auf Basis ihrer außerordentlichen Leistung beurteilt.

Weil die meisten Menschen annehmen, dass Leistungen ausschließlich auf Kompetenzen beruhen, beziehen die wenigsten die Rolle, die der Zufall spielen kann, in ihr Kalkül ein – sowohl in Bezug auf frühe Erfolge als auch auf spätere Leistungen. Wenn sich die Leistungen unausweichlich wieder auf ein Mittelmaß zubewegen, sind die Menschen überrascht, manchmal sogar desillusioniert. Sie verstehen nicht, was sie tun müssen, um den Erfolg aufrechtzuerhalten oder um erfolgreich zu werden. Kurz: Extremen wird eine zu hohe Bedeutung beigemessen.

Eine faszinierende Entdeckung

Am 16. Februar 1822 wurde einer der berühmtesten Statistiker der Welt, Francis Galton, geboren. Er war ein Cousin von Charles Darwin und stammte aus einer sehr talentierten Familie, die zahlreiche Akademiker hervorbrachte. Auch wenn er niemals so berühmt wurde wie Darwin, waren Galtons wissenschaftliche Leistungen durchaus bemerkenswert. Sie beeinflussen die Statistik bis heute. So prägte Galton beispielsweise die Begriffe Korrelation, Quartil und Perzentil.

Galton war besonders interessiert an der Erforschung der Bevölkerung. Insbesondere befasste er sich mit der Vererbungslehre und untersuchte, wie Merkmale von Eltern an ihren Nachwuchs weitergegeben werden. Galton führte als Erster den Begriff der Regression ein, der etwas völlig anderes bedeutete als das, was wir heute darunter verstehen. Er hatte nicht eine typische Abwärtsbewegung im Blick, sondern eine „Regression zur Mitte“.

Auf einem Teilgebiet seiner Forschungsarbeit ging es darum, die Größenbeziehungen zwischen Eltern und ihren Kindern zu untersuchen. Er trug die Größen von 928 erwachsenen Kindern in ein Koordinatensystem ein und stellte diesen die Durchschnittsgröße der Eltern (die gemittelte Größe des Vaters und der Mutter) gegenüber.[3] Das Ergebnis sehen Sie unten.

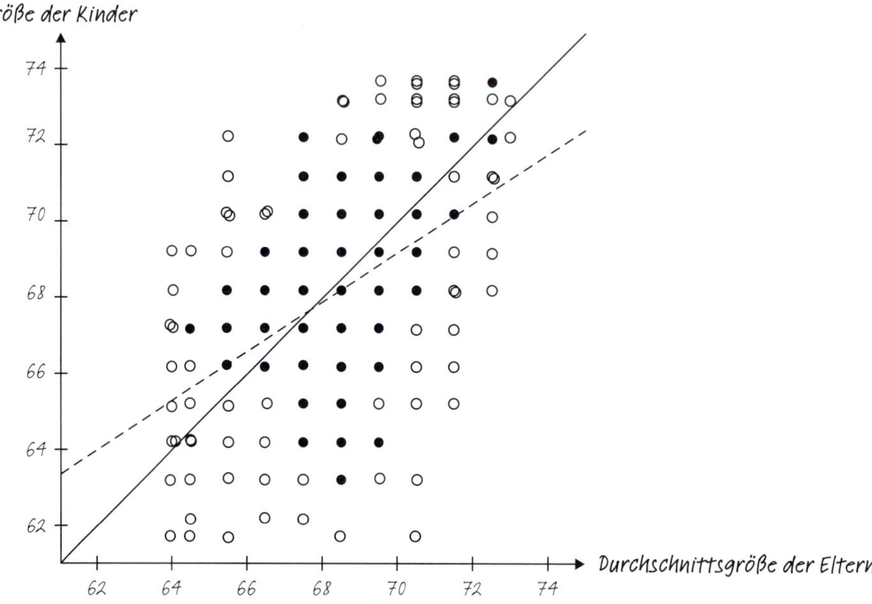

Abbildung 5.2: Größenbeziehung zwischen Eltern und ihren Kindern

Als Galton diese Grafik erstellte, erwartete er, dass die Kinder ihren Eltern in Bezug auf ihre Größe ähnelten. Mit anderen Worten, er erwartete, dass die meisten Punkte auf oder nahe der 45-Grad-Kurve lagen, die eine ähnliche Größe von Eltern und Kindern ausgewiesen hätte. Stattdessen fand er heraus, dass Eltern, die besonders groß waren, häufig Kinder hatten, die kleiner als sowohl Vater und Mutter waren, und umgekehrt, dass Eltern, die besonders klein waren, dazu neigten, Kinder zu bekommen, die größer waren als sie selbst. Galton beschrieb seine Beobachtungen folgendermaßen:

3 Jeder Kreis in der Abbildung weist die Durchschnittsgröße beider Elternteile und ihrer Kinder aus. Die Ergebnisse werden in Abständen von einem Inch angezeigt, wodurch Überlappungen entstehen.

Abbildung 5.3: Francis Galton (1822–1911)

„Diese Experimente legen nahe, dass der Nachwuchs nicht dazu tendiert, den Eltern im Hinblick auf die Größe zu ähneln, sondern immer ein wenig näher an der Durchschnittsgröße liegt als diese – also kleiner zu sein als die Eltern, wenn diese groß sind, und größer zu sein als die Eltern, wenn diese kleiner sind.“[4]

Die Ergebnisse dieser Untersuchung scheinen der Intuition zu widersprechen, aber hier handelt es sich um einen klassischen Fall von Regression zur Mitte. Es geht nicht um Genetik, sondern um Statistik. Galton hatte erwartet, dass die Kinder ihren Eltern ähneln würden. Stattdessen fand er heraus, dass die Kinder ungewöhnlich großer Eltern dazu neigten, kleiner als ihre Eltern zu sein. Und viele der Kinder besonders kleiner Eltern waren deutlich größer als Mutter und Vater. Die Größe einer Mutter hängt zum Teil von genetischen Faktoren ab, zum Teil aber auch vom Zufall und von Umweltbedingungen, die dazu führen, dass sie größer wird als der Durchschnitt ihrer Altersgruppe. Sie wird die genetischen Faktoren an ihre Kinder vererben, nicht aber die zufälligen oder durch die Umwelt bestimmten Faktoren, die es wahrscheinlicher machen, dass ihr Kind kleiner werden wird.

Der Zufall ist überall

Nehmen Sie in Ihrer Lieblingsbuchhandlung ein beliebiges Managementbuch in die Hand. Viele davon (wenn auch nicht alle) wollen Sie mit aller Macht von den Verdiensten irgendeines neuen Managementinstruments überzeugen.

In der Regel stellt der Autor einige reale Beispiele aus Unternehmen vor, die dem Wettbewerb im Laufe der Zeit den Rang abgelaufen haben, und führt diese als Beweis für die Effizienz der genialen Einfälle des Unternehmens an.

4 Galton, F. (1886) „Regression towards mediocrity in hereditary stature“, The Journal of the Anthropological Institute of Great Britain and Ireland, 15, S. 246–63.

Der Erforschung von Erfolgsfaktoren kommt sicherlich ein großes Verdienst zu, aber allzu oft fällt die Forschung auf das Phänomen der Regression zur Mitte herein. Denken Sie an die zahlreichen Managementtheoretiker, die Unternehmen aufgrund ihrer in der Vergangenheit erbrachten herausragenden Leistungen anführen, um dann zu behaupten, sie hätten die Erfolgsfaktoren der bisherigen Leistungen identifiziert. Jim Collins stellt in seinem Bestseller „Der Weg zu den Besten – die sieben Management-Prinzipien für dauerhaften Unternehmenserfolg (Jim Collins)“[5] elf Unternehmen vor, die eine Zeitlang alle anderen in den Schatten gestellt haben. Collins hebt fünf Unterscheidungsmerkmale oder Erfolgsfaktoren hervor, die er für diese Leistungsunterschiede verantwortlich macht. Was können wir lernen, indem wir Gewinner analysieren? Unser Alltagsverstand sagt uns: eine Menge. Aber dieser gesunde Menschenverstand kann uns manchmal in die Irre führen.

Michael Cusumano, Professor an der MIT Sloan School of Management, nennt ein einfaches Beispiel, um Studenten zu vermitteln, wie wichtig es ist, die eigenen Kompetenzen *und* den Zufall als Erfolgsfaktoren zu identifizieren. Am ersten Tag seiner Vorlesung zum Strategiemanagement für Fortgeschrittene bittet er seine Studenten für gewöhnlich, einmal aufzustehen. Er kündigt ihnen an, dass er eine Münze werfen wird, und bittet sie, sich für Kopf oder Zahl zu entscheiden.

Er wirft die Münze, gibt an, welche Seite oben liegt, und bittet die Verlierer, sich wieder zu setzen. Nach mehreren Runden sind nur noch ein oder zwei Studenten übrig, die stehen bleiben. Er bittet die Gewinner dann, sich vor den Kurs zu stellen und eine ausführliche Erklärung darüber abzugeben, worauf ihr Erfolg beruht. Spätestens dann versteht jeder, dass die letzten Studenten, die noch stehen geblieben sind, einfach Glück hatten.

Ein dreiköpfiges Team aus Managementtheoretikern, und zwar Raynor, Ahmed und Henderson, hat sich die Konzerne, die in erfolgreichen Managementbüchern wie „Der Weg zu den Besten“, „Auf der Suche nach Spitzenleistungen“[6] oder „Was wirklich funktioniert“[7] so überdeutlich als Klassenbeste dargestellt wurden, genauer angesehen. Nachdem sie die Aktienrendite (als Maßeinheit für den Unternehmenserfolg) untersucht hatten, stellten sie fest, dass Glück ein wichtiger und häufig nicht zur Kenntnis genommener Grund des Unternehmenserfolges war.[8] Je kleiner die Stichprobe (Anzahl der Jahre mit überdurchschnittlichem Erfolg) und je größer die Rolle, die der Zufall im Verhältnis zum Können spielt, desto schwieriger ist es, Faktoren zu bestimmen, die über Erfolg und Misserfolg entscheiden.

---

5 Collins, J. C. (2001) Der Weg zu den Besten – die sieben Management-Prinzipien für dauerhaften Unternehmenserfolg, München 2010.

6 Peters, Thomas J. und Waterman, Robert H., „Auf der Suche nach Spitzenleistungen: Was man von den bestgeführten US-Unternehmen lernen kann“, Redline Wirtschaft, 9. Aufl., 2003.

7 Nohria, Nitin u. a., Was wirklich funktioniert: die acht besten Management-Methoden, Harvard-Business Manager, Hamburg, 27. November 2005, Audio-Beilage.

8 Henderson, A. D., Raynor, M. E. und Ahmed, M. (2012), „How long must a firm be great to rule out chance? Benchmarking sustained superior performance without being fooled by randomness“, Strategic Management Journal, 33(4), S. 387–406.

Es ist keine Überraschung, dass viele der im Jahr 2001 von Jim Collins vorgestellten Unternehmen inzwischen in der Bedeutungslosigkeit verschwunden sind. Einer seiner Top-Favoriten war Fanny Mae, die weltweit größte Hypothekenbank, die nach der Finanzkrise von 2008 unter die Kontrolle der Banken-Aufsicht [Federal Housing Finance Agency] gestellt wurde. Ein weiteres Unternehmen, das er nannte, war Circuit City, eine Elektrofachhandelskette, die Insolvenz anmelden musste.

Checkliste

Regression zur Mitte

Welchen Anteil am Erfolg hat der Zufall?

Denken Sie an den Prozess, der zum Ergebnis führt. Welcher Anteil des Ergebnisses könnte auf pures Glück zurückzuführen sein? Wo würden Sie die Aktivitäten auf der Raum-Zeit-Achse von Können und Glück verorten? (Denken Sie an die Auswahl bestimmter Aktien, an Baseball oder an die Auswahl ihres leistungsstärksten Mitarbeiters.) Die Platzierung der Aktivität auf dieser Achse gibt Auskunft darüber, in welchem Maße Sie eine Bewegung zurück in Richtung Mittelmaß erwarten können.

Können Sie vorsätzlich verlieren?

In seinem Buch „The Success Equation" empfiehlt Michael J. Mauboussin eine außergewöhnliche Herangehensweise: Fragen Sie sich, ob Sie ein Spiel vorsätzlich verlieren können.[9] Es geht noch besser: „Wie viel Zeit kann ich vorsätzlich verlieren?" Beim Poker ist das möglich, beim Roulette nicht. Wenn Sie eine Situation vorgefunden haben, in der Sie vorsätzlich verlieren können, dann ist das eine gute Nachricht. Denn dann hängt das Ergebnis dieser Situation nicht vollständig vom Zufall ab. Je sicherer Sie sind, dass Sie auch vorsätzlich verlieren können, desto mehr Können ist im Spiel.

Verfügen Sie über Datenmaterial aus der Vergangenheit?

Haben Sie Zugang zu weiterem Datenmaterial, z.B. aus weiter zurückliegenden Jahren? Je länger Sie den Prozess und sein Ergebnis beobachten können, desto sicherer werden Sie erkennen, ob es sich bei einem Ereignis um einen Ausreißer handelt. Eine solide Basis aus historischem Datenmaterial verhilft Ihnen zu einer guten Ausgangslage, um Ausreißer leichter zu erkennen.

Sind Sie mit kontrafaktischem Denken vertraut?

Es ist immer wichtig zu fragen, was hätte passieren können. Wie hätten sich Messzahlen wie der Aktienwert, die Verbrechensrate oder die Arbeitslosenquote entwickelt, wenn Sie nicht interveniert hätten (mithilfe der Umsetzung einer bestimmten Strategie oder Politik)? Es ist normalerweise einfacher, kontrafaktische Geschichten zu etablieren, indem man vergleichbare Unternehmen, Länder oder Individuen in den Blick nimmt, die von der Intervention nicht betroffen waren. Wie haben sich die Ergebnis-Messzahlen in deren Abwesenheit entwickelt?

---

9 Mauboussin, Michael J. (2012) „The Success Equation: Untangling Skill and Luck in Business, Sports, and Investing", Harvard Business Review Press.

Weitere Beispiele

Zuckerbrot und Peitsche

Nehmen wir an, Sie sind der Trainer Ihrer Tochter, die eine erfolgreiche Nachwuchs-Turnerin ist. Um bei den nächsten Europameisterschaften gut abzuschneiden, muss sie an ihren Sprüngen arbeiten. Nachdem sie einen wunderbaren Handstand-Überschlag mit doppelter Schraube abgeschlossen hat, loben Sie sie ausgiebig in der Annahme, dass das Lob sie motivieren wird, es beim nächsten Mal noch besser zu machen. Aber zu Ihrer großen Überraschung folgt auf einen außergewöhnlich guten Sprung normalerweise ein schlechterer.

Und das Gegenteil trifft ebenfalls zu. Wenn Sie sie nach einer besonders schlechten Leistung ermahnen, wird sie es in der nächsten Runde mit großer Wahrscheinlichkeit besser machen. Es liegt nahe, daraus zu folgern, dass Ihr Lob und Ihre Ermahnung jeweils zu einem bestimmten Typus beobachtbarer Leistungen geführt haben. Tatsächlich können die Leistungsunterschiede jedoch ganz leicht anhand der Regression zur Mitte erklärt werden.

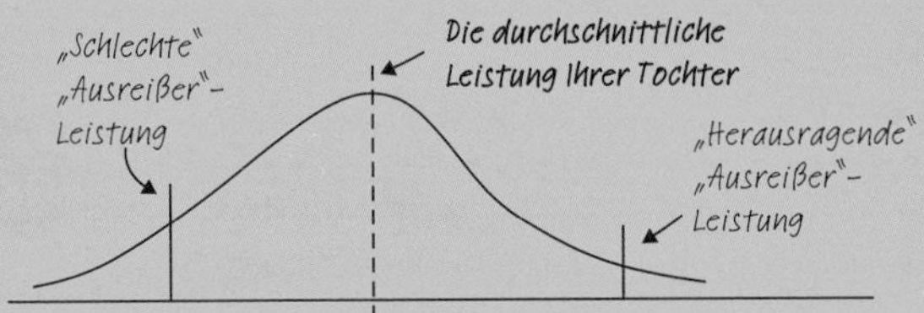

Die Leistungen Ihrer Tochter bewegen sich irgendwo in der Nähe ihrer individuellen durchschnittlichen Leistungen. Das ist das Maximum der Glockenkurve, die oben abgebildet ist. Eine wirklich gute Leistung ist mit großer Wahrscheinlichkeit ein Ausreißer und das Gleiche gilt für eine besonders schlechte Leistung. Und deshalb ist es wahrscheinlich, dass auf eine besonders schlechte Leistung eine bessere folgt – und umgekehrt. Ihr Lob und Ihre Schelte haben also nichts damit zu tun, es handelt sich einfach um statistische Tatsachen.

Verkehrssicherheit

Stellen Sie sich vor, Sie leiten das Verkehrsdezernat einer großen Stadt. Im Laufe der vergangenen zwei Jahre haben sich an einer bestimmten Kreuzung in der Stadt besonders viele Unfälle ereignet, von denen einige sogar tödlich endeten.

Sie rufen Ihre Experten zusammen, um zu diskutieren, wie sich die Zahl der Unfälle reduzieren lässt und wie die Kreuzung sicherer gestaltet werden kann. Einer Ihrer Berater kann Sie davon überzeugen, Radaranlagen an zwei der Straßen aufzustellen, die auf die Kreuzung zuführen.

Es ist ziemlich sicher, dass die Unfallzahlen im Laufe der folgenden Monate abnehmen. War es also eine gute Idee, die Radaranlagen aufzustellen? Es liegt nahe, das anzunehmen. Schließlich haben die Unfälle abgenommen, nachdem die Anlagen installiert worden sind.

Aber denken Sie noch einmal darüber nach. Radarfallen werden häufig als Antwort auf außergewöhnlich hohe Unfallzahlen in der vorangegangenen Zeit errichtet. Aber wenn es keine weiteren grundlegenden Veränderungen in der Verkehrsführung gegeben hat, ist die vorangegangene Zunahme der Unfallzahlen mit großer Wahrscheinlichkeit einfach nur eine statistische Abweichung. Mit anderen Worten, wir würden erwarten, dass sich die Zahl der Unfälle ohnehin in absehbarer Zeit wieder auf das Normalniveau zurückbewegt. Wir würden beobachten, dass auch die Zahl der Unfälle der Regression zur Mitte unterliegt. Letzten Endes haben die Kameras eventuell Auswirkungen gehabt, aber die waren vermutlich geringfügiger, als wir denken.

Die Abbildung unten veranschaulicht dies. Indem Sie sich auf eine bestimmte Kreuzung mit hohen Unfallzahlen beschränken, wählen Sie mit großer Wahrscheinlichkeit einen Ausreißer aus. Nehmen wir an, dass im langjährigen Mittel etwa fünf bis sechs Unfälle pro Jahr zu beobachten waren und dass es 2013 die Rekordzahl von neun Unfällen gab.

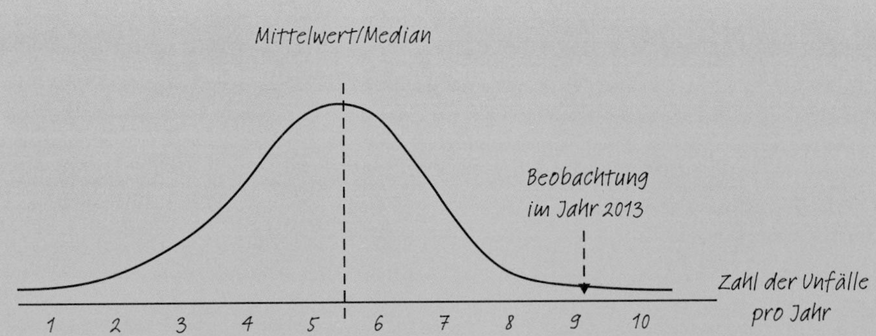

Es liegt in der Natur der Dinge, dass die Zahl der Unfälle im Laufe des Jahres nach dem Ausreißer wieder abnehmen wird. Es ist jedoch wichtig festzuhalten, dass es nicht *sicher* ist, dass die Unfallzahlen wieder abnehmen werden. Es ist lediglich *wahrscheinlicher,* dass die Zahl im nächsten Jahr wieder bei vier, fünf, sechs oder sieben Unfälle liegen wird.

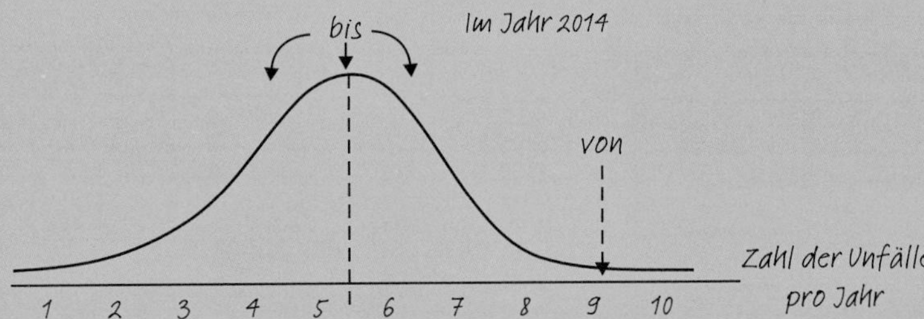

Wie finden Sie als Leiter der Verkehrsbehörde heraus, welche Auswirkungen die Installation der Radaranlagen auf die Zahl der Verkehrsunfälle tatsächlich hat? Es gibt zwei Möglichkeiten. Wenn Sie über ausreichend Datenmaterial aus der Vergangenheit verfügen, können Sie einen Ausgangswert festlegen und verifizieren, ob die neun Unfälle pro Jahr die Norm oder die Ausnahme waren. Oder Sie können die Kreuzung mit einer ähnlichen Situation vergleichen, z.B. mit einem anderen Unfallschwerpunkt, an dem keine Radaranlagen installiert sind. Hier ist es wichtig, die richtigen Vergleichspaare zu finden, um die wahre kontrafaktische Geschichte herauszufinden.

Fazit

Wir sind darauf programmiert, automatisch nach Mustern in Datensätzen zu suchen. Aber wir sehen oft Muster dort, wo eigentlich nur Zufälle am Werk sind. Es ist schwierig, Regeln zu etablieren, die zuverlässig funktionieren, besonders wenn Sie nur ein paar Ereignisse haben, auf denen Sie aufbauen können, und wenn zusätzlich Zufälle im Spiel sind. Um die Regression zur Mitte zu überwinden, denken Sie darüber nach, wie hoch der Anteil am Erfolg ist, der auf Zufall und Glück zurückzuführen ist, berücksichtigen Sie kontrafaktische Herangehensweisen (Was hätte geschehen können?) und ziehen Sie, weiteres Datenmaterial aus der Vergangenheit heran.

Erkennen Sie das große Ganze

NUTZEN SIE SYSTEMISCHE ANSÄTZE

Denken Sie immer daran, dass alles, was Sie wissen, und alles, was alle anderen wissen, nur ein Modell ist. Nehmen Sie Ihr Modell mit nach draußen, wo jeder es sehen kann. Laden Sie andere Menschen ein, Ihre Überzeugungen infrage zu stellen und sie durch ihre eigenen zu bereichern.

Donella H. Meadows

Vorteile dieser mentalen Taktik

Diese Methode hilft Ihnen, Systeme zu erkennen, zu analysieren und zu gestalten. Sie ist immer dann anwendbar, wenn Systeme im Spiel sind. Systemisches Denken kann sich in vierfacher Hinsicht als nützlich erweisen:

- Es ermöglicht Ihnen, die Kausalzusammenhänge zu verstehen, die einem Problem zugrunde liegen, insbesondere, wenn sich dieses als komplex und schwer zu überwinden herausstellt.
- Es erleichtert Ihnen, Feedbackschleifen zu identifizieren, die einem System entweder zum Wachstum verhelfen, es im Gleichgewicht halten oder es sogar zerstören.
- Es hilft Ihnen, den effektivsten Hebel zu finden, um ein System zu beeinflussen.
- Es bedient sich einer visuellen Sprache, die Ihnen das Denken und Kommunizieren erleichtert.

Diese mentale Taktik kann helfen, eine Logistikkette zu planen und das aggregierte Verhalten der Zulieferer zu modellieren. Es kann Behörden unterstützen, neue Verkehrsregeln für Autobahnen zu entwickeln oder die Sozialpolitik zu verändern. Ebenso kann es Unternehmern helfen, zweiseitige Märkte zu schaffen, in denen die Attraktivität der einen Marktseite mit der Zahl der Nutzer auf der anderen Seite wächst.

Systemisches Denken erleichtert uns, über den Tellerrand zu blicken und Ursache-Wirkungs-Beziehungen entlang der vielfältigen Teile eines Systems aufzudecken. Es erlaubt uns, mithilfe von Stift und Papier das Innenleben eines Systems darzustellen oder computergestützt sein Verhalten zu simulieren. Systemisches Denken kann der Schlüssel zum Verständnis tief verwurzelter Muster und Dynamiken sein und es kann genutzt werden, um zu visualisieren, wie Trends entstehen, Produkte angenommen werden oder Krankheiten sich ausbreiten.

Aber systemische Ansätze sind nicht nur als Diagnosewerkzeuge nutzbar: Sie enthüllen auch mögliche Interventionspunkte innerhalb eines Systems. Nutzen Sie diese Methode, um neue Systeme zu entwickeln sowie alte und fehlerhafte Systeme zu ermitteln, und eignen Sie sich Fähigkeiten an, um die Fehler zu korrigieren.

Nutzen Sie das systemische Denken

Politische Parteien, Unternehmen, Non-Profit-Organisationen, Arbeitsgruppen und ganze Gesellschaften sind Systeme – Netzwerke von Akteuren, die durch Beziehungen untereinander miteinander verwoben sind. Ein System ist ein Netzwerk, das mehr ist als die Summe seiner Teile. Ebenso wie bei biologischen Systemen ist es schwierig vorherzusagen, wie komplexe menschliche Systeme sich verhalten werden. Das ist der Fall, weil Systeme aus vielen unterschiedlichen Komponenten bestehen, die voneinander abhängen. Sie sind miteinander verbunden und interagieren auf komplizierte Art und Weise miteinander. So schaffen sie im Laufe der Zeit ihre eigenen Verhaltensmuster. Das hat wichtige Auswirkungen für jeden, der sich mit dem Verhalten problematischer Systeme auseinandersetzen will. Hier sind einige Beispiele:

- Die Änderung der Zinspolitik allein führt nicht dazu, dass die Arbeitslosenzahlen sinken, dass Preise stabilisiert werden und langfristiges Wachstum unterstützt wird. Vielmehr interagiert ein solcher Eingriff mit dem Wirtschaftssystem. Und dieses System umfasst neben den Zinsen viele weitere Elemente, wie z.B. Konsummuster, politische Eingriffe, internationale Handelsbeziehungen, Umwelteinflüsse und die Geschwindigkeit technologischer Veränderungen.
- Ölexportierende Länder sind nicht allein verantwortlich für einen Ölpreisanstieg. Ihr Handeln allein reicht nicht aus, um den Ölpreis nach oben zu treiben. Der Welt-Ölpreis hängt auch vom Konsumverhalten und der Politik in den Öl importierenden Ländern ab.[1]
- Drogenabhängigkeit ist nicht ausschließlich auf das Fehlverhalten oder auf die Fehlentscheidungen einzelner Menschen zurückzuführen. Zu den Ursachen zählen auch Dynamiken, die das Sozialsystem bestimmen, die Verfügbarkeit von Drogen sowie die Bedingungen, die die Nachfrage nach Drogen ansteigen lassen, wie z.B. Armut oder die allzu freigiebige Verschreibungspraxis mancher Mediziner.

Feedbackschleifen

Ein Großteil des spezifischen Verhaltens eines Systems ist von Rückkopplungen, den sogenannten *Feedbackschleifen,* abhängig. Wenn wir diese Wechselwirkungen verstehen, dann können wir nachvollziehen, warum einige Prozesse außer Kontrolle zu geraten scheinen, während andere sich stabilisieren. Auf den kommenden Seiten werden wir die Feedbackschleifen genauer unter die Lupe nehmen und eine Methode einführen, mit der Sie diese effektiv aufspüren und auflösen können: *kausale Rückkopplungsdiagramme.* Wenn wir die Beziehungen innerhalb eines Systems mithilfe dieses Ansatzes verstehen, können wir bessere Interventionsmöglichkeiten entwickeln, um auf problematisches Systemverhalten zu reagieren.

Selbstverstärkende Feedbackschleifen

Feedbackschleifen sind die Grundpfeiler des systemischen Denkens. Es handelt sich um Ursache- und Wirkungsketten, in denen das vorangegangene Ereignis die nächste Ursache darstellt. Es geht also um geschlossene Schleifen, im Gegensatz zu offenen Schleifen, bei denen der letzte Effekt nicht wieder ins System einfließt. Die Grafik im Folgenden zeigt den ersten der zwei allgemeinen Typen von Schleifen: die selbstverstärkende Feedbackschleife.

Selbstverstärkende Feedbackschleifen sind in der Lage, Zinseffekte zu erklären: Je höher die Summe an Ersparnissen auf einem Bankkonto, desto höher der Zinsertrag, was wiederum die Gesamtsumme erhöht, mit der dann wieder höhere Zinserträge erwirtschaftet werden. Das Ergebnis eines exponentiellen Wachstums kann erstaun-

1 Meadows, D. H. (2008), „Thinking in Systems: A Primer. Chelsea Green Publishing", S. 2.

lich sein: Bei einem Zinssatz von fünf Prozent wächst die Summe von 100 Dollar innerhalb von 100 Jahren auf 13.150 Dollar an.[2]

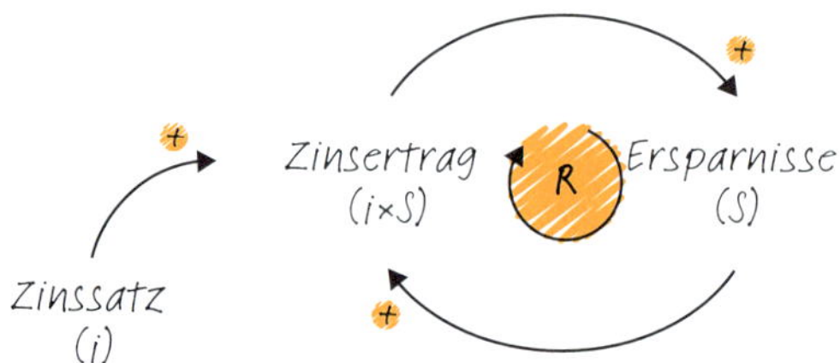

Abbildung 6.1: Selbstverstärkende Feedbackschleife am Beispiel von Zinsen

Selbstverstärkende Feedbackschleifen können auch zum entgegengesetzten Verhalten, nämlich zu einer rapiden Abnahme führen. Denken Sie an das Verhalten eines Vorgesetzten, der auf die Leistung seines Mitarbeiters reagiert. Diese Feedbackschleife kann sich in beide Richtungen entwickeln. Lob und Anerkennung können zu höherer Motivation und zu einer besseren Leistung führen, was wiederum positive Reaktionen des Vorgesetzten erzeugt und so weiter. Aber auch das Gegenteil kann eintreten: Ermahnungen und Sanktionen können dazu führen, dass die Motivation des Mitarbeiters weiter abnimmt, und auf diese Weise einen Leistungsabfall herbeiführen.

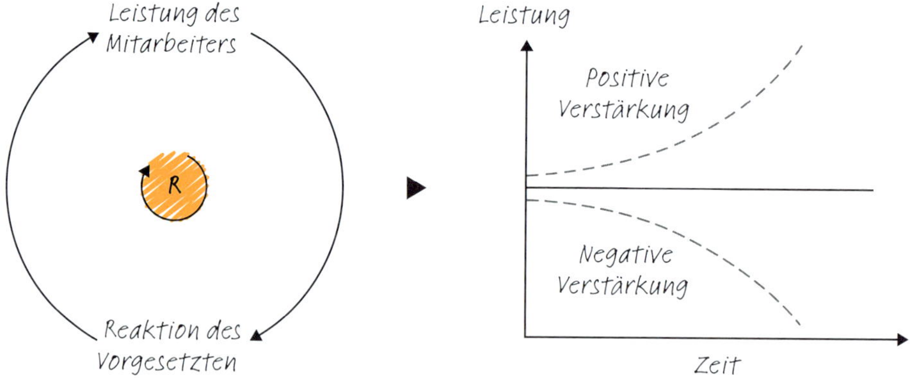

Abbildung 6.2: Beispiel für positive und negative Entwicklung bei selbstverstärkenden Feedbackschleifen

Rückkopplungen können auch dazu beitragen, das Phänomen der selbsterfüllenden Prophezeiung zu erklären, also einer Vorhersage, die selbst verursacht, dass sie eintreten wird.

2 Der Buchstabe R in der Mitte der Grafik zeigt den Typ der Feedbackschleife (reinforcing, selbstverstärkend) sowie ihre Richtung (im Uhrzeigersinn) an.

Stellen Sie sich die oben beschriebene Situation noch einmal vor, allerdings mit zwei Mitarbeiterinnen, A. und B.[3] Beide können sich ähnliche Hoffnungen auf eine Beförderung machen, die in einem Monat ansteht, bekleiden eine ähnliche Position, verfügen über vergleichbare Qualifikationen und weisen einen ähnlichen Lebenslauf auf.

Sie sind die Managerin und können nur eine der beiden befördern. Deshalb haben Sie beschlossen, den nächsten Monat zur Beobachtung beider Mitarbeiterinnen zu nutzen, um abschließend eine solide Entscheidung treffen zu können. Ein Notfall in der Familie setzt A außer Gefecht und sorgt dafür, dass sie in der ersten Woche von zu Hause aus arbeiten muss. Die unvermeidliche Konsequenz ist, dass Sie während dieser Zeit regelmäßiger mit B interagieren und damit B mehr Ressourcen (Aufmerksamkeit, Reaktivität, Hinweise) zuteil werden lassen als A. Angesichts Ihres vollen Terminkalenders lassen Sie B unbewusst auch nach der Rückkehr von A eine Woche später mehr Ressourcen zukommen. Schließlich hatte B in dem Aufgabengebiet, das Sie ihr zugewiesen haben, schon gute Arbeit geleistet, sodass Sie gar nicht das Gefühl haben, Sie müssten noch in A investieren.

Nach Ablauf der einmonatigen Probezeit befördern Sie B, die eindeutig einen besseren Job gemacht hat. Aber war dieser Wettbewerb überhaupt fair und war es die richtige Entscheidung, B zu befördern? Wenn Sie einen Blick auf das Systemdiagramm werfen, wird sichtbar, dass das Ergebnis sehr eng mit den Ausgangsbedingungen zusammenhängt. In diesem Beispiel wird sich die Vorliebe für B schnell herauskristallisieren. B wird mehr Ressourcen erhalten und deshalb bessere Leistungen erbringen, sodass sie A aus dem Rennen wirft. Dann beginnt der Zyklus wieder von vorn.

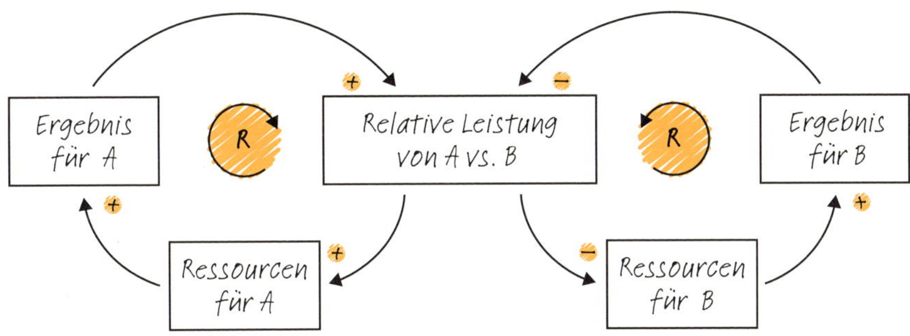

Abbildung 6.3: Selbstverstärkende Feedbackschleifen am Beispiel einer Beförderung

Selbstbegrenzende Feedbackschleifen

Der zweite Typus von Rückkopplungen wird als „selbstbegrenzende Feedbackschleife" bezeichnet. Wie der Begriff nahelegt, handelt es sich hier um Wechselwirkungen, die das System in einen gewünschten Zielzustand bringen – und die Stabilität anschließend aufrechterhalten.

3 Ein modifiziertes Beispiel von Kim, D. H. (1994) Systems Archetypes II: Using Systems Archetypes to Take Effective Action (Vol. 2). Pegasus Communications. (Anm. d. Übers.: Online verfügbar über https://thesystemsthinker.com/systems-archetypes-ii-using-systems-archetypes-to-take-effective-action/ (Zugriff am 25.10.2019))

Ein Thermostat ist das perfekte Beispiel für eine selbstbegrenzende (oder zielsuchende) Feedbackschleife.

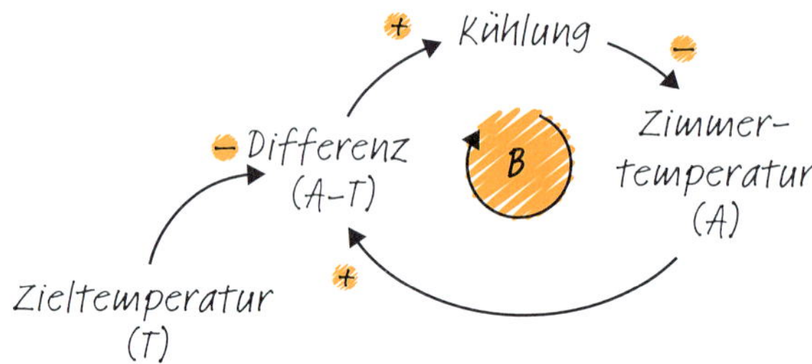

Abbildung 6.4: Selbstbegrenzende Feedbackschleife am Beispiel eines Thermostats

Eine Klimaanlage funktioniert, indem sie die Zieltemperatur mit der aktuellen Temperatur vergleicht und kühlt, solange eine Differenz vorhanden ist. Nehmen wir an, Sie legen eine Zieltemperatur von 22 Grad Celsius fest. Die aktuelle Zimmertemperatur beträgt 30 Grad, sodass eine Differenz von 8 Grad vorhanden ist. Das wird den Kühlmechanismus in Gang setzen, der im Gegenzug die Temperatur senkt und die Differenz kleiner werden lässt.

Lassen Sie uns nun einen Blick auf ein Beispiel werfen, in dem beide Rückkopplungstypen miteinander kombiniert werden – die selbstverstärkende und die selbstbegrenzende Feedbackschleife – und zwar im Bereich der Arbeitssicherheit.

Praxisbezug: Arbeitssicherheit[4]

John hatte im Traum nicht daran gedacht, dass ihm so etwas passieren könnte. Er war seit über 20 Jahren für seinen Arbeitgeber tätig, ein Industriebau-Unternehmen, und die Inspektions-Rundgänge hatten für ihn als Gesundheits- und Sicherheitsbeauftragten immer zu seinen alltäglichen Aufgaben gehört. Als er ein Gelände in New Jersey inspizierte, auf dem eine neue Produktionsstätte entstehen sollte, stolperte er über ein herumliegendes Stück Stahlrohr, das auf dem Boden lag. John verlor das Gleichgewicht und stürzte in die Baugrube.

Zu seinem großen Glück kam er mit ein paar Kratzern davon. Aber da es sich hier um den dritten Vorfall innerhalb dieses Jahres handelte, schreckte Johns Unfall die Geschäftsführung auf, die wiederum die Leiterin des Baustellenbetriebs Marilyn beauftragte, eine Lösung zu entwickeln, um die Zahl der Arbeitsunfälle systematisch zu reduzieren.

4 Zu diesem Beispiel inspirierten uns die Arbeiten von J. D. Moizer (1999) in System Dynamics Modelling of Occupational Safety: A Case Study Approach.

In einem ersten Schritt trug Marilyn Statistiken über Arbeitsunfälle auf allen Baustellen innerhalb eines Jahres zusammen. Dann durchforstete sie die Unfälle nach Mustern. Das ermöglichte ihr, einzelne Bauleiter zu identifizieren, die verpflichtende Sicherheitsmaßnahmen nicht streng genug durchsetzten. Aber schließlich kam sie nicht weiter: Wie sollte sie herausfinden, welches die wichtigsten Faktoren waren, die zu Arbeitsunfällen führten und – wichtiger noch – wie sollte sie diese eliminieren?

Ein Freund wies sie auf die Methode des systemischen Denkens hin, ein Prinzip, mit dem sie aus Studienzeiten schon ansatzweise vertraut war. Sie war fasziniert, weil der systemische Ansatz eine umfassendere und effektivere Herangehensweise versprach, um die Faktoren, die zu Unfällen führten, zu verstehen und diese zu verändern.

Marilyn nutzte ein Rückkopplungsdiagramm, um ihre Strategie zu entwickeln, die vielen unterschiedlichen Faktoren zu analysieren, die auf den unterschiedlichsten Levels der Arbeitssicherheit zum Tragen kamen, und um Maßnahmen zu entwickeln, mit deren Hilfe sich die Wahrscheinlichkeit von Unfällen und Verletzungen reduzieren ließ. Mithilfe von Interviews mit Bauleitern und anhand der Untersuchung von Baustellen entdeckten sie und ihr Team, dass die Manager zwar verpflichtet waren, nach jedem Unfall einen Bericht zu schreiben, die Berichte jedoch keinerlei Auskunft darüber gaben, was genau zu diesem bestimmten Unfall geführt hatte. Also enthielten die Berichte wenig Aufschlussreiches, um aufzuzeigen, wie die einzelnen Arten von Unfällen hätten vermieden werden können.

Marilyn war sich sicher, dass es eine bessere Möglichkeit gab, um Unfälle zu vermeiden. Sie untersuchte die ursächlichen Beziehungen und fand drei selbstverstärkende Feedbackschleifen an den Arbeitsstätten. Dann suchte sie aktiv nach Einstiegspunkten, die es ihr ermöglichten, zu intervenieren und das System zu verändern.

Ihre Analyse veranlasste sie dazu, Incentives auszuloben. Diese richteten sich an Mitarbeiter, die während ihrer täglichen Arbeit aktiv nach Gefahrenquellen Ausschau hielten, diese beseitigten und darüber berichteten. Sie dachte in diesem Zusammenhang auch über Sanktionen nach. Aber natürlich ist die Kürzung von Mitarbeitergehältern eine sehr unpopuläre Maßnahme. Deshalb entschied Marilyn sich für das Gegenteil und schuf einen „Topf“ für die Baustellensicherheit, der zum Ende des Jahres an die Mitarbeiter ausgeschüttet werden sollte. Jeder Ereignisart (von tatsächlichen Unfällen bis hin zu Gefahrenquellen wie vergessenen Werkzeugen oder herumliegendem Material auf dem Boden) wurden Kosten zugewiesen, die den „Topf“ schmälerten. Auf diese Weise gab es nicht nur ein Incentive für die Mitarbeiter, selbst einen Beitrag zu leisten, sondern auch Anreize, um die Verantwortung anderer einzufordern.

Marilyn entdeckte darüber hinaus, dass viele Mitarbeiter die Sicherheitstrainings nicht allzu ernst nahmen. Sie führte einen strengen Test ein, dem sich Mitarbeiter nach ihrem ersten Training unterziehen mussten, und sorgte dafür, dass auch die Geschäftsführung die Werte der Arbeitssicherheit angemessen kommunizierte.

Marilyn und ihr Team schöpften die Methode des systemischen Denkens voll aus und erreichten damit eine signifikante Reduzierung von Arbeitsunfällen.

1

Gefahren können zu Unfällen führen. Unzureichende Kontrollen können zu einer weitreichenden Gefahrenlage führen. Aber mit einer angemessenen Kontrolle (Verfügbarkeit und Einsatz der Sicherheitsausrüstung) können Risiken weitgehend reduziert werden. Je weniger Gefahrenquellen vorhanden sind, desto geringer ist die Zahl der Unfälle.

2

Sobald die Unfallursachen aufgedeckt worden sind, können Kontrollmaßnahmen durchgeführt werden, um die Risiken zu reduzieren.

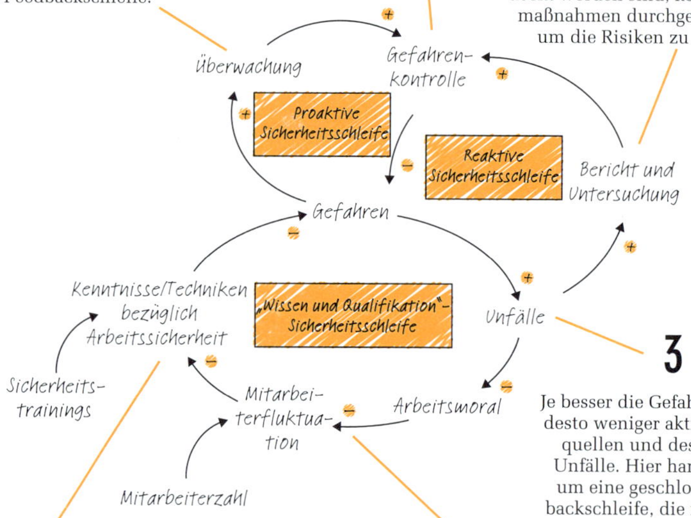

3

Je besser die Gefahrenkontrolle, desto weniger aktive Gefahrenquellen und desto weniger Unfälle. Hier handelt es sich um eine geschlossene Feedbackschleife, die in sich selbst die Zahl der Unfälle reduziert.

4

Unfälle sind der Moral am Arbeitsplatz abträglich: Je mehr Unfälle sich ereignen, desto niedriger ist die Moral, je niedriger die Moral, desto höher ist die Mitarbeiterfluktuation. Wer will schon dort arbeiten, wo es regelmäßig zu Unfällen kommt?

5

Der Kausalzusammenhang zwischen der Mitarbeiterfluktuation und dem Faktor Wissen und Qualifikation in der Arbeitssicherheit ist negativ: Das Unternehmen verliert Mitarbeiter, die im sicheren Umgang mit Gefahrensituationen und Sicherheitsausstattung erfahren sind. Je höher die Mitarbeiterfluktuation ist, desto niedriger ist das durchschnittliche Level an Wissen und Qualifikation in Bezug auf die Arbeitssicherheit.

6

Die regelmäßige Überwachung von Gefahrenquellen hat einen positiven Einfluss auf die Risikokontrolle, die wiederum Gefahren mindert – eine weitere Feedbackschleife.

Überwachung
Gefahrenkontrolle
Proaktive Sicherheitsschleife
Reaktive Sicherheitsschleife
Bericht und Untersuchung
Gefahren
Kenntnisse/Techniken bezüglich Arbeitssicherheit
„Wissen und Qualifikation"-Sicherheitsschleife
Unfälle
Sicherheitstrainings
Mitarbeiterfluktuation
Arbeitsmoral
Mitarbeiterzahl

Abbildung 6.5: Rückkopplungsdiagramm am Beispiel von Arbeitsunfällen auf der Baustelle
Quelle: Moizer, J.D. (1999) System Dynamics Modelling of Occupational Safety: A Case Study Approach

Weitere Beispiele

Der Krieg zwischen VHS und Betamax

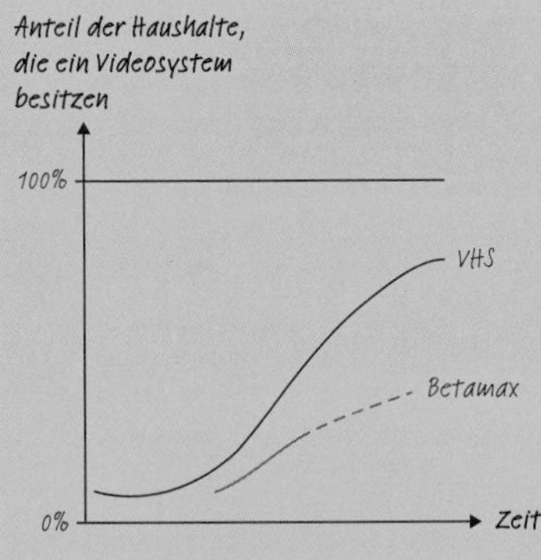

In den späten 1970er und zu Beginn der 1980er Jahre lieferten sich die Hersteller unterschiedlicher Videorekordersysteme einen erbitterten Kampf um die Marktherrschaft. Die zwei wichtigsten Protagonisten waren zwei nicht miteinander kompatible Systeme: VHS und Betamax. Letztendlich gewann VHS und wurde zum Marktstandard. Für VHS zahlte sich insbesondere der niedrige Preis der Rekorder aus, der für die Beliebtheit des Systems und für einen ausgeprägten Netzwerkeffekt verantwortlich war. Die Nutzer nahmen Fernsehsendungen auf und tauschten die Kassetten untereinander. Je mehr Rekorder eines Formats in einer Umgebung verbreitet sind, desto größer ist der Anreiz für Neukunden in dieser Umgebung, den gleichen Gerätetypus zu kaufen. VHS gelang es, sich den Netzwerkeffekt in größerem Umfang zunutze zu machen. Die Abbildung zeigt die Sigmoid-Kurve (auch S-Kurve), die darstellt, wie die zwei Systeme angenommen wurden.

Persönliche Produktivität

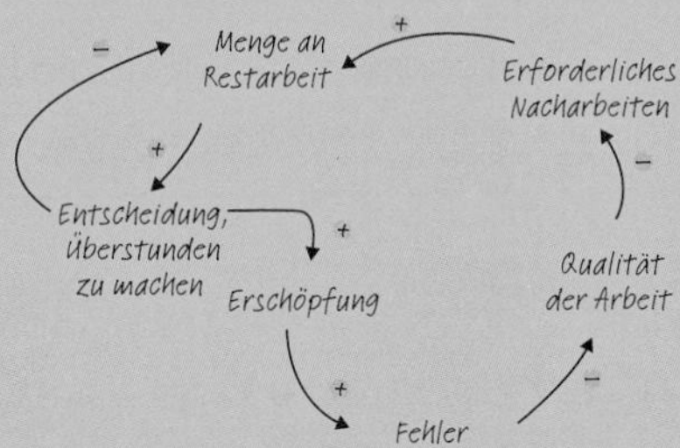

Ihre Produktivität wird daran gemessen, wie viel Arbeit Sie innerhalb einer Stunde, eines Tages oder einer Woche erledigen. Mathematisch ist das nichts anderes, als den Output durch den Input zu teilen. Bestimmte Kräfte innerhalb des Organisationssystems, in dem Sie arbeiten, können sich auf Ihre Produktivität auswirken. Nehmen wir an, Ihr Vorgesetzter erwartet, dass Sie Ihren Projektbericht am Mittwoch einreichen, während Sie glaubten, Sie hätten bis Freitag Zeit. In dem verzweifelten Versuch, den strengen Abgabetermin doch noch einzuhalten, schlagen Sie sich an den kommenden Tagen die Nächte um die Ohren. Sie machen Überstunden, können Ihr Projekt vorantreiben und den Abgabetermin einhalten (eine selbstbegrenzende Feedbackschleife) und damit Ihre Produktivität in Bezug auf die Anzahl der Tage, die Sie zur Erledigung der Arbeit benötigen, verbessern (drei Tage statt fünf). Gleichzeitig führt Ihr Engagement aber dazu, dass Sie völlig übermüdet sind, sodass Sie eventuell Fehler machen, die Sie durch Mehrarbeit wieder ausbügeln müssen. Das kann zu weiteren Überstunden führen (eine selbstverstärkende Feedbackschleife).

Problemlösung mithilfe eines systemischen Ansatzes

Lassen Sie uns das folgende Beispiel nutzen, um ein typisches Rückkopplungsdiagramm durchzugehen. Als Beispiel dient uns Sarita, eine Unternehmerin, die ein neues, aufregendes Produkt entwickelt hat, sagen wir, ein Skateboard mit Elektroantrieb. Sarita versucht herauszufinden, wie sie die Umsätze ihres Produktes ankurbeln kann.

1

Was versuchen Sie zu erklären?

Nehmen Sie ein weißes Blatt Papier zur Hand. Welches Phänomen versuchen Sie zu erklären? In diesem Fall wollen Sie darstellen, dass Sarita ein Modell entwickeln will, mit dem das Kundenwachstum erklärt werden soll. Notieren Sie als Erstes das angestrebte Ziel in der Mitte, in diesem Fall: Zahl der Kunden.

2

Führen Sie Variablen ein

Welche Faktoren sind für das Wachstum des Kundenstamms von Sarita am wichtigsten? Als Erstes führen Sie ein Brainstorming durch, um die verschiedenen Faktoren zu identifizieren, die eine Rolle spielen könnten – Bekanntheit, Qualität des Produktes, Preis etc. Notieren Sie die Faktoren. Je direkter der Zusammenhang, desto näher am Ziel in der Mitte.

3

Stellen Sie Ursache-Wirkungs-Beziehungen her

Wie interagieren die Variablen, die Sie in Schritt 2 identifiziert haben, miteinander? So spielt die Qualität z.B. eine Rolle für die Attraktivität des Produktes und das Gleiche gilt für den Preis. Stellen Sie alle Ursache-Wirkungs-Beziehungen dar, die Ihnen einfallen, und nutzen Sie Pfeile, um Beziehungen hervorzuheben.

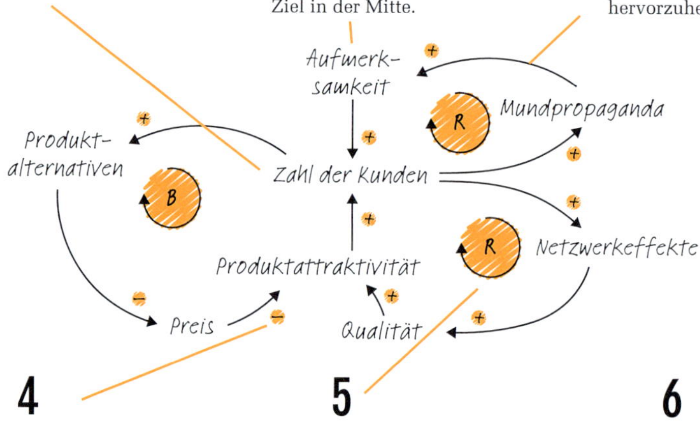

4

Stellen Sie Beziehungen her

Nun ist es an der Zeit, die Abhängigkeiten zu bewerten. Wenn es heißt: „Je mehr A, desto größer B", dann ist die Beziehung positiv. Wenn es im Gegenteil heißt „Je mehr A, desto kleiner B", dann ist die Beziehung negativ. Eine höhere Qualität (Haltbarkeit, Batterielaufzeit) erhöht die Attraktivität des Produktes, ein höherer Preis dagegen sorgt für geringere Attraktivität. Zeigen Sie die Polaritäten an, indem Sie ein Plus- bzw. ein Minuszeichen neben den Pfeilen notieren.

5

Identifizieren Sie Feedbackschleifen

Feedbackschleifen können entweder selbstverstärkend oder selbstbegrenzend wirken. Um eine Schleife zu identifizieren, beginnen Sie mit einer Variablen und folgen Sie dann der Richtung der Pfeile. Wenn Sie eine ungerade Anzahl an Minuszeichen vorfinden, dann haben Sie eine selbstbegrenzende Feedbackschleife (B) entdeckt, wenn die Zahl der Minuszeichen gerade ist, dann handelt es sich um eine selbstverstärkende Rückkopplung (R).

6

Generieren Sie Erkenntnisse

Destillieren Sie Erkenntnisse heraus, indem Sie das Zusammenspiel der Feedbackschleifen in Ihrem Modell analysieren. Gibt es eine einfache Möglichkeit für Sarita, die Mundpropaganda anzuheizen (positive Feedbackschleife), z.B., indem sie Social Media-Influencern unentgeltlich Boards zur Verfügung stellt?

Fazit

Systeme sind Gruppen voneinander abhängiger Akteure oder Elemente, die zusammen ein integriertes Ganzes bilden.[5] Die Umwelt, soziale Gruppen und Unternehmen sind Beispiele für Systeme. Wenn wir Systeme darstellen wollen, beginnen wir in der Regel damit, Kausalketten zu identifizieren – wie z.B. „A führt zu B führt zu C". Wann immer C einen (direkten oder indirekten) Effekt auf A hat, sprechen wir von Feedbackschleifen. Diese führen zu beobachtbarem Verhalten wie z.B. einem exponentiellen Wachstum (selbstverstärkende Feedbackschleifen) oder Angleichung (selbstbegrenzende Feedbackschleifen). Je nachdem, welches Ziel Sie verfolgen, versuchen Sie üblicherweise, kausale Schleifen zu generieren, zu verändern oder zu stoppen. Der systemische Ansatz hilft Ihnen, Feedbackschleifen zu analysieren und die effektivsten Interventionspunkte zu finden.

5 Merriam-Webster. Definition des Begriffes System. URL: *www.merriam-webster.com/dictionary/system* [Zugriff: 15. April 2018].

Teil III

Lösungsansätze entwickeln

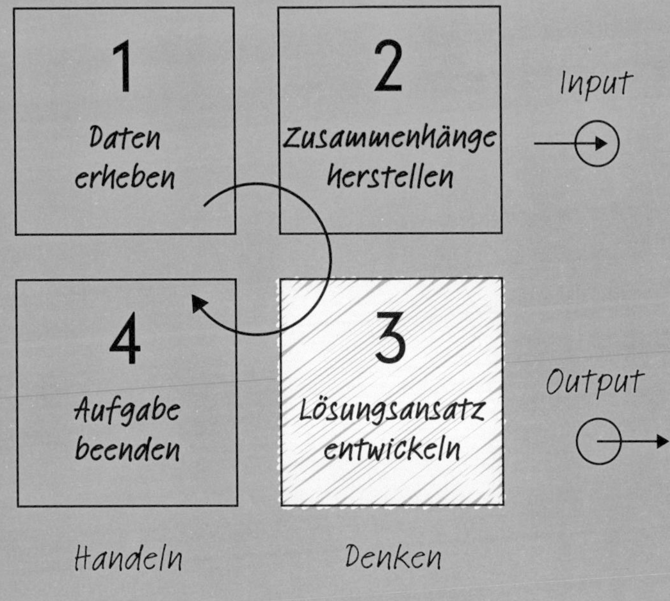

Stellen Sie sich vor, Sie haben 100.000 Dollar zur Verfügung – wie wollen Sie diese Summe am besten nutzen? Sollten Sie die nächsten zwei Jahre an Ihrem aktuellen Arbeitsplatz mit Einsteigergehalt verharren oder lieber ein Graduiertenkolleg besuchen? Sollte Ihr Unternehmen in eine neue Maschine oder besser in eine neue Produktionsstätte investieren? Wie gehen Sie vor, um die richtige Entscheidung zu treffen? Wie können Sie mögliche Lösungen in der realen Welt testen?

In Teil I und II des Buches haben wir Ihnen mentale Taktiken vorgestellt, mit deren Hilfe Sie die richtigen und die relevanten Daten zusammentragen und Kausalzusammenhänge herstellen können. Nun befinden wir uns an einem entscheidenden Punkt, am Übergang zwischen *Input* (Beweise sichern und Zusammenhänge herstellen) und *Output*. In diesem Teil geht es darum, Entscheidungen zu treffen, Lösungen zu entwickeln und sie an der Realität auszurichten.

In Kapitel sieben beginnen wir mit einer mentalen Taktik, die rationale Entscheidungen grundlegend beeinflusst: die *Grenznutzenanalyse*. In Kapitel acht werden wir die *Scoring-Methode* vorstellen, die eine tragfähige Struktur für rationale Entscheidungen bietet. In Kapitel neun widmen wir uns *Experimenten* als agile Möglichkeit, Ihre Lösung in der Realität zu testen, bevor Sie sie im großen Stil umsetzen.

An dieser Stelle geht es uns darum, Ihnen zu helfen, die Informationen zu verwenden, die Sie in Teil I und II dieses Buches gesammelt und analysiert haben, und mit der Umsetzung zu beginnen.

7

Beachten Sie den Grenznutzen

KONZENTRIEREN SIE SICH AUF DIE NÄCHSTE EINHEIT

Das Werturteil bezieht sich nur auf den Vorrat, mit dem der konkrete Akt, eine Wahl zu treffen, sich befasst.

Ludwig von Mises

Vorteile dieser mentalen Taktik

Die Analyse des Grenznutzens ist eine wichtige Methode, die Sie anwenden können, bevor Sie rationale Entscheidungen treffen. Sie verlangt, dass Sie nur solche Variablen berücksichtigen, die für Ihre gegenwärtige Situation von Belang sind (statt solcher, die in der Vergangenheit wichtig waren und deshalb nicht mehr zu ändern sind). Sie denken zutiefst wirtschaftlich, wenn Sie den Grenznutzen untersuchen, weil es bei dieser Methode immer darum geht, dass Entscheidungen anhand der Abwägung zwischen den *zusätzlichen* Kosten und dem *zusätzlichen* Nutzen getroffen werden. Wir tappen häufig in die Alles-oder-nichts-Falle, in der wir den *gesamten* Nutzen oder *alle* Kosten einer Entscheidungssituation in Betracht ziehen, was nicht nur zu einer hohen Komplexität (und einem hohen Rechenaufwand) beiträgt, sondern auch zu fehlerhaften Entscheidungen führt.

Wann Sie diese mentale Taktik *nicht* einsetzen sollten

Es gibt Situationen, in denen es nicht sinnvoll ist, Entscheidungen aufgrund des Grenznutzens zu treffen. Denken Sie an die Modekette Nordstrom, die für ihre großzügige Umtauschpolitik berühmt ist. Nordstroms Kundenzufriedenheitsgarantie geht so weit, dass das Unternehmen zusagt, Geld für umgetauschte Produkte auch dann zurückzuzahlen, wenn keine Quittung mehr vorliegt, selbst noch Jahre nach dem Kauf. Eigentlich rechnet sich diese Auszahlungspolitik für Nordstrom nicht: Die Grenzkosten einer Erstattung für gebrauchte Kleidung, die nicht mehr verkäuflich ist, resultieren in einem Nettoverlust. Wenn man jedoch den Nutzen berücksichtigt, den diese liberale Politik in Bezug auf das Image des Unternehmens hat, kann Nordstroms Ansatz zu einem Anstieg des Gesamtgewinns und zu einer höheren Kundenzufriedenheit beitragen.

Konzentrieren Sie sich auf die nächste Einheit

Nehmen wir an, Sie haben die Wahl zwischen einem Glas Wasser und einem Goldbarren. Was für eine Frage, mögen Sie denken. Natürlich werden Sie den Goldbarren nehmen und nicht das Wasser. Sie haben intuitiv eine Entscheidung anhand des *Grenznutzens* getroffen. Für Sie ist es wahrscheinlich, dass das Gold einen höheren Marktwert hat als Wasser. Was aber wäre, wenn Sie völlig ausgezehrt nach einer mehrtägigen Wanderung ohne jede Flüssigkeit durch die Sahara vor diese Wahl gestellt würden?

Wie machen Sie sich den Grenznutzen zu eigen? „Grenze" oder auch „marginal" bedeutet in diesem Zusammenhang „zusätzlich". Indem Sie über den Grenznutzen nachdenken, ziehen Sie den Effekt in Betracht, den die nächste zusätzliche Einheit eines Gutes haben wird. Für einen Uber-Fahrer heißt das zum Beispiel, dass die Kosten, die er für eine weitere Stunde Fahrtzeit am Ende eines langen Tages aufbringen muss, viel höher sind als zu Beginn seiner Schicht. Er ist müde, sein Rücken schmerzt vielleicht, sodass die *marginale* zusätzliche Stunde zum Ende seiner Schicht viel mühseliger wird.

Es zeigt sich, dass der Preis, der für ein Produkt festgelegt wird, zumindest nach Ansicht neoklassischer Wirtschaftstheoretiker, exakt seinem Grenznutzen entspricht. Der Grenznutzen ist die Menge an Befriedigung, Vergnügen oder Nutzen, den Menschen erhalten, wenn sie die *nächste Einheit* einer Sache konsumieren. Es geht also nicht um die Tatsache, dass es Wasser im Überfluss gibt, sondern darum, dass das Vergnügen, eine Einheit Wasser zu konsumieren, für ein bestimmtes Individuum geringer ist, als das Vergnügen, das dieses Individuum empfindet, wenn es sich für eine Einheit Gold entscheidet. Dies ist der Fall, weil die meisten Menschen *in dem gegebenen Moment* ausreichend mit Wasser versorgt sind und an den meisten Orten Wasser im Überfluss vorhanden ist. Wir können uns darauf verlassen, dass unsere Wasserversorgung morgen ebenso gut funktionieren wird wie heute und wir vertrauen darauf, dass es in den Supermärkten auch weiterhin einen ausreichenden Vorrat an Wasserflaschen geben wird.

Sie denken vielleicht: Welchen Wert hat dieses Kapitel, wenn ich Entscheidungen auf Basis des Grenznutzens schon intuitiv treffe? Welchen zusätzlichen Wert kann es haben? Nun, es zeigt sich, dass die meisten Menschen in Wirklichkeit nicht besonders gut darin sind, den Grenznutzen angemessen einzuschätzen. Oftmals berücksichtigen wir die Vergangenheit zu sehr, entweder, um uns selbst eine in sich stimmige Geschichte zu erzählen, oder weil die Vergangenheit so eng mit Entscheidungen in der Zukunft zusammenzuhängen scheint.

Die Bausteine der Grenznutzenanalyse

Marginale Änderungen

Wer den Grenznutzen ins Kalkül einbezieht, berücksichtigt in seinen Entscheidungen nicht die Gesamtmenge oder die durchschnittliche Menge, sondern ausschließlich die zusätzliche, letzte (marginale) Einheit eines Gutes: die nächste Stunde der Arbeit im Taxigewerbe, das nächste Stück Pizza, die nächste Investition. Eines der faszinierenden Merkmale an dieser marginalen Veränderung ist, dass ihr *Input-Faktor,* egal welcher gerade erforderlich ist, *üblicherweise abnimmt.*

Was bedeutet das? Stellen Sie sich zum Beispiel vor, Sie essen Pizza. Das erste Stück ist köstlich, ebenso das zweite, dritte und so weiter. Aber irgendwann sind Sie satt, und das nun folgende Stück (die marginale Einheit) macht Sie bei Weitem nicht so zufrieden wie das erste. In der Abbildung unten nimmt die Steigung, die die Befriedigung darstellt (y-Achse) mit jedem zusätzlichen Stück Pizza ab – und wird irgendwann sogar negativ.

Ebenso gut können Sie sich ein Energieunternehmen vorstellen, das Öl fördert. Die ersten Ölfelder sind leicht zu erschließen, weil ihr Standort bekannt ist und die Ölvorräte dort leicht zugänglich sind (nehmen wir zur Vereinfachung an, dass alle Ölfelder über Ölvorkommen der gleichen Größe verfügen). Um den Gewinn zu maximieren, werden die nächsten Ölfelder (die marginalen Einheiten) diejenigen sein, die geringfügig schwerer zugänglich sind als die vorangegangenen und so weiter. Am Ende sind die Ölfelder, die übrig bleiben, diejenigen, die am schwersten auszubeuten sind.

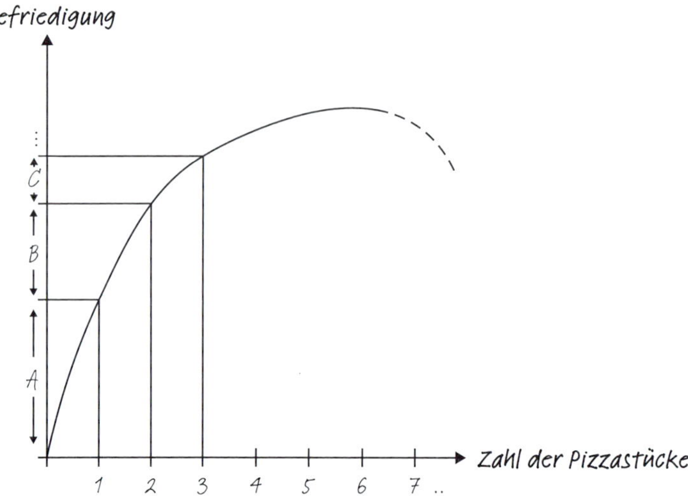

Abbildung 7.1: Sinkender Grenznutzen am Beispiel von Pizzakonsum

In der folgenden Abbildung sind die zu erwartenden Förderkosten und Einnahmen für vier Ölfelder dargestellt. Die Balken in der Mitte stellen die Förderkosten pro Ölfeld dar. Die Geschäftsführung, die im Sinne der Shareholder agiert, würde mit denjenigen Projekten starten, die die höchsten Gewinne versprechen (Ölfeld Nr. 1) und sich dann abwärts vorarbeiten. Die erwarteten Erträge aus Ölfeld Nr. 4 liegen unterhalb der Förderkosten, zumindest zum derzeitigen Zeitpunkt. Das kann sich ändern, falls neue Technologien zum Einsatz kommen und sich damit auch der für Sie relevante Grenznutzen ändert.

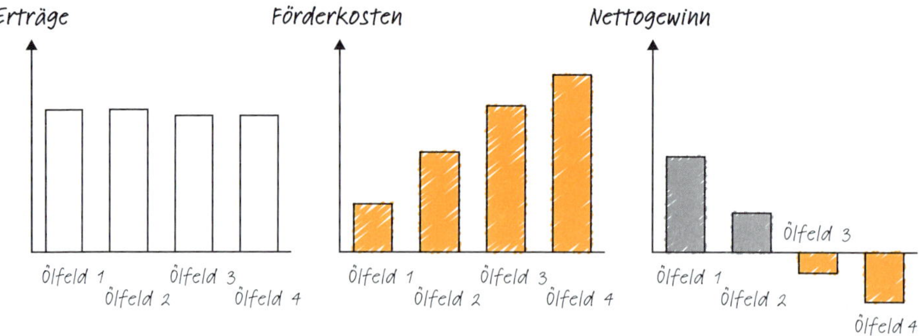

Abbildung 7.2: Förderkosten und Einnahmen am Beispiel der Ölförderung

Wer sich mit dem Grenznutzen auseinandersetzt, stellt die Frage: „Mit welcher wirklich lohnenden Aktivität könnte ich mich in den nächsten fünf Minuten beschäftigen?“, „Wie kann ich diese 100 Dollar am besten einsetzen?“ oder „Um welchen Kunden sollten wir uns angesichts des derzeitigen Kundenstamms als Nächstes bemühen?“

Irreversible Kosten

Irreversible oder versunkene Kosten sind solche Kosten, die als Ergebnis vergangener Entscheidungen entstanden sind. Sie sind nicht mehr rückgängig zu machen. Weil sie schon in der Vergangenheit entstanden sind, unterscheiden sie sich von den anderen Kosten, die in einem Unternehmen entstehen, wie zum Beispiel den Kosten für Forschung und Entwicklung oder für Rohstoffe. Diese sind abhängig von Ereignissen in der Zukunft. Versunkene Kosten sind bereits entstanden, egal was Sie als Nächstes tun werden. Sie können nicht mehr beeinflusst werden.

Wenn wir hier über Kosten reden, meinen wir die Aufwendungen (in Form von Zeit oder Aufmerksamkeit), die Sie getätigt haben, um in Zukunft bessere Ergebnisse zu erzielen. Solche Aufwendungen können z.B. auch Fort- und Weiterbildungen sein. Nehmen wir an, Sie erfahren, dass Sie eine attraktive Stelle in Lateinamerika antreten können. Sie unterschreiben den Arbeitsvertrag und planen, gemeinsam mit Ihrer Familie in einem Jahr nach Mexiko City umzuziehen. Um sich auf Ihren neuen Job vorzubereiten, investieren Sie mehrere Stunden pro Woche in einen Spanischkurs. Aufgrund unglücklicher Umstände kommt es dann dazu, dass Sie die Stelle in Mexiko nicht antreten können. In einer solchen Situation ist es für die meisten Menschen logisch zu entscheiden: „Nun, ich habe schon mindestens 200 Stunden investiert, um Spanisch zu lernen. Ich sollte das Beste draus machen und weiterlernen. Man weiß ja nie!"

Dies ist aber entgegen der landläufigen Meinung nicht die rationalste Entscheidung, sofern Sie es nicht ausgesprochen genießen, Fremdsprachen zu erlernen, oder eine berechtigte Vermutung haben, dass es für ihre weitere Karriere von Nutzen sein könnte, Spanisch zu sprechen. Die Tatsache, dass Sie in der Vergangenheit Spanisch gelernt haben, sollte nicht der alleinige Grund sein, den Kurs weiterhin zu besuchen. Unter der Annahme, dass Sie nicht noch anderweitig davon profitieren können, Spanisch zu sprechen, handelt es sich bei den Aufwendungen für das Erlernen der Sprache um versunkene und irreversible Kosten. Sie können die Vergangenheit nicht einfach ungeschehen machen oder die Kosten (die Zeit, die Sie für den Sprachunterricht aufgewendet haben) anders zuordnen.

Menschen neigen dazu, zu sehr an ihren Entscheidungen der Vergangenheit festzuhalten und tappen deshalb häufig in die Falle, versunkene Kosten in ihre aktuellen Entscheidungen einfließen zu lassen. Wir tun das, weil unser Verstand unbewusst Verknüpfungen zu ähnlichen Entscheidungen herstellt, selbst wenn diese sich in der Vergangenheit ereignet haben und keinerlei Bedeutung für aktuelle oder für zukünftige Entscheidungen haben. Berücksichtigen Sie dagegen den Grenznutzen, richten Sie Ihren Blick ausschließlich auf die *zukünftigen Ergebnisse* ihrer Entscheidungen und auf den *Nutzen in der Zukunft.* Es gibt keinerlei Loyalität gegenüber Dingen, die sich in der Vergangenheit ereignet haben.

Was können Sie daraus lernen? Ausgestattet mit dem *Decision Maker Playbook,* können Sie eine neue Rolle in Ihrem Unternehmen einnehmen: Decken Sie kognitive Verzerrungen durch irreversible Kosten auf. Wann immer Sie jemanden sagen hören: „Wir haben schon so viel Zeit darauf verwendet (...)", oder „Wir haben eine Menge Geld dafür ausgegeben, das Geschäft in Angola aufzubauen", dann können Sie sicher sein, dass ein Bias durch irreversible Kosten im Spiel ist. Wir haben festgestellt, dass es hilfreich ist, in solchen Moment respektvoll, aber konsequent zu intervenieren und zu bemerken: „Darum geht es nicht. Diese Zeit und dieses Geld sind durch nichts zurückzuholen. Die Frage ist, ob es sinnvoll ist, angesichts des Wissens, über das wir in diesem Moment verfügen, auch die nächste Stunde oder den nächsten Dollar zu investieren."

Abnahme des Grenzertrags

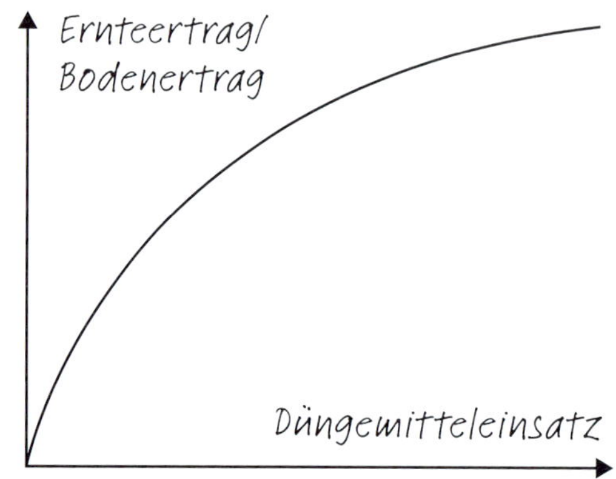

Abbildung 7.3: Abnehmender Grenzertrag am Beispiel von Düngemittel

Dies ist der wesentliche Aspekt der Grenznutzenanalyse. In der Tat gäbe es ohne die Abnahme des Grenzertrags keine Notwendigkeit, über den Grenznutzen nachzudenken.

Die Abnahme des Grenzertrags begegnet uns überall im Leben. Beispielsweise sorgt der Einsatz von Düngemitteln für einen steigenden Ernteertrag – aber nur bis zu einem bestimmten Punkt. Je mehr Düngemittel Sie einsetzen, desto geringer wird der Ertrag, der mit einer Einheit Dünger erzeugt wird, und wenn zu viel Dünger eingesetzt wird, kann das sogar den Ertrag verringern.

Das Gleiche gilt für die Freude, die wir an bestimmten Aktivitäten haben. Mit einer Achterbahn zu fahren, bereitet uns für ein paar Minuten, vielleicht sogar für eine Stunde ein großes Vergnügen. Aber nach einer gewissen Zeit lässt das Vergnügen schnell nach. Selbst die Befriedigung, die wir empfinden, wenn wir Urlaub machen – also das tun, wonach sich die meisten von uns mehr als alles andere sehnen – steigt keineswegs mit der Länge des Urlaubs. Während der ersten zwei Wochen macht es Spaß, zu vergessen, welchen Wochentag wir gerade haben, am Pool zu sitzen, das Leben zu genießen und einen Margarita nach dem anderen zu trinken, aber nach einer Weile wird selbst das langweilig und wir freuen uns auf zu Hause (und vielleicht sogar darauf, wieder zu arbeiten).

Ähnlich ist es bei der Befriedigung, die uns ein gewisses Einkommen verschafft. Wir haben häufig die Vorstellung, dass es besser ist, mehr Geld zu haben, und dass wir gar nicht genug davon bekommen können. Eine der bekanntesten Studien über den Zusammenhang zwischen Zufriedenheit und Einkommen wurde 2013 von Betsey

Stevenson und Justin Wolfers durchgeführt. Legt man eine Lebenszufriedenheitsskala von 0 bis 10 zugrunde, dann sorgt die Verdopplung des Einkommens nicht gleichzeitig auch für die Verdopplung Ihrer Zufriedenheit. Tatsächlich bringt es nur etwa einen halben Punkt auf der Skala. Stevenson und Wolfers illustrieren dieses Phänomen anhand eines Beispiels: „Das Bruttoinlandsprodukt von Burundi beträgt etwa ein Sechstel des BIP in den USA; entsprechend würde ein Anstieg des Durchschnittseinkommens um 100 Dollar eine um das Zwanzigfache höhere Auswirkung auf das gemessene Wohlbefinden in Burundi haben als in den Vereinigten Staaten."[1]

Wer sich mit dem Grenznutzen beschäftigt, ist sich der sich verändernden Kosten-Nutzen-Beziehung im Laufe der Zeit (je mehr Erfahrungen jemand mit dieser Methode sammelt) sehr bewusst und trifft bereitwillig Entscheidungen auf Grundlage des Grenznutzens – und berücksichtigt dabei nur die gegenwarts- und zukunftsrelevanten Daten.

Opportunitätskosten

Das Konzept der Opportunitätskosten ist eng mit dem des Grenznutzens verknüpft. Nehmen wir an, Sie haben heute Nachmittag eine Stunde zur Verfügung, um produktiv zu arbeiten. Die Zeit reicht aus, um *entweder* Ihren Posteingang aufzuräumen und E-Mails zu beantworten *oder* um Spanisch zu lernen. Bedenken Sie, dass beide Aktivitäten in Form einer Funktion, die die investierte Zeit abbildet, *abnehmende Grenzerträge* aufweisen, ähnlich der oben gezeigten Kurve, die Ernteertrag und Düngemitteleinsatz zeigt. Eine Stunde lang zu tippen, wird Sie ermüden. Wenn die Qualität Ihrer Antworten auf einem gleichbleibend hohen Niveau sein soll, wird die Beantwortung der zwanzigsten E-Mail mehr Zeit in Anspruch nehmen als die der ersten. Und was das Auffrischen Ihres Spanisch-Wortschatzes angeht, so wird die Aufnahmefähigkeit Ihres Gehirns darüber entscheiden, wie Sie neue Begriffe verarbeiten und erfolgreich erlernen werden.

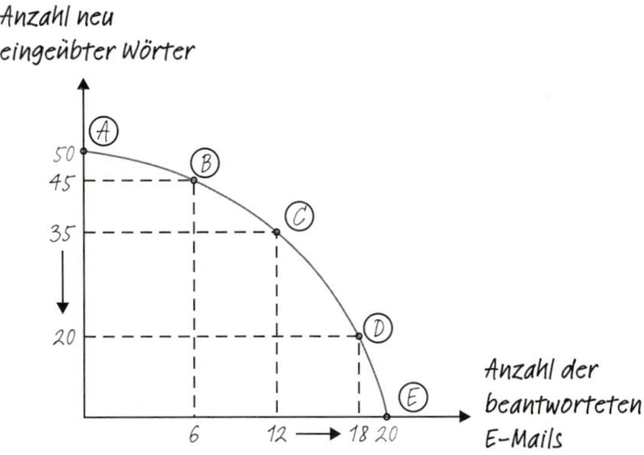

Abbildung 7.4: Opportunitätskosten bei der Entscheidung zwischen zwei Tätigkeiten

1 Stevenson, B. und Wolfers, J. (2008) Economic Growth and Subjective Well-being: Reassessing the Easterlin Paradox. NBER Working Paper No. 14282.

Während beider Tätigkeiten, der Beantwortung von E-Mails und dem Erlernen von Vokabeln, wird die Effektivität im Laufe der Zeit abnehmen. Aus genau diesem Grund ist die Kurve in der obigen Abbildung konvex. Lassen Sie uns das an einem Beispiel verdeutlichen. Nehmen wir an, Sie befinden sich an Punkt B und könnten entweder innerhalb der nächsten Stunden sechs Mails verschicken oder 45 neue Vokabeln erlernen. Und nehmen wir an, Ihr Urlaub in Costa Rica rückt näher und Sie würden Ihren Wortschatz gern erweitern. Wie viele E-Mail-Antworten müssen Sie vernachlässigen, um 50 Vokabeln pro Stunde zu lernen? Die Kosten, um sechs neue Wörter einzuüben, betragen sechs E-Mails. Der einfachste Weg, um sich über die Opportunitätskosten klar zu werden, ist die Frage: „Was gebe ich auf, um diese Sache zu erreichen? Ist das ein rationales Geschäft?"

Bedenken Sie, dass die Opportunitätskosten von Ihrer Ausgangsposition abhängen. Am Rand, wenn Sie sich an Punkt C befinden, betragen die Opportunitätskosten für jedes zusätzliche Wort nur sechs von zehn E-Mails – nur halb so viele, als wären Sie an Punkt A. Wer sich am Grenznutzen orientiert, behält die Opportunitätskosten im Blick (der Nutzen, den Sie hätten, wenn Sie sich für eine andere Handlungsoption entscheiden würden), um damit die Zeit bestmöglich zu nutzen.

Checkliste

Grenznutzenanalyse

Berücksichtigen Sie Ihre gegenwärtige Situation.

Wenn Sie anhand des Grenznutzens Entscheidungen treffen wollen, müssen Sie Ihre gegenwärtige Situation in Betracht ziehen. Es ist nicht wichtig, wie Sie dorthin gekommen sind, sondern wo Sie sich gerade befinden. In welchem Status befindet sich die Präsentation für Ihren Chef? Wie weit sind Sie mit dem Infrastrukturprojekt bislang gekommen? Die eigene Situation, die Kosten und den Nutzen *von Ihrer derzeitigen Situation aus* zu verstehen, ist entscheidend für die Grenznutzenanalyse.

Blicken Sie nach vorn.

Es spielt keine Rolle, wie viel Zeit oder Geld Sie bereits in ein Projekt gesteckt haben: Sie können nicht zurück und Sie können es nicht mehr ändern. Betrachten Sie Zeit und Geld als versunkene oder irreversible Kosten. Berücksichtigen Sie ausschließlich den *Zusatznutzen* und wägen Sie diesen gegen die *zusätzlichen Kosten* ab.

Stellen Sie Ihre Optionen dar.

Worin bestehen Ihre Optionen, wenn Sie weitermachen? Nehmen wir an, Sie können entweder eine Stunde damit zubringen, Ihr Haus zu putzen, oder aber damit beginnen, ein Buch zu lesen, das seit ein paar Wochen auf Ihrem Tisch liegt. Bezogen auf den Grenznutzen könnte das Lesen eines Buches einen höheren Nutzen für Sie haben, wenn man berücksichtigt, dass Ihr Haus vermutlich ohnehin ziemlich aufgeräumt ist.

Denken Sie nicht in Schwarz-Weiß-Kategorien.

Wichtige Entscheidungen in Ihrem Leben sind selten nur schwarz oder weiß, sondern weisen eher alle möglichen Grauschattierungen auf. Wenn Sie entscheiden, was Sie essen wollen, stehen Sie ja auch nicht vor der Wahl zwischen Fasten und exzessiver Völlerei, sondern überlegen vielmehr, ob Sie sich nach dem Essen noch eine Mousse au Chocolat gönnen.

Weitere Beispiele

Hotelzimmerpreise

Im Hotelgewerbe ist die volle Auslastung eines Hauses der wichtigste Hebel, um Einnahmen zu generieren. Ein Hotel ist nicht in der Lage, die Zahl der Zimmer anzupassen (diese stellen Fixkosten dar), und die typischen Ausgaben, die mit einem zusätzlichen Gast verbunden sind (Check-in, Reinigung, Catering) sind gering im Vergleich zu den Extra-Einnahmen, die generiert werden. Stellen Sie sich vor, dass die Extra-Kosten pro Gast 50 Dollar betragen und dass die übliche Übernachtungsgebühr 200 Dollar beträgt. Ein Reisender steht mitten in der Nacht und außerhalb der Saison mit nur 100 Dollar im Portemonnaie vor der Tür. Sollte das Hotel das Angebot akzeptieren? Die Antwort lautet „ja". Unter Berücksichtigung des Grenzertrags ist es profitabel für das Hotel, den Gast zu beherbergen, selbst wenn 100 Dollar unter dem regulären Zimmerpreis pro Nacht liegen.

Einkommenssteuer

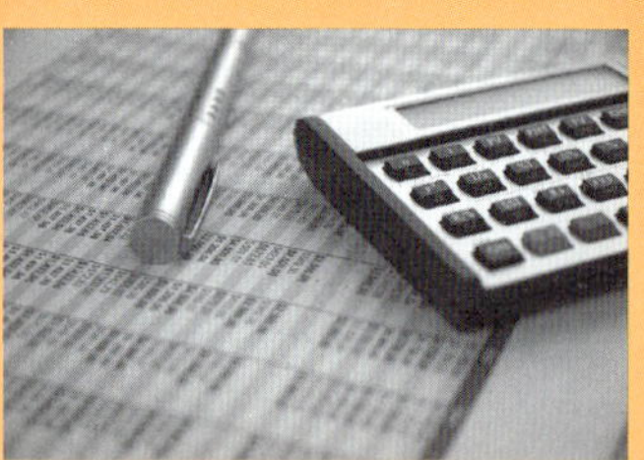

Die meisten Staaten legen ihrer Einkommenssteuer einen progressiven Steuersatz zugrunde. Die Steuerbelastung, die auf jeden zusätzlichen Dollar entfällt, der verdient wird, steigt mit dem Einkommen. So lag die Einkommenssteuer für Einkommen bis zu 9.700 Dollar in den Vereinigten Staaten bei zehn Prozent, während der Höchststeuersatz für Einkommen über 510.300 Dollar bei 37 Prozent lag. Indem sie progressive Steuersysteme benutzen, versuchen Staaten normalerweise, Ungleichheiten auszugleichen, sodass Haushalte mit höherem Einkommen mehr Steuern im Verhältnis zu ihrem Einkommen zu zahlen haben als solche mit niedrigem Einkommen. Für Freiberufler und Honorarkräfte oder Berufstätige, die auf Stundenbasis bezahlt werden und entscheiden müssen, wie viele Stunden sie arbeiten wollen, ist es sinnvoll, über den Grenznutzen nachzudenken. Sie würden etwa 90 Cent pro Dollar mit nach Hause nehmen, wenn sie in sich in der niedrigsten Einkommensklasse bewegen, aber nur 63 Cent, wenn sie die höchste Einkommensklasse erreicht haben.

Ein Paar Schuhe kaufen

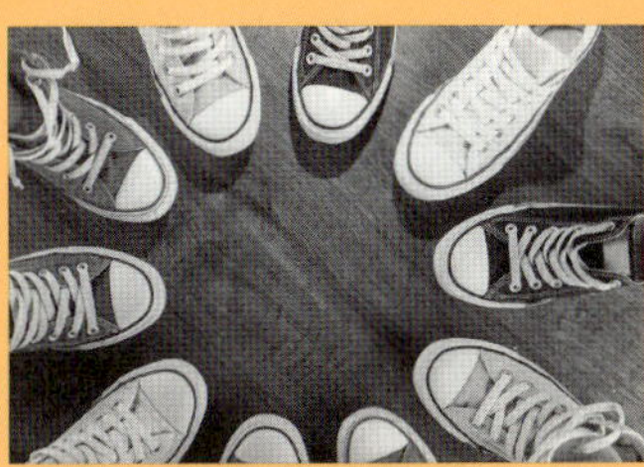

Nehmen wir an, Sie wollen ein Paar Schuhe kaufen. Am besten gefällt Ihnen das Paar, das 100 Dollar kostet. An der Kasse macht der Verkäufer Ihnen ein Angebot: zwei Paar Schuhe für nur 150 Dollar. Obwohl der Durchschnittspreis pro Paar auf 75 Dollar sinkt, sollten Sie über den Grenznutzen nachdenken. Wie viel Gefallen finden Sie tatsächlich an dem zweiten Paar? Das erste Paar ist in Ihren Augen wirklich 100 Dollar oder mehr wert, sonst würden Sie es nicht kaufen. Aber ist das zweite Paar die zusätzlichen 50 Dollar wert, auch wenn Sie es nicht von Anfang an kaufen wollten?

Fazit

Wenn wir Entscheidungen treffen, berücksichtigen wir häufig irrelevante Faktoren wie die Kosten, die schon in der Vergangenheit entstanden sind. Wir tappen häufig in die Alles-oder-nichts-Falle und versuchen, alle Kosten und jeden Nutzen einer Entscheidungssituation in Betracht zu ziehen, wodurch die zu entscheidenden Probleme komplex und unhandlich werden. Wenn Sie dagegen den Grenznutzen berücksichtigen, ziehen Sie nur die Variablen in Betracht, die Ihrer *gegenwärtigen Situation* zugrunde liegen. Im Kern ist die Grenznutzenanalyse ein zutiefst ökonomischer Denkansatz, weil sie immer davon ausgeht, dass Entscheidungen getroffen werden, für die *zusätzliche Kosten* gegen *zusätzlichen Nutzen* abgewogen werden. Die Grenznutzenanalyse ist die Basis für rationale Entscheidungen.

8

Vergeben Sie Punkte

FORMULIEREN SIE IHRE KRITERIEN UND WÄGEN SIE SORGFÄLTIG AB

Es hat mich immer wieder überwältigt, wie wichtig die Leistungsmessung für die Verbesserung der menschlichen Lebensumstände ist.

Bill Gates

Vorteile dieser mentalen Taktik

Die richtige Wahl zu treffen, wenn Sie mehrere Alternativen vor Augen haben, ist niemals einfach. Aber der Entscheidungsprozess setzt schon viel früher ein – nämlich dann, wenn Sie diese Optionen formulieren. Hier stellen wir Taktiken vor, mit denen sich Alternativen entwickeln lassen und mit denen Sie verschiedenste Typen von Kriterien abarbeiten können. Außerdem zeigen wir Ihnen Methoden auf, mit denen sich eine Bewertung und Priorisierung vornehmen lässt, auf deren Grundlage Sie solide Entscheidungen treffen können.

Formulieren Sie Ihre Kriterien und wägen Sie sorgfältig ab

Bau der US-amerikanischen Wasserstraßen auf Basis von Einzelanalysen

In den 1930er Jahren erarbeitete das Ingenieurs-Corps der US-Armee eine neue Methode, um entscheiden zu können, ob und wann ein Eingreifen erforderlich ist – ohne jeglichen Einfluss von Ansätzen zur Entscheidungsfindung, die in der Wirtschaft Anwendung fanden.

Wie so oft, machte auch in diesem Fall die Not erfinderisch: Gesetzliche Vorgaben gaben den Anstoß zur Entwicklung der Methode. Der Flood Control Act (Maßnahmen zur Prävention vor Überflutungen und Überschwemmungen) aus dem Jahr 1936 verlangte vom Ingenieurs-Corps der US-Armee, bestimmte Projekte für den Ausbau von Wasserstraßen durchzuführen, wenn der Nutzen des Projektes höher war als seine Kosten. Die Frage zu stellen, ob mehr Geld hereinkommt als ausgegeben wird, war erst einmal eine sinnvolle Herangehensweise. Und so war das Corps mit einem Mal verpflichtet herauszufinden, ob die Farmer an den Flussufern, die Bewohner der umliegenden Städte, die örtlichen Behörden und die Unternehmen weiter flussabwärts von einem Projekt betroffen waren und in welchem Ausmaß das der Fall war.

Plötzlich benötigte das Corps eine robuste, wiederholbare Methode, um zu verstehen, wer von den von durch das Corps entwickelten Projekten profitierte, inwiefern das der Fall war – und wer darunter leiden würde. Diese gesetzlichen Vorgaben führten dazu, dass eine Methode entwickelt wurde, die heute als Kosten-Nutzen-Analyse geläufig ist. Wir werden hier unsere bevorzugten Werkzeuge vorstellen, damit Sie gute Entscheidungen nachhaltig gestalten und aus den Entscheidungen lernen, die Sie in der Vergangenheit bereits getroffen haben. Unser Ziel ist es an dieser Stelle, Sie mit einem Prozess vertraut zu machen, der, wenn er dauerhaft praktiziert wird, dazu führen wird, dass Sie und Ihre Teams im Laufe der Zeit solidere Entscheidungen treffen können.

Damit sind wir an einem entscheidenden Punkt in diesem Buch angelangt: Nachdem Sie inzwischen wissen, wie Informationen systematisch zusammengetragen und sorgfältig analysiert werden, befinden wir uns nun in der Phase des Handelns und Entscheidens. Wir stellen Ihnen unseren Ansatz vor, mit dem Sie sich zwischen den zahlreichen Optionen, die sich Ihnen darstellen, rational entscheiden können. Wir wollen Sie mit einer Methode vertraut machen, mit der Sie Kriterien zur Bewertung Ihrer Optionen entwickeln und auf dieser Grundlage die unterschiedlichen Kompromisse quantifizieren können.[1]

Entwickeln Sie Alternativen

Wenn Sie das Buch bis hierher gelesen haben, dann wissen Sie bereits, wie Sie Daten suchen und interpretieren können. Nun ist es an der Zeit, über Lösungen nachzudenken. Als Erstes entwickeln wir Alternativen – möglichst viele, selbst wenn sie noch so absurd klingen. Mit anderen Worten, wir empfehlen Ihnen, zuerst in die Breite zu denken, bevor Sie den Fokus wieder einschränken und eine Reihe möglicher Lösungen oder Alternativen herausarbeiten. Es gibt zahlreiche Belege dafür, dass es sich langfristig auszahlt und zu besseren Lösungen führt, wenn Sie Ihr Gehirn zwingen, zahlreiche Alternativen zu erarbeiten.[2] Ideen, die Ihnen unvermittelt einfallen, erweisen sich allerdings oft nicht als die besten. (Sehen Sie sich noch einmal Kapitel zwei an, um zu verstehen, warum eine Idee, die allzu naheliegend ist, Sie zu sehr einschränken könnte.)

Sie entwickeln Alternativen am einfachsten, indem Sie eine Liste erstellen, die keinerlei Bewertungen enthält und jede auch nur ansatzweise plausible Idee anführt, die Ihnen in den Sinn kommt. Wenn Sie über Ihre Karriere nachdenken, könnten sich Ihre Optionen folgendermaßen darstellen:

- Ich bleibe an meinem derzeitigen Arbeitsplatz.
- Ich bemühe mich um eine Beförderung oder um eine andere Stelle im selben Unternehmen.
- Ich finde eine Stelle in einem anderen Unternehmen.
- Ich gründe meine eigene Firma.
- Ich sorge für ausreichend Ersparnisse, um möglichst früh in Rente zu gehen.
- Und so weiter…

Sobald Sie eine Liste erstellt haben, werden Sie feststellen, dass es noch zahllose weitere Alternativen gibt. Es gibt Tausende von Unternehmen, die Sie gründen und eine unendliche Anzahl von Arbeitgebern außer Ihrem jetzigen, bei denen Sie eine Stelle antreten könnten.

Wenn Sie ein solches Brainstorming in einer Gruppe durchführen (was wir in der Regel empfehlen, weil Sie sich damit die Schwarmintelligenz zunutze machen kön-

1 Mehr zum Thema Optionen finden Sie bei Steven Johnson (2018), „Farsighted: How We Make the Decisions that Matter the Most", Penguin.

2 Zur Vertiefung dieses Themas empfehlen wir: Nutt, P. (2002), „Why Decisions Fail: Avoiding the Blunders and Traps that Lead to Debacles", Berrett-Koehler Publishers.

nen), dann stellen Sie sicher, dass Sie die Ideenfindung von der Bewertung trennen. Bei uns hat es am besten funktioniert, den Teilnehmern Post-its an die Hand zu geben, vorab ein fünf- bis zehnminütiges stilles Brainstorming durchzuführen und anschließend alle Ideen zu sammeln und zu präsentieren. Erst danach sollte eine Diskussion mit anschließender Evaluation stattfinden. Damit vermeiden Sie das „Gruppendenken“, ein verbreitetes Phänomen, das zu einer zu frühen (und nicht wünschenswerten) Einengung auf bestimmte Meinungen hinausläuft.

Seien Sie sich darüber im Klaren, was Sie wollen und wie sehr Sie es wollen

Es ist wirklich wichtig, dass Sie sich über Ihre Ziele im Klaren sind. Ebenso wichtig ist eine vorab festgelegte Methode, um ein Ziel zu messen und zu bewerten. Wir setzen dabei voraus, dass alles gemessen werden kann.[3] Selbst in Situationen, in denen eine Messung eine extreme Herausforderung darstellt, ist die konsequente Zuordnung quantitativer Werte oder Zielvorgaben zu Ihren unterschiedlichen Optionen für den Bewertungsprozess unglaublich hilfreich.

Einige der größten Fehler, die wir im Laufe der Jahre in Entscheidungs- und Planungsprozessen gesehen haben, entstanden dadurch, dass vorab keine strengen Kriterien festgelegt wurden. Darunter fällt auch das Versäumnis zu definieren, welche Art von Kriterien Sie nutzen wollen. Lassen Sie uns die Entwicklung von Kriterien anhand eines Beispiels illustrieren, das Sie aus Ihrem Privatleben kennen – Simons Überlegungen zu der Frage, welches Auto er kaufen will. Bedenken Sie dabei, dass Simon bereits entschieden hat, dass er ein Auto kaufen will; er will nur sichergehen, dass er auch die beste Entscheidung trifft.

An dieser Stelle kommt das Scoring-Modell (Punktwertverfahren) ins Spiel. Ihre Definition der „besten Alternative“ weicht mit großer Wahrscheinlichkeit von Simons Definition ab. Als Erstes legt Simon seine Kriterien fest und erstellt einen Fragenkatalog, um diese Aspekte zu überprüfen. Es gibt zwei Arten von Kriterien:

1. **Ausschlusskriterien:** In wirtschaftlichen Zusammenhängen werden diese häufig als notwendig oder nicht verhandelbar bezeichnet. In der Praxis können Sie sich diese Kriterien als Ja-Nein-Fragen vorstellen, die beantwortet werden müssen. Sie können auf persönliche und private Entscheidungen (z.B. den Kauf eines Autos) genauso gut angewendet werden. In diesem Zusammenhang hat Simon die Aussage „Auto muss mit Airbags ausgestattet sein“ als eines seiner Ausschlusskriterien identifiziert. Die Frage ist ganz einfach: Hat das Auto Airbags oder nicht? Wie dies grafisch dargestellt werden kann, zeigt die nachfolgende Abbildung.

   Ein Ausschlusskriterium ist sehr eindeutig – das, was Sie wollen (oder nicht wollen), ist entweder vorhanden oder nicht. Wenn es nicht vorhanden ist, dann wird diese Option verworfen und nicht weiter berücksichtigt.

3 Weitere Argumente, die diese Behauptung stützen, finden Sie bei Hubbard, D. W. (2010), How to Measure Anything: Finding the Value of Intangibles in Business. John Wiley & Sons.

Eine etwas komplexere Variante ist das *Schwellenwertkriterium.* Es unterscheidet sich von dem oben genannten insofern, als Sie es nur für wichtig erachten, wenn es oberhalb eines gewissen Punktes ist. Wenn es sich oberhalb des Punktes befindet (oder auch unterhalb, je nachdem, wie Sie es eingrenzen), dann ist es ein K.-o.-Kriterium, das dazu führt, dass die Option im Folgenden nicht weiter berücksichtigt wird. Zum Beispiel kann es sich dabei um eine Budgetbeschränkung oder um den Mindestverbrauch handeln. Solange das Auto das Schwellenwertkriterium erfüllt, kann es in der weiteren Analyse berücksichtigt werden. Sobald es den Wert überschreitet, fällt es aus der Betrachtung heraus.

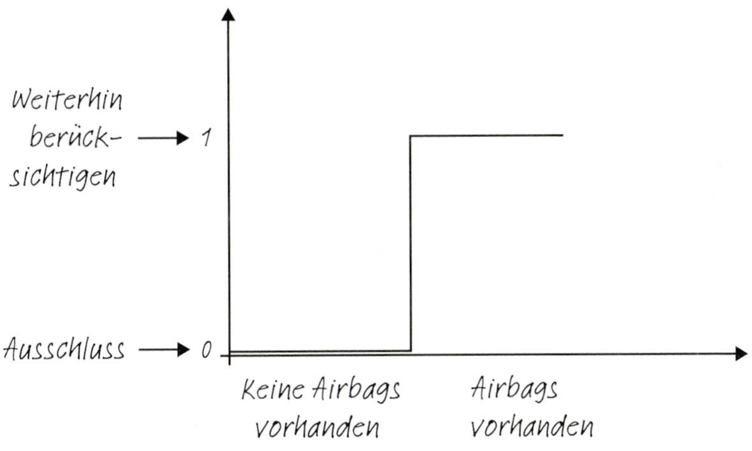

Abbildung 8.1: Beispiel für Ausschlusskriterien – Auto mit oder ohne Airbag

2. **Streng aufwertende oder abwertende Kriterien:** Sie können sich diese vorstellen als Mehr-ist-besser- oder Weniger-ist-besser-Kriterien. Ein gutes Mehr-ist-besser-Kriterium für Simon wäre z.B. der Verbrauch: Je effizienter das Auto ist, desto besser.

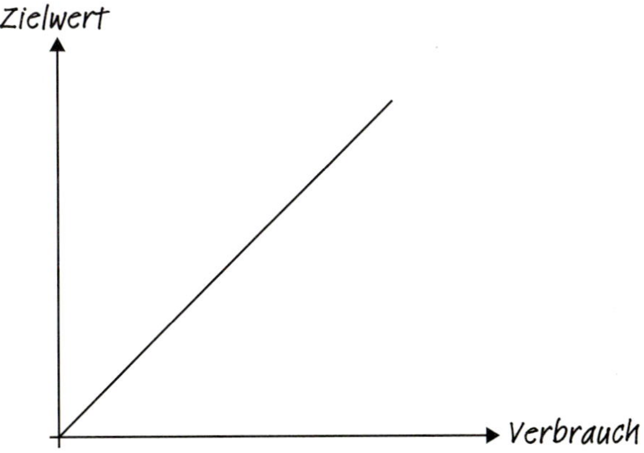

Abbildung 8.2: Verbrauch als Entscheidungskriterium

Nachdem Sie Ihre Kriterien entwickelt haben und sich jetzt darüber im Klaren sind, was Sie wollen, ist es an der Zeit, sie miteinander zu vergleichen und die Spreu vom Weizen zu trennen. An dieser Stelle kommen die Scoring-Modelle ins Spiel. In seiner einfachsten Form ist ein solches Punktwertverfahren eine Möglichkeit, Ihren unterschiedlichen Kriterien Werte zuzuordnen und anhand dieser abzulesen, wie sich Ihre Optionen im direkten Vergleich darstellen. Hier sehen Sie, wie Sie ein Scoring-Modell erstellen können.

1. **Erstellen Sie eine Shortlist, indem Sie Ihre Ausschlusskriterien (Filter) festlegen:** Ihre K.-o.-Kriterien, darunter auch die Grenzwertkriterien, helfen Ihnen, einige Ihrer Optionen zu vernachlässigen. Sie können beispielsweise alle Autos von Ihrer Liste streichen, die keine Airbags haben (verabschieden Sie sich also vom Mustang-Cabrio Baujahr 1960), sowie alle Fahrzeuge, die nicht Ihrem Budget entsprechen (ein Aston Martin wird es dann wohl auch nicht ...). Auf diese Weise sollte Ihre Liste schnell deutlich kürzer werden.
2. **Bestimmen Sie Gewichtung und Punktevergabe:** Da Sie nun wissen, woran Ihnen gelegen ist, müssen Sie herausfinden, wie ernst es Ihnen ist. Sie können damit beginnen, Ihre Kriterien mithilfe einer der folgenden Methoden zu gewichten:
   - Weisen Sie jedem Kriterium einen prozentualen Wert zu.
   - Wenn Sie die Meinungen einer ganzen Gruppe berücksichtigen müssen, dann können Sie jedem Gruppenmitglied zehn Punkte zur Verfügung stellen und die Anwesenden bitten, diese Punkte auf die unterschiedlichen Kriterien zu verteilen. Dies ist besonders hilfreich, um die Intensität der Gewichtung auszudrücken. Vielleicht hat Simons Partnerin das Gefühl, dass die Kriterien Airbags, Verbrauchswerte und Preis gleich wichtig sind, während Simon eigentlich nur den Preis wichtig findet.[4] Um die relative Gewichtung in Prozent zu ermitteln, müssen Sie schließlich die Anzahl der Punkte jeder Option durch die Anzahl der insgesamt vergebenen Punkte teilen.
   - Sie können auch die zwei Dimensionen auswählen, die für Sie am wichtigsten sind, und jede Ihrer Alternativen mit einer Zahl zwischen 0 und 100 bewerten.
3. **Visualisieren Sie Ihre Ergebnisse:** Da Sie jetzt für jedes Ihrer Kriterien eine Gewichtung und eine Note gefunden haben, wollen Sie diese visualisieren, z.B. indem Sie eine 2x2-Matrix verwenden. Sie ermöglicht Ihnen, Vergleiche zwischen Ihren unterschiedlichen Optionen in zwei Dimensionen zu visualisieren und zu verstehen, wo die Kompromisse liegen.

---

4 Das entspricht natürlich nicht der Wahrheit – Simon ist äußerst sicherheitsbewusst!

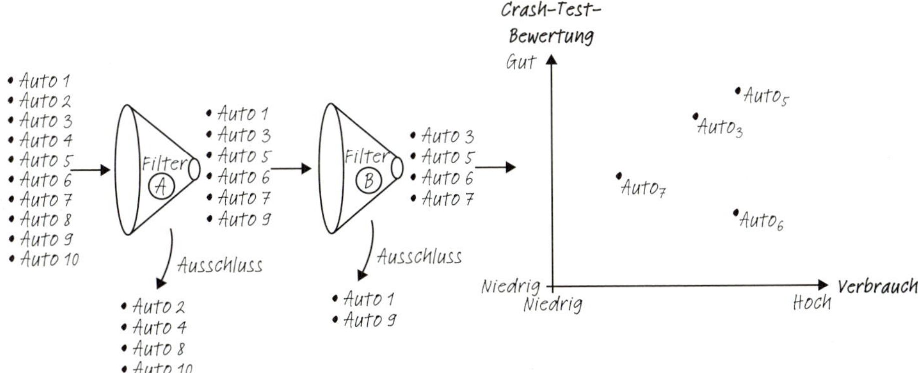

Abbildung 8.3: Scoring-Modell für die Auswahl eines Autos

Weil Sie bereits alle Optionen gestrichen haben, die den Anforderungen nicht genügen (Filter A und Filter B in der Abbildung oben), bleiben Ihnen nur die Optionen, die unterschiedlich auf der Mehr-ist-besser-Dimension abschneiden. Sie können den Kraftstoffverbrauch, wie im Beispiel gezeigt, auf der x-Achse und die Crash-Test-Bewertung auf der y-Achse abtragen.

4. **Treffen Sie Ihre Wahl:** Indem Sie die obige oder eine vergleichbare Matrix nutzen, können Sie Ihre Optionen auf den ersten Blick erkennen und diskutieren. Einige Entscheidungen liegen dabei auf der Hand – die Optionen im unteren linken Quadranten Ihrer Matrix können sinnvollerweise fast immer gestrichen werden. Optionen oben rechts werden fast immer zu den Gewinnern gehören und um diese sollten Sie sich eingehender kümmern. An diesem Punkt glauben Sie vielleicht, dass Ihre Wahl doch offensichtlich ist, sobald Sie die Matrix erstellt haben. Das hoffen wir natürlich. Die Erstellung einer Matrix wie der oben abgebildeten sollte die Wahlmöglichkeiten hervorheben, die ein klares Ja oder ein klares Nein bedeuten. Aber sie sollte auch die Alternativen aufzeigen, die einer weiteren Diskussion bedürfen und intensivere Abwägungen erfordern, so wie Auto 3 und Auto 5, die beide oben rechts zu finden sind.

   Sie glauben vielleicht, dass diese Matrix grandios ist, wenn Sie zwei Dimensionen haben, die Ihnen wirklich wichtig sind, aber wie sieht es aus, wenn Sie noch weitere wichtige Kriterien haben? (Vielleicht sogar viele weitere?) Das ist in manchen Bewertungsverfahren notwendig, wenn Sie z.B. nach dem geeigneten Kandidaten für eine Position suchen oder verstehen wollen, wie die Leistungsbewertung eines Ihrer Teammitglieder sich im Laufe der Zeit verändert hat. In einem solchen Fall empfehlen wir ein Netzdiagramm – eine Abbildung, in der die Vielzahl der Dimensionen genutzt wird, um ihre gesamte Flächenausdehnung zu erhöhen oder zu reduzieren. Sehen wir uns als Beispiel ein Bewerbungsverfahren an. Mit großer Wahrscheinlichkeit haben Sie es mit einer Vielzahl von Kriterien zu tun:

   - Berufserfahrung in Jahren
   - Zwischenmenschliche Fähigkeiten

- Präsentations- und Kommunikationsfähigkeiten
- Technische Kenntnisse, die für diese Position erforderlich sind
- Fähigkeit, in schnelllebigen Umgebungen zu arbeiten

Es ist offensichtlich, dass eine solche Liste von Kriterien sich nicht gut in einer simplen 2x2-Matrix darstellen lässt, deshalb ist es relativ naheliegend, auf ein Netzdiagramm zurückzugreifen. Hier sehen Sie, wie sich die Grafik entwickelt, wenn die Bewertung eines Kandidaten abgetragen wurde: Je näher Sie zum Zentrum des Diagramms gelangen, desto besser.

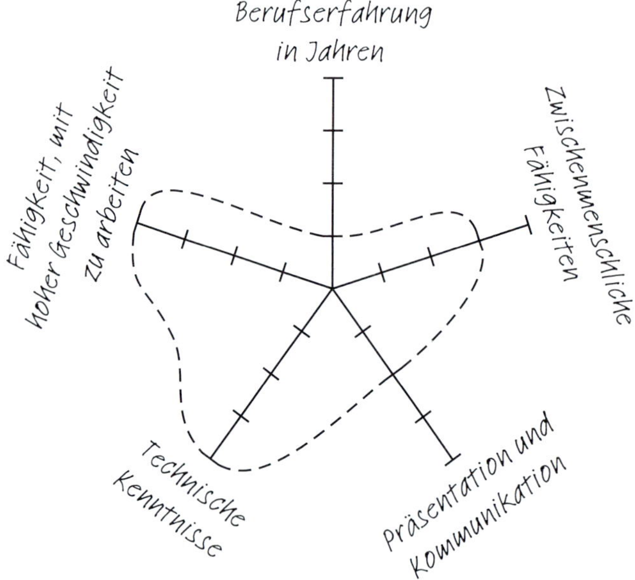

Abbildung 8.4: Netzdiagramm für die Bewertung eines Kandidaten im Bewerbungsverfahren

Das nächste Netzdiagramm zeigt, wie es aussieht, wenn ein weiterer Kandidat dazugekommen ist. Nun sehen Sie allmählich, dass es wünschenswert ist, eine möglichst große Ausdehnung zu erreichen (das größte Spinnennetz). Dieses allgemeine Prinzip könnte sich verändern, wenn Ihre Kriterien unterschiedlich gewichtet wären. Sie können z.B. sehen, dass Ihr erster Kandidat Ihrem zweiten Kandidaten hinsichtlich der Größe der Fläche eindeutig überlegen ist und dass er deshalb scheinbar der aussichtsreichste Kandidat ist. Die würde sich nur verändern, wenn wir aus irgendeinem Grund die Berufserfahrung mehr gewichten würden als andere Kriterien.

Netzdiagramme sind besonders nützlich, wenn Sie zahlreiche Optionen und zahlreiche Kriterien haben und in der Lage sein wollen, sie alle gleichzeitig zu visualisieren.

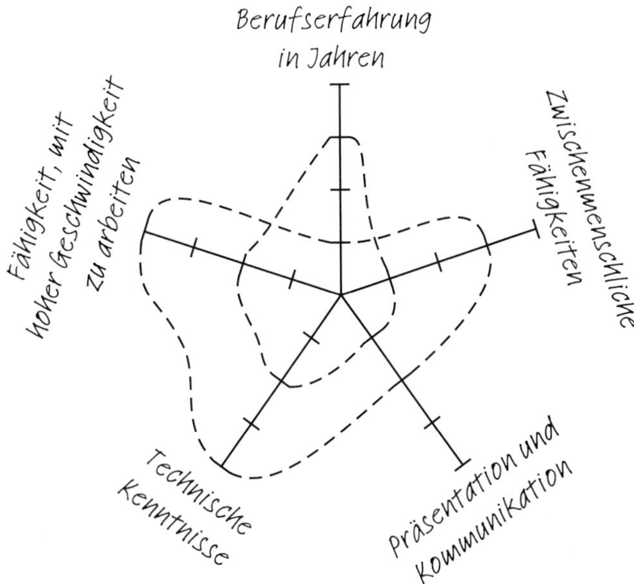

Abbildung 8.5: Netzdiagramm für die Bewertung zweier Kandidaten im Bewerbungsverfahren

5. **Überarbeiten Sie Ihre Kriterien von Zeit zu Zeit:** Wenn Sie konsequent an einem Verfahren festhalten, werden Sie im Laufe der Zeit eine Menge über Ihre Kriterien lernen. Beispielsweise können sich Kriterien, von denen Sie zu Beginn glaubten, dass Sie sehr wichtig seien, plötzlich als völlig unbedeutend erweisen (wenn ein Projekt so wichtig ist, dass die Schwierigkeiten, die mit seiner Umsetzung verbunden sind, auf jeden Fall in Kauf genommen werden). Es könnte sein, dass sich ein zuvor als eigenständig betrachtetes Kriterium (Präsentations- und Kommunikationsfähigkeiten) lediglich als Komponente eines anderen Kriteriums erweist (in diesem Fall zwischenmenschliche Fähigkeiten). Wenn Sie die gleiche Entscheidung wieder und wieder getroffen haben, werden Sie allmählich feststellen, welche Kriterien wirklich von Bedeutung sind. Auf Grundlage dieser Überlegungen können Sie Kriterien hinzufügen oder streichen.

Nutzen Sie Zwangsreihenfolgen, um gemeinsam schnelle Entscheidungen zu treffen

Legen Sie in weniger bedeutenden Entscheidungssituationen Zwangsreihenfolgen fest. Dies ist insbesondere in Situationen hilfreich, in denen Sie versuchen, das Ergebnis eines Kompromisses zwischen unterschiedlichen Parteien zu identifizieren, deren Interessen sich eventuell nicht decken. Mit konventionellen Scoring-Modellen, in denen Sie vorab den Gewichtungen (oder Interessen) zustimmen, ist das nicht möglich.

Während wir an diesem Buch gearbeitet haben, mussten wir häufig Pausen für das Mittagessen einlegen. Und weil wir es vorziehen, unsere Diskussionen während der Mittagszeit fortzusetzen, wollten wir gemeinsam essen. Aber wir haben einen ganz unterschiedlichen Geschmack und auch die Kriterien für die Wahl eines guten Restaurants entscheiden sich deutlich voneinander. Wenn wir beispielsweise die zuvor vorgestellte Methode ausführlich durchspielen würden, würde Simon sich folgendermaßen entscheiden:

- vegetarisches Angebot
- viele Kalorien
- innerhalb von zehn Minuten zu Fuß zu erreichen

Julias Präferenzen sähen folgendermaßen aus:

- omnivores Angebot
- deftige Speisen
- gepflegtes Ambiente

Es ist nicht unbedingt hilfreich, ein Scoring-Modell für diese Kriterien zu entwickeln und dann intensiv nach einem passenden Restaurant zu suchen. Stattdessen können wir eine Zwangsreihenfolge festlegen:

1. Gemeinsam eine bestimmte Anzahl von Alternativen erstellen (drei bis fünf Restaurants sollten hier genügen).
2. Jeden Teilnehmer bitten, die Optionen mit Ziffern von 1 bis n zu bewerten (abhängig davon, wie viele Optionen Sie haben).
3. Die Werte der Rangfolge addieren – die Option mit dem niedrigsten Wert (die am ehesten gewünschte) gewinnt.

Beachten Sie, dass wir innerhalb des Zwangsreihenfolgen-Modells nicht daran interessiert sind, warum die beteiligten Personen die Rangfolge gewählt haben; es ist einfach unser Ziel herauszufinden, was die Anwesenden bevorzugen, sodass wir handeln können.

Option	Simon	Julia	
Mexikanisch	1	2	< Favorit
Chinesisch	3	1	
Italienisch	2	4	
Koreanisch	4	3	

Tabelle 8.4: Zwangsreihenfolge bei der Wahl eines Restaurants

Unser Ansatz, eine Zwangsreihenfolge zugrunde zu legen und die Optionen schnell und direkt zu vergleichen, stellt sicher, dass Sie die Option wählen, die die Präferenzen aller Beteiligten optimal berücksichtigt. In diesem Fall könnte das mexikanische

Essen als *pareto-optimale Lösung* bezeichnet werden und dafür sorgen, dass niemand auf Kosten eines anderen im Vorteil ist.

In einer Zwangsreihenfolge wird angenommen, dass die Präferenzen aller, die in die Entscheidung eingebunden sind, gleich bewertet werden. Aber was, wenn das nicht der Fall ist? Sie können darüber nachdenken, ob Sie die Lösung der Zwangsreihenfolge um ein Veto-Recht ergänzen. Nehmen wir z.B. an, dass wir beschlossen haben, dass Simons Vorliebe für ein vegetarisches Restaurant wichtiger ist als andere Kriterien und Julias Präferenzen, sodass Sie Simon eventuell ein Veto-Recht für ein bestimmtes Restaurant auf der Liste (ein Steakhaus) einräumen können, sogar schon bevor die Zwangsreihenfolge zum Einsatz kommt.

Wie sieht es mit einer Situation aus, in der die Präferenzen eines der Beteiligten weniger wichtig sind als die eines anderen? Bleiben wir bei dem Beispiel der gemeinsamen Mittagspause. Simon ist nicht wirklich daran interessiert, die Kriterien zu gewichten. Er sucht einfach bei Google Maps nach möglichen Optionen und verwendet TripAdvisor, um eine Priorisierung der Alternativen vorzunehmen. Also bittet er einfach Julia, ihre Liste laut vorzulesen, und sagt laut „Stopp!", wenn sie eine Alternative nennt, mit der er einverstanden ist. Wir werden nie erfahren, ob das Ergebnis die optimale Lösung für Simon ist – es könnte weitere Optionen auf Julias Liste geben, für die er sich vielleicht noch mehr begeistern würde, aber es ist eine ausreichend gute Lösung. Es mag so aussehen, als würden Julias Präferenzen Simons Vorlieben immer übertrumpfen und Sie mögen sich fragen, ob dies fair gegenüber Simon ist. Tatsächlich werden Simons Präferenzen jedoch berücksichtigt – und zwar insofern, als wir seinen Wunsch berücksichtigen, nicht zu viel Zeit, Aufmerksamkeit und Energie auf die Frage zu verwenden, wo wir zu Mittag essen. Das ist für ihn wichtiger als die Frage, wo genau wir nun essen.

Hier handelt es sich um ein sehr einfaches Beispiel (und dennoch um eine Entscheidung, die häufig ansteht und die Arbeitskollegen oft nur schwer lösen können). Sie können diesen Ansatz aber ebenso gut für wichtigere Entscheidungen verwenden, wie z.B. die Auswahl eines Standortes für ein neues Bürogebäude Ihres Unternehmens. Hier handelt es sich nicht nur um eine wichtige finanzielle Entscheidung, es sind auch viele emotionale Aspekte im Spiel. Wenn Sie jedes Teammitglied unabhängig eine Zwangsreihenfolge erstellen lassen, wird das unausweichlich zu einem Austausch über die unterschiedlichen Kompromisse führen, die jede Person eingehen muss – und darüber, warum dies der Fall ist. Entscheidungsträger zu ermutigen, ihre Präferenzen offenzulegen, indem sie unterschiedliche Optionen in Relation zueinander darstellen, kann augenblicklich erhellend wirken und einen Diskurs darüber auslösen, was warum für jede einzelne Partei wichtig ist.

Gewinner und Verlierer: Kosten-Nutzen-Analyse

Kehren wir zu unseren Ingenieuren der US-Armee zurück, die damit beschäftigt sind, fleißig Brücken und Dämme an allen möglichen Standorten der Vereinigten Staaten zu bauen. Erinnern Sie sich daran, dass die behördliche Auflage lautete, dass ein Projekt umgesetzt werden soll, sobald es für irgendjemanden einen Nutzen erbringt, der die Kosten übersteigt? Plötzlich fragen die Ingenieure der Armee nicht mehr, ob ein Projekt sich für die Streitkräfte oder für den Staat auszahlt; sie führen stattdessen eine gründliche Untersuchung durch, wer profitiert, auf welche Weise und in welchem Ausmaß das geschieht.

Dieser Ansatz mag für eine Behörde logisch sein, die theoretisch ohnehin versuchen sollte, die allgemeine Wohlfahrt zu maximieren, aber einige von Ihnen mögen bezweifeln, dass es sich hier um einen sinnvollen Ansatz für private Unternehmen handelt. Was hat es für einen Sinn, wenn der Gesamtnutzen des Projekts die Gesamtkosten übersteigt, aber Ihre Organisation alle Kosten tragen muss, während jemand anders (Kunden, Wettbewerb) davon profitiert? Nun, der Vorteil stellt sich dann ein, wenn Sie in der Lage sind, Ihre Kunden und Ihre Konkurrenten an den Kosten zu beteiligen. Sie haben festgestellt, dass das Projekt mehr Nutzen als Kosten generiert. Der nächste Schritt besteht nun darin festzulegen, wie Sie sicherstellen können, dass Sie sich einen Teil der Kosten von den Leuten oder den Gruppen zurückholen können, die von der Maßnahme profitiert haben.

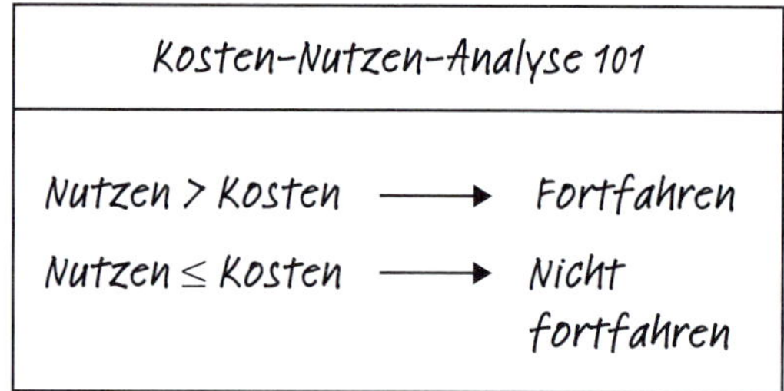

Abbildung 8.6: Kosten-Nutzen-Analyse

Wir hatten nicht die Absicht, ein Handbuch zum Thema Projektfinanzierung zu verfassen (und wir glauben nicht, dass Sie die Absicht hatten, ein solches zu lesen), aber nehmen Sie sich die Zeit, ein paar mathematische Übungen mit uns durchzuführen. Sie versuchen zu entscheiden, ob Ihr Unternehmen eine neue Maschine kaufen sollte, die sowohl Pfeffernüsse (ein Gebäck aus Simons ursprünglicher Heimat Deutschland) als auch Lamingtons (ein Gebäck aus Julias ursprünglicher Heimat Australien) anmischen und backen kann. Die Maschine kostet 10.000 Dollar in der Anschaffung und zusätzlich fallen wöchentlich Lohnkosten in Höhe von 1.000 Dollar für den Bäcker an. Pro Monat können Sie 600 Pfeffernüsse und 700 Lamingtons produzieren. In diesem Fall kann der Nutzen monetarisiert werden – Sie können beide Gebäcksorten für einen Dollar pro Stück verkaufen. Wenn Sie dieses Projekt realisieren, müssen Sie mindestens zehn Jahre lang am Ball bleiben. Sie verwenden alle Ersparnisse Ihres bisherigen Lebens auf die Anschaffung: Überwiegt der Nutzen die Kosten?

1. Verschaffen Sie sich schnell einen Überblick über Kosten und Nutzen, so ähnlich wie wir es auf der vorangegangenen Seite getan haben.
2. Wir wollen in der Lage sein, den Nutzen im zehnten Jahr mit den Kosten zu vergleichen, die heute anfallen. Das gelingt uns, indem wir den aktuellen Wert sowohl unseres Nutzens als auch unserer Kosten feststellen. Bleiben Sie bei uns und nehmen Sie an einem schnellen Mathematik-Tutorium teil:
   - Diskontieren Sie Ihren Nutzen und Ihre Kosten auf Basis des Geldzeitwertes. Wir führen die Berechnungen anhand des Prinzips durch, dass ein Pfund heute mehr wert ist als in einem Jahr. Aus welchem Grund? Wir ziehen jetzt vorhandenes Geld dem erst zu einem späteren Zeitpunkt verfügbaren Geld vor. Und wenn Sie dieses Geld zu einem risikofreien Zinssatz r anlegen, dann erhalten Sie den Zeitwert Ihres Geldes (1+r) in einem Jahr. Also ist Geld, das in einem Jahr gezahlt wird, heute so viel wert wie die Summe geteilt durch (1+r).
   - Um es zu vereinfachen, nehmen wir einen Diskontsatz von zehn Prozent pro Jahr an und verwenden die folgende Formel:

Kapitalwert = (Nutzwert – Kosten) / (1+r)t

Wobei r = Diskontsatz (z.B. 10 %)

Und t = relevante Zeitperiode (z.B. Anzahl Jahre)

Sind Sie immer noch verwirrt? Keine Sorge, Kosten-Nutzen-Analysen lassen sich zu Beginn nicht so leicht intuitiv erschließen. Hier sehen Sie die Berechnung in einer Tabelle:[5]

	Beschreibung	Jahr 0	Jahr 1	Jahr 2	Jahr 3	Jahr 4
Kosten für neue Maschine	10.000 $	10.000 $				
Gehalt des Bäckers	1.000 $ pro Monat	–	10.909 $	9.917 $	9.016 $	8.196 $
Nutzen/Umsatz aus Pfeffernuss-Verkauf	600 $ pro Monat (7.200 $ im Jahr)	–	6.545 $	5.950 $	5.409 $	4.918 $
Nutzen/Umsatz aus Lamington-Verkauf	700 $ pro Monat (8.400 $ im Jahr)	–	7.636 $	6.942 $	6.311 $	5.737 $

Tabelle 8.5: Kosten-Nutzen-Analyse am Beispiel der Produktion von Gebäck

5 Diese Abbildung steht ebenso wie alle anderen Berechnungen unter *www.decisionmakersplaybook.com* zum Download bereit.

Jahr 5	Jahr 6	Jahr 7	Jahr 8	Jahr 9	Jahr 10	Gesamt
						10.000 $
7.451 $	6.774 $	6.158 $	5.598 $	5.089 $	4.627 $	73.735 $
4.471 $	4.064 $	3.695 $	3.359 $	3.054 $	2.776 $	44.241 $
5.216 $	4.742 $	4.311 $	3.919 $	3.562 $	3.239 $	51.614 $

Ziehen Sie nun Ihre Gesamtkosten (83.735 Dollar) von Ihrem Gesamtnutzen ab (95.855 Dollar). Diese einfache Berechnung führt zu einem Netto-Gesamtnutzen von 12.120 Dollar. Der Urteilsspruch? Diese neue Maschine ist vielleicht nicht Ihr Ticket zu unvorhergesehenen Reichtümern, weil die Kosten den Nutzen auf Basis des Netto-Kapitalwertes übersteigen. Die schnelle Berechnung hat nicht mehr als ein paar Minuten gedauert und verschafft uns einen unmittelbaren Überblick über die möglichen Investitionen und Erträge im Laufe der nächsten zehn Jahre.

Lassen Sie Ihre Kriterien für sich arbeiten

- **Lassen Sie sich nicht zur Geisel des Ergebnisses machen:** Wenn Sie Veränderungen an den Kriterien vornehmen, weil Ihnen das Ergebnis nicht gefällt, dann stellen Sie dies offen und transparent dar.
- **Seien Sie verantwortungsbewusst:** Machen Sie schon zu Beginn klar, welche Kriterien wirklich wichtig sind und welche Sie als nebensächlich betrachten. Wenn Sie beispielsweise nach einem neuen Haus suchen, könnten Sie als Erstes das Kriterium nennen, dass Sie unbedingt einen sonnigen Garten brauchen. Wenn Sie mit der Analyse beginnen, dann stellen Sie fest, dass Sie im letzten Jahr tatsächlich nur drei Tage draußen gesessen haben und dass Sie das im Laufe der restlichen 362 Tage nicht wirklich vermisst haben. Sie wissen auch, dass Sie niemals ein Haus mit Südgarten kaufen würden, das in einer fragwürdigen Nachbarschaft liegt, wenn Sie ein Haus, das nicht über den Sonnengarten verfügt, in bevorzugter Wohnlage kaufen könnten. Ihre Entscheidung hängt also nicht besonders stark von Ihrem gering ausgeprägten Interesse an einem Sonnengarten ab.
- **Managen Sie Komplexität:** Drei Kriterien sind besser als sieben. Konzentrieren Sie sich, wie oben, auf diejenigen, die wirklich wichtig sind.

Checkliste

Wie Sie herausfinden, was wichtig ist

 **Legen Sie Kriterien fest.**

Listen Sie auf, welche Kriterien Ihnen wirklich wichtig sind. Was könnte dazu führen, dass Sie Ihre Meinung ändern? Je weniger Kriterien, desto besser.

 **Entscheiden Sie, mit welcher Art von Kriterien Sie arbeiten wollen.**

Ausschlusskriterien? Grenzwertkriterien (wie z.B. Filter)? Oder einfach nur eine Verbesserung?

 **Führen Sie ein erstes Screening durch.**

Nutzen Sie Ihre Ausschlusskriterien, um einige Optionen zu streichen, bevor Sie sie anhand der anderen Kriterien bewerten.

 **Nicht alle Kriterien sind gleich gewichtet.**

Gewichten Sie Ihre Kriterien, um ihre relative Wichtigkeit für Ihre Entscheidung zu erkennen.

 **Vermeiden Sie Gruppendenken.**

In Entscheidungssituationen, in die mehr als ein Beteiligter involviert ist, bitten Sie Ihre Teammitglieder, ihre Bewertungen jeweils individuell vorzunehmen.

 **Nutzen Sie Zwangsreihenfolgen.**

Auf diese Weise heben Sie Präferenzen hervor und treffen schnelle Entscheidungen.

Fazit

Viele Optionen sind nicht so eindeutig, wie es auf den ersten Blick scheint. Und umgekehrt können viele Entscheidungen, die sehr komplex oder schwierig erscheinen, radikal vereinfacht werden. Jede Option weist unterschiedliche Vor- und Nachteile auf und häufig ist es schwierig, die richtige Alternative zu wählen. Ein strukturiertes Scoring-Modell erlaubt Ihnen, unabhängig über die Kriterien, Gewichtungen und Bewertungen nachzudenken, und verhilft Ihnen zu einem aussagekräftigen Bewertungsansatz. Wenn Sie Scoring-Modelle verwenden, erleichtert Ihnen das, Wahlmöglichkeiten zu kommunizieren und zu diskutieren und damit die sinnvollste Lösung zu erarbeiten.

9

Lassen Sie Ihren Worten Taten folgen

FÜHREN SIE EXPERIMENTE DURCH, UM IHRE LÖSUNGEN IN DER REALEN WELT ZU TESTEN

Seien Sie nicht zu schüchtern und zu zimperlich in dem, was Sie tun. Das ganze Leben ist ein Experiment. Je mehr Experimente Sie durchführen, desto besser. Was passiert, wenn es ein bisschen derber zugeht und Ihre Jacke schmutzig wird oder reißt? Was, wenn Sie scheitern und ein, zweimal buchstäblich durch den Dreck gezogen werden? Stehen Sie wieder auf, haben Sie keine Angst zu stolpern.

Tagebücher des Ralph Waldo Emerson, 11. November 1842

Vorteile dieser mentalen Taktik

Der sogenannte gesunde Menschenverstand ist häufig kein so guter Ratgeber und auch die vielgerühmten Best Practices erweisen sich häufig als enttäuschend, wenn sich die Bedingungen geändert haben. Um sicherzustellen, dass Sie mit den von Ihnen entwickelten Lösungen tatsächlich die erwünschten Ergebnisse erzielen, benötigen Sie clevere Testverfahren. Indem Sie Experimente durchführen, können Sie schnell und kostengünstig herausfinden, wie aussichtsreich Ihre Lösungen sind. Sie können aus den Ergebnissen der Tests lernen und Ihre Lösungsansätze schon während der Umsetzungsphase entsprechend anpassen.

Auf den ersten Blick scheint diese mentale Taktik eher in eines der früheren Kapitel dieses Buches zu gehören. Aber wir glauben, dass Sie mehr davon haben, wenn Sie sich direkt vor der Umsetzungsphase Ihrer Projekte damit beschäftigen. Betrachten Sie Experimente und Pilotstudien als Übergang von der Lösung zur Umsetzung und als Chance, ein Gefühl für den eigenen Weg zu bekommen und aus Erfahrungen zu lernen.

Sehen Sie es einmal so: Was kann im schlimmsten Fall geschehen? Selbst wenn ein Experiment fehlschlägt, liefert es Ihnen mit großer Wahrscheinlichkeit wertvolle Daten, die genutzt werden können, um mit Ihrer Lösung voranzukommen.

Experimente ersetzen Vermutungen, Intuition und Best Practices durch Wissen. Zu experimentieren ist Kern dessen, was Software-Entwickler als agile Prozesse bezeichnen. Statt alle Aktivitäten im Vorfeld exakt zu planen und dann nach und nach abzuarbeiten, werden im Rahmen agiler Prozesse Experimente und die Möglichkeit, aus diesen zu lernen, in den Vordergrund gerückt.

Wenn Sie diese Taktik anwenden, hat das mehrere Vorteile:

1

Sie können sich auf die eigentlichen Ergebnisse konzentrieren

Ein erfolgreiches Projekt ist nicht deshalb erfolgreich, weil es nach Plan umgesetzt wird, sondern weil es den Praxistest erfolgreich bestanden hat.

2

Die Wahrscheinlichkeit, nacharbeiten zu müssen, ist geringer

Weil die Feedbackschleifen kurz sind, werden mögliche Fehler oder Probleme schnell erkannt und können schneller ausgeglichen werden als im Rahmen konventioneller Projektplanungsverfahren.

3

Die Risiken sind überschaubarer

Weil die Transparenz während des Implementationsprozesses höher ist, können Risiken besser gemanagt werden als in einem konventionellen Projekt.

Experimente durchzuführen, ist ein zeit- und häufig auch kostenintensives Unterfangen. Nur sehr spezifische Situationen eignen sich dafür.

Führen Sie Experimente durch, um Ihre Lösungen in der Praxis zu testen

Constantin ist in dritter Generation Geschäftsführer und Inhaber eines auf die Getränkeindustrie spezialisierten Marketing- und Marktforschungsinstituts. Er wird von Klienten beauftragt, Markenstrategien für neue Getränke, die in Flaschen oder im Ausschank in der Gastronomie angeboten werden, zu bewerten und zu entwickeln. Seine Mission lautet, die Begehrlichkeiten zu schaffen, die dazu führen, dass durstige Kunden die Getränke seiner Klienten anderen vorziehen.

Aber auf welche Weise funktioniert das am besten? Welche Geschichte muss dafür erzählt werden? Wie lautet das überzeugendste Konzept? Die Antworten auf diese Fragen haben sich im Laufe der Zeit verändert.

Das Geschäft seines Großvaters, so erinnert Constantin sich, war fast eine Kunst: „Mein Großvater entwickelte das Verpackungsdesign auf Grundlage seiner *Vermutungen,* was die Kunden bevorzugen würden. Er hatte einen guten Geschmack und definitiv ein Auge für Ästhetik. Damals verglichen nur wenige Leute die Umsatzzahlen vor und nach einem neuen Verpackungsdesign. Unsere Auftraggeber waren glücklich, wenn ihr Produkt sich von den Produkten der Konkurrenz abhob. Der Markt war überschaubar, sodass jede Marke, die in der Lage war, ein in sich stimmiges, professionelles Image aufrechtzuerhalten, mit großer Wahrscheinlichkeit einen größeren Teil des Kuchens abbekam."

Eine Generation später, das Unternehmen war größer geworden und es gab mehr Konkurrenten am Markt, reichte es nicht mehr aus, sich auf seine Intuition zu verlassen, um erfolgreich zu sein. Stattdessen musste man, seinem Vater zufolge, *Intuition und Wissenschaft* miteinander kombinieren. Constantin sagt: „Mein Vater verließ sich immer noch auf seine Intuition, um Designs vorzuschlagen, die zu den Kunden passten – vielleicht liegt das Talent in der Familie. Aber er beschäftigte sich darüber hinaus intensiv mit Psychologie und Entscheidungstheorie. Er passte die Bildsprache, die Farbigkeit und die Texte an das an, was Forscher für effektiv hielten."

Constantins heutige Tätigkeit steht in deutlichem Kontrast dazu: „Heute verfügen wir über die Tools, um Experimente durchzuführen und ein Produkt bis ins kleinste Detail zu optimieren. Es gibt so viele Dinge, die einen Unterschied bewirken können: Design, Text, Farbe, Material. Ich versuche nicht, zu erahnen, was funktionieren könnte. Stattdessen verteile ich einfach ein paar Tausend Flaschen auf unterschiedliche Einzelhändler und sammle Daten, um herauszufinden, was am besten ankommt."

Constantin führt Business-Testreihen durch. Als Erstes entwickelt er mehrere Varianten des endgültigen Designs, z.B. fünf verschiedene Etiketten. Dann bittet er verschiedene Supermärkte, seine Flaschen in die Regale zu stellen (dabei bemüht er sich sicherzustellen, dass die Kunden, die die Supermärkte frequentieren, miteinander vergleichbar sind). Schließlich nutzt er die Daten, die er zurückerhält, um zu bestimmen, welches Design am besten passt. Diese Erkenntnisse ermöglichen Constantin, die Produktion mit dem Design, das sich in seinem Experiment als das effektivste erwiesen hat, von Beginn an in vollem Umfang starten zu lassen. Experimentier- und

Testphasen können ein unglaublich wertvolles Werkzeug sein, wenn wichtige Entscheidungen getroffen werden müssen.

Entscheidungssituationen, die weitreichende Auswirkungen haben, aber in einem gewissen Ausmaß reversibel sind, bilden die perfekte Grundlage für Experimente. Dies gilt insbesondere dann, wenn die Umgebung, in der Sie sich selbst befinden, komplex oder in Veränderung begriffen ist. Die grundlegende Idee hinter Experimenten, *Versuch und Irrtum,* ist nur plausibel, wenn die Kosten eines Fehlers nicht unverhältnismäßig hoch sind. Wenn Ihre potenzielle Wahlmöglichkeit sowohl wichtig als auch schwer rückgängig zu machen ist, nehmen Sie sich Zeit für die Entscheidung. Wir haben schon eingehender über derartige Situationen und über eine entsprechende mentale Taktik gesprochen: Scoring-Methoden.

Zwei Arten von Experimenten

Es gibt grundsätzlich zwei Wege, um Ihre Idee mithilfe von Experimenten zu testen:

1. Durchführung einer *randomisierten kontrollierten Studie (RCT).* Sie misst den Einfluss von Veränderungen (des Verfahrens), indem sie die Reaktion einer Gruppe (der Versuchsgruppe) mit einer Gruppe vergleicht, die nicht betroffen ist (Kontrollgruppe). Sie haben vielleicht von A/B-Testungen gehört, dem gebräuchlichen Ausdruck für dieses Verfahren in der Welt der Web-Entwickler, das dazu dient, Web-Inhalte zu optimieren.

2. Durchführung von *sequentiellen Tests* mit derselben Gruppe (oder derselben Person), die aber unter Verwendung unterschiedlicher Parameter und der Messung ihrer Effektivität stattfinden.

Randomisierte kontrollierte Studien werden als Goldstandard für die wissenschaftliche Überprüfung betrachtet, aber sie sind in den meisten Situationen nicht zu gebrauchen. Zum Einstieg und um sicherzustellen, dass die Ergebnisse tatsächlich nützlich sind, benötigen Sie zwei ausreichend große Gruppen, denen Subjekte nach dem Zufallsprinzip zugeordnet werden. Wenn Sie die vollständige Randomisierung nicht gewährleisten können, handelt es sich immer noch um ein Experiment, aber Sie werden die Verzerrungen genau im Blick behalten müssen, die entstehen (beispielsweise durch Selbsternennung eines Probanden für die Versuchs- oder Kontrollgruppe).

Sequentielle Tests sind einfacher und pragmatischer, aber die Ergebnisse erweisen sich als weniger zuverlässig und die Experimente nehmen insgesamt mehr Zeit in Anspruch. Während der RCTs wird die Anwendung des Verfahrens mit der Nichtanwendung des Verfahrens im selben Zeitfenster verglichen, während die Testreihen nacheinander verglichen werden. Damit könnten sich die Kontextfaktoren im weiteren Verlauf verändern. Aber für einige Interventionen sind Testreihen einfach der einzige mögliche Weg, um ihre Wirksamkeit zu überprüfen.

Lassen Sie uns einen Blick auf diese Ansätze werfen.

Randomisierte kontrollierte Studien, um optimale Preispunkte zu finden

Professor Stefan Thomke und Jim Manzi, die zu den bekanntesten Befürwortern von Experimenten in der Wirtschaft gehören, beschreiben in einem Artikel für den Harvard Business Review im Jahr 2014 die Innovationskultur bei Petco.[1]

Petco, eine große Fachhandelskette für Tiernahrung und Heimtierbedarf, ist bekannt dafür, dass sie pro Jahr mehr als 75 betriebliche Experimente durchführt. Jede Person, die für die Durchführung eines Experiments zuständig ist, wird dazu angehalten, darzustellen, inwiefern ihr Experiment, sollte es sich als erfolgreich erweisen, einen Beitrag zur Mission des Unternehmens leisten kann, innovativer zu werden.

Für jedes Experiment wählt Petco stichprobenartig 30 Filialen aus (die Versuchsgruppe) und stellt diesen 30 Filialen gegenüber, die hinsichtlich ihrer Größe, der demografischen Kundenstruktur, der regionalen Wettbewerber und so weiter vergleichbar sind (die Kontrollgruppe). Dann führt Petco Blindstudien durch, beispielsweise Tests, von denen noch nicht einmal die Filialleiter und Mitarbeiter der jeweiligen Geschäfte etwas wissen. Blindstudien, die in der Medizinbranche Standard sind, reduzieren die Gefahr, dass Studienteilnehmer ihr Verhalten in der Testsituation modifizieren.

Diese Versuchsbedingungen ermöglichen es Petco, alle nur erdenklichen Variablen von der Veränderung der Preise über die Gestaltung der Filialen bis hin zu Öffnungszeiten und Sonderangeboten zu untersuchen und zu optimieren. Im Rahmen eines solchen Experiments fand Petco heraus, dass Waren, deren Preis auf 25 Cent endete, unter ansonsten völlig gleichen Bedingungen am umsatzstärksten waren. Das Ergebnis widersprach massiv der gängigen Meinung, dass Preise auf 99 oder 95 Cent enden sollten. Die obersten Führungskräfte standen diesem Ergebnis zunächst skeptisch gegenüber, waren aber bereit, dass neue Preismodell auszuprobieren. Das Ergebnis: Nach dem Rollout (beginnend mit den Geschäften, die der Versuchsgruppe ähnlich waren) stieg der Umsatz für diese Produkte nach sechs Monaten um 24 Prozent. Sie wissen nicht, was Sie nicht wissen – bis Sie es ausprobiert haben!

1 Thomke, S. und Manzi, J. (2014), „The discipline of business experimentation“, Harvard Business Review 92(12), S. 17.

Checkliste

Wie Sie eine randomisierte kontrollierte Studie durchführen (RCT)

Formulieren Sie die Hypothese Ihrer Studie.

Was versuchen Sie herauszufinden? Es ist wichtig, Ihre eigene Hypothese zu formulieren, bevor Sie mit der Studie beginnen. So könnte Ihre Hypothese beispielsweise lauten, dass ein geringfügiger Preisanstieg (+10 Prozent) *keine* bedeutenden negativen Effekte auf Ihre Umsätze hat.

Definieren Sie Ihre Ergebnisvariable.

Experimente erlauben Ihnen, eine Beziehung zwischen den Veränderungen eines Input-Faktors (z.B. dem Preis) und einer Ergebnis-Kennziffer (z.B. den Umsätzen) herzustellen. Einfach ausgedrückt: Sie helfen zu verstehen, welchen Kausaleffekt Ihr Handeln hat.

Typische Ergebnisvariablen sind Umsätze oder Erträge, Klick-Raten (wenn Sie eine Website optimieren), die Anzahl der Menschen, für die Sie sorgen (Pflege und Gesundheit), eigene Aussagen zur Lebensqualität oder zur Kundenzufriedenheit und so weiter.

Richten Sie zwei Gruppen ein: Versuchsgruppe und Kontrollgruppe.

Um zu bestimmen, welchen Effekt ein Verfahren hat, benötigen Sie zwei Gruppen, die vergleichbare Merkmale aufweisen: eine Versuchsgruppe (auf die sich die Intervention oder die Studie bezieht) und eine Kontrollgruppe (die keine Intervention erfährt oder nur ein Placebo enthält).

Es ist wichtig, dass beide Gruppen *zufällig ausgewählt* werden. Idealerweise erfolgt die Auswahl der Teilnehmenden vollständig nach dem Zufallsprinzip. Das ist leichter gesagt als getan. Häufig findet eine *Selbsternennung* statt, sodass Individuen, die gewisse Merkmale gemeinsam haben, mit größerer Wahrscheinlichkeit entweder Teil der betrachteten Gruppe oder aber der Kontrollgruppe werden. Das verzerrt jedoch die Ergebnisse, weil bestimmte gemeinsame Besonderheiten (wie soziokulturelle Faktoren, Wohnort oder einfach die Verfügbarkeit zum Zeitpunkt des Experimentes) sich tatsächlich als hinreichende Erklärungen für die Unterschiede zwischen Gruppen erweisen können – und nicht die Studie selbst. Um statistisch signifikante Ergebnisse zu erzielen, benötigen Sie eine ausreichend große Versuchsgruppe. Es gibt komplizierte Formeln, um die optimale Stichprobengröße zu ermitteln, aber als Daumenregel gilt: 30 bis 50 Observationen werden in wirtschaftlichem Kontext in der Regel als ausreichend erachtet.

Entscheiden Sie, welche Gruppe die Versuchsgruppe ist.

Nachdem Sie Ihre Probanden sowohl der Versuchs- als auch der Kontrollgruppe zugewiesen haben, ist es Zeit, den Input der Versuchsgruppe anzupassen, während der Input der Kontrollgruppe unverändert bleibt. In unserem Beispiel würden Sie den Preis eines bestimmten Produktes (oder einer Produktkategorie) in 20 stichprobenartig ausgewählten Filialen landesweit um zehn Prozent erhöhen.

Stellen Sie sicher, dass Sie einen Zeitrahmen auswählen, in dem aussagekräftige Daten erhoben werden können. Ein Tag wäre zu kurz, ein Jahr vielleicht zu lang.

Messen und vergleichen Sie.

Nach dem Ende des vorab definierten Zeitraums tragen Sie die erfassten Output-Daten (in unserem Fall die Umsatzdaten) zusammen und berechnen die Durchschnittswerte. Wenn die Auswahl der Stichproben und die Zuweisung zur Versuchs- und zur Kontrollgruppe tatsächlich randomisiert erfolgt ist, dann ist der Verfahrenseffekt (für eine zehnprozentige Preiserhöhung) einfach die Differenz zwischen den Durchschnittsergebnissen der Versuchsgruppe und den Durchschnittswerten der Kontrollgruppe.

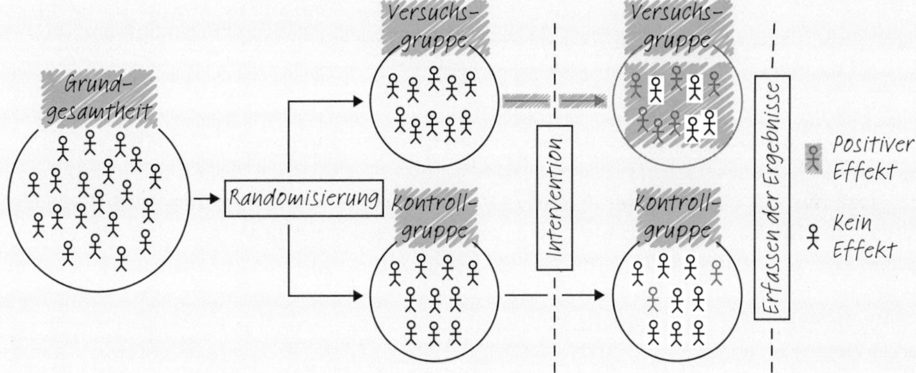

Abbildung 9.1: Durchführung einer randomisierten kontrollierten Studie

Testreihen

Lassen Sie uns einen näheren Blick auf die zweite Kategorie von Experimenten, die Testreihen, werfen. Als Beispiel diene uns die Schlafqualität.

Ein gesunder und regelmäßiger Schlaf, so legen jüngste Forschungsergebnisse nahe, wirken sich auf die kognitiven Funktionen und auf das allgemeine Wohlbefinden aus. Nehmen wir an, Sie sind daran interessiert, Ihre Schlafqualität zu optimieren. Sie haben mehrere Möglichkeiten, das zu tun.

Abbildung 9.2: Möglichkeiten, das eigene Schlafverhalten zu optimieren

Ein erster Schritt besteht darin, auf Ihre Intuition und Ihren Alltagsverstand zu vertrauen. Hier sind einige Ideen, die Ihrer Intuition entspringen: Abdunkelung Ihres Schlafzimmers, Ausschalten/Reduzieren nächtlicher Geräusche, Vermeidung ausgiebiger Mahlzeiten vor dem Schlafengehen.

Das nächste Level einer differenzierten Herangehensweise sind unsere Alltagstheorien, die von Natur aus sinnvoll erscheinen. Es ist beispielsweise plausibel anzunehmen, dass jedes menschliche Lebewesen mit einem selbstregulierenden Schlafzyklus ausgestattet ist. Unter dieser Annahme schließen Sie vermutlich aus der Beobachtung, dass Sie häufig verschlafen, wenn Sie keinen Wecker benutzen, dass Ihr Körper eigentlich einen Bedarf an einer längeren Schlafperiode hat. Wenn Sie sich selbst gestatten, früher zu Bett zu gehen (oder später wach zu werden), dann könnte das Ihre Schlafqualität schon verbessern.

Ein nächster Schritt könnte darin bestehen, wissenschaftliche Studien zu lesen. Wenn Sie sich Ratgeber und Studien ansehen, werden Sie schnell feststellen, dass es zirkuläre Rhythmen und REM-Schlafphasen gibt. So entdecken Sie womöglich den einen oder anderen Trick, um besser schlafen zu können.

Weil aber der menschliche Körper üblicherweise in mannigfaltiger Weise vom statistischen Durchschnitt abweicht, kann es für Sie von echtem Wert sein, wenn Sie für sich selbst herausfinden, was Ihnen hilft. Sie könnten beispielsweise mit all den oben erwähnten Empfehlungen herumexperimentieren. Oder es mit anderen Interventionen versuchen und z.B. die Art der Lebensmittel verändern, die Sie vor dem Schlafengehen zu sich nehmen (Kohlehydrate vs. Proteine), die Raumtemperatur im Schlafzimmer reduzieren oder frei verkäufliche Nahrungsergänzungsmittel wie Melatonin nutzen.[2]

2 Branwen, G. (2008) „Melatonin improves sleep, & sleep is valuable". Melatonin. [Online] 19. Dezember 2008, URL: *https://www.gwern.net/Melatonin*. [Zugriff: 7. November 2018].

Checkliste

Wie Sie Selbstversuche durchführen[3]

Beginnen Sie mit der Definition Ihrer Recherche-Hypothese.

Was wollen Sie eigentlich herausfinden? Nehmen wir an, Sie absolvieren gerade Ihr Management-Masterstudium an einer renommierten Universität und Sie interessieren sich dafür, Ihre kognitiven Fähigkeiten nachhaltig zu verbessern. Eine Möglichkeit, das zu tun, so haben Sie gelesen, ist es, regelmäßig zu meditieren. Aber wenn Sie einer nicht repräsentativen Umfrage in Ihrem Bekanntenkreis (und den Erfahrungen in einem Internetforum) Glauben schenken dürfen, dann funktioniert das nicht bei jedem.

Denken Sie darüber nach, wie Sie Ihr Experiment operationalisieren.

Wie werden Sie Ihre Ergebnisvariablen messen? Messungen müssen folgende Kriterien erfüllen:

1. ***Gültigkeit*** – Misst der Test wirklich das, was er messen soll?
2. ***Verlässlichkeit*** – Wenn das Experiment unter denselben Umständen wiederholt wird, müssen die Messungen konsistente Ergebnisse aufweisen.
3. ***Genauigkeit*** – Die Variable muss mit einem ausreichend hohen Maß an Präzision gemessen werden.

Ihr Ergebnis könnte beispielsweise die Gesamtzeit sein, die benötigt wird, um 50 zufällig ausgewählte Mathematikaufgaben mit einem gleichbleibenden Schwierigkeitsgrad zu lösen. Wenn Sie die Zeit aufsummieren, die benötigt wird, um fünf Aufgaben zu lösen, ist das vielleicht etwas zu wenig, 200 Aufgaben sind wahrscheinlich zu viel.

Definieren Sie ein Verfahren und bleiben Sie dabei.

Um die Auswirkungen Ihres Verfahrens auf die Ergebnisvariable zu bestimmen, verwenden Sie ein Verfahrensprotokoll und weichen Sie nicht davon ab. Es ist wichtig, die Varianz jeder anderen Kontextvariablen zu minimieren, weil eine höhere Abweichung es erschweren würde, eine klare Kausalität zwischen dem Verfahren und dem Messergebnis herzustellen. In unserem Beispiel könnte dies bedeuten, dass Sie sich an eine strenge 30-minütige Meditationsroutine halten – immer im selben Raum, zur selben Zeit an ausgewählten Tagen.

3 Experimente, deren Stichprobenumfang $n = 1$ ist.

Setzen Sie sich einen Zeitrahmen.

Während die Tests in randomisierten Kontrollstudien in den Versuchs- und Kontrollgruppen üblicherweise parallel stattfinden, ist das in einem n=1-Experiment (Selbstversuch) nicht möglich. Sie sind das einzige Subjekt und der einzige begrenzende Faktor. Aus diesem Grund ist es wichtig, einen Zeitrahmen festzulegen, um sicherzustellen, dass eine ausreichende Menge an Datenpunkten generiert werden kann. Wenn Ihr Experiment Ihnen nur eine Messung pro Tag ermöglicht, dann stellen Sie sicher, dass Sie es wenigstens mehrere Wochen lang durchführen.

Legen Sie die Versuchsanordnung fest.

In Selbstversuchen sind vor allem drei Versuchsanordnungen verbreitet:

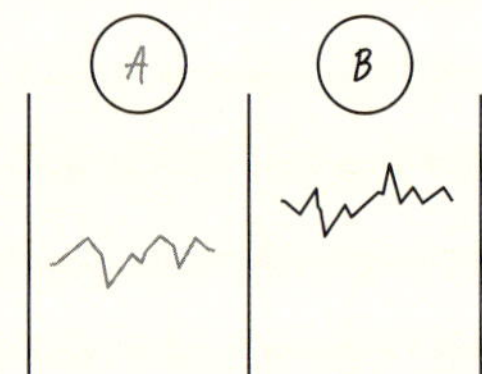

Abbildung 9.3: Versuchsanordnung 1: A–B

1. **A–B**

Hierbei handelt es sich um die grundlegendste Kausalanordnung einer Studie. Es gibt zwei Phasen: Phase A, in der das Ergebnis ohne Intervention erfasst, und Phase B, in der das Verfahren angewendet wird.

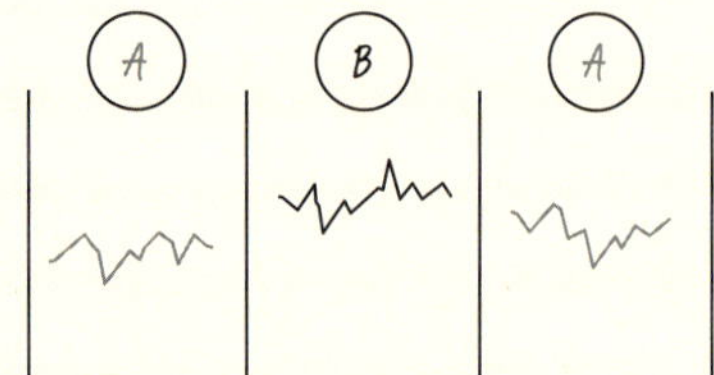

Abbildung 9.4: Versuchsanordnung 2: A–B–A

2. **A–B–A**

Ein wenig mehr ausgearbeitet ist diese Anordnung, die es Ihnen erlaubt, Veränderungen zur Ergebnisvariable vor und nach dem Verfahren zu vergleichen. Hier können Sie die Dauer des Effektes bestimmen: erhöhte Levels in der zweiten A-Phase können Übertragungseffekte aus der vorangegangenen Verfahrensphase B anzeigen.

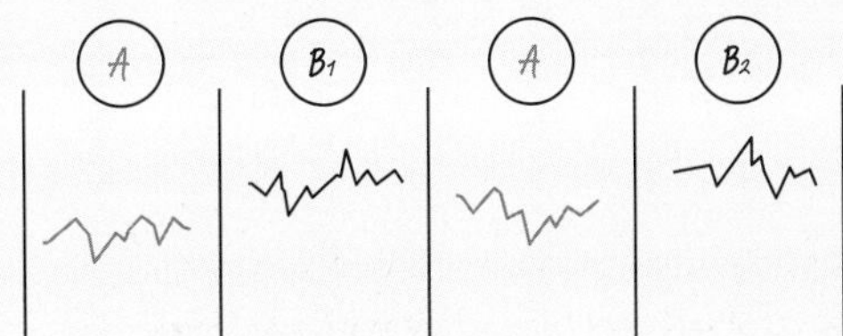

Abbildung 9.5: Versuchsanordnung 3: A–B1–A–B2

3. A–B1–A–B2

Diese Versuchsanordnung dient dazu, den Effekt der *Verfahrensintensität* auf die Ergebnisvariable zu bestimmen. Um noch einmal das Meditationsbeispiel zu bemühen: Sie könnten daran interessiert sein herauszufinden, ob eine längere Meditation am Vormittag Ihre Ergebnisvariable noch mehr beeinflusst. Sie könnten also die 30-Minuten-Meditation in Phase B1 auf 45 Minuten in Phase B2 ausweiten.

Berechnen Sie die Differenz.

Nehmen Sie einfach die Durchschnittswerte all dieser Phasen und berechnen Sie die Differenz, um zu bestimmen, ob Ihr Verfahren (in unserem Beispiel die Meditation am Vormittag) einen Effekt auf die gemessene Ergebnisvariable hat.

Entscheiden Sie, ob das Ergebnis signifikant ist.

Nun beginnt der komplizierte mathematische Teil. Sie haben vielleicht schon vom p-Wert, einer Messzahl für die statistische Signifikanz, gehört, die aussagt, ob die Variable einer Normalverteilung folgt und die Stichprobengröße ausreicht.[4]

Ein paar mahnende Worte: Seien Sie vorsichtig, wenn Sie die Kausalität interpretieren. Experimente führen dazu, dass Korrelationen sichtbar werden. Verwechseln Sie das nicht mit Ursache-Wirkungs-Beziehungen. Dazu kommt, dass die Datenqualität und die Messung eine Herausforderung sein können. Die Qualität der Ergebnisse ist immer nur so gut wie die Qualität der Daten, die Sie aus Ihren Experimenten erhalten. Einen „A–B–A“-Test oder auch „A–B1–A–B2“-Test durchzuführen, statt sich auf den einfachen „A–B“-Test zu verlassen und die beiden A-Phasen miteinander zu vergleichen, ist eine gute Möglichkeit, um sicherzustellen, dass Sie über eine robuste Basis verfügen und dadurch gewährleisten können, dass die Qualität Ihrer Ergebnismessung ausreicht.

4 Augemberg, K. (2012) „Quantified Self How-To: Designing Self-Experiments“. h+ Magazine. [Online] 14. November 2012. URL: *http://hplusmagazine.com/2012/11/14/quantified-self-how-to-designing-self-experiments/*. [Zugriff: 25. Juni 2019]

Weitere Beispiele

Pilot-Werke

Veränderungen an Produktionsprozessen oder zugrunde liegenden Technologien durchzuführen, ist oftmals ein riskantes Unterfangen. Auch wenn Ingenieure die Veränderungen heute digital entwerfen und simulieren können, bevor sie in die Praxis umgesetzt werden, gibt es häufig Bedingungen in der Praxis, die zuvor nicht akkurat geplant werden können. Statt derartige Umstellungen in all ihren Produktionsstätten auszuprobieren, beginnen produzierende Unternehmen üblicherweise mit ein oder zwei Pilot-Werken. Dabei geht es darum, dass ein n=1-Experiment in einem geringeren Ausmaß durchgeführt wird. Es erlaubt dem Unternehmen, eine neue Produktionstechnologie unter realen Bedingungen zu testen, aus Fehlern zu lernen und damit Risiken zu minimieren.

Führen Sie schnelle Experimente mit HIT durch

Human Intelligence Tasks (HIT) sind kleine Aufträge, die online oder per App vergeben und auf Basis kleinster Arbeitsschritte bezahlt werden. Bekannte Plattformen sind Amazon's Mechanical Turk, Clickworker oder Toluma. Diese Plattformen eignen sich hervorragend, um die Reaktionen von Konsumenten auf Werbeslogans oder neue Logos zu testen. Dazu müssen Sie die Zielgruppe spezifizieren (z.B. Frauen Mitte 30 mit guten Schulabschlüssen), die Stichprobengröße festlegen (20 Teilnehmer pro Gruppe) und sich für eine Methode entscheiden (Rangfolge der Alternativen). Im Gegensatz zu den Experimenten, die oben vorgestellt wurden und die sich auf beobachtbare Ergebnisse konzentrierten, beruht diese Methode auf Umfrageergebnissen. Umfragen leiden üblicherweise unter einem Phänomen, das als *satisficing* bezeichnet wird: Teilnehmer neigen dazu, die erstbeste Antwort auszuwählen, Behauptungen zuzustimmen oder sogar ganz beliebig zu antworten. Stellen Sie sicher, dass die Frage so einfach wie möglich gestellt wird und die Dauer der Umfrage so kurz wie möglich ist, um die *satisficing*-Verzerrung zu reduzieren. Eine Zwangsreihenfolge der Umfrageergebnisse führt in der Regel zu den besten Ergebnissen, weil dies eine schwierige kognitive Aufgabe ist und absolute Vergleiche erzwingt.

Fazit

Wie können Sie wissen, ob Ihre Lösung tatsächlich funktioniert? Wie können wir sicherstellen, dass unser Handeln den gewünschten Effekt hat? Wenn es darum geht, Kausalzusammenhänge zu verstehen, dann vertrauen wir häufig wieder auf Spekulationen, ahmen andere nach oder verlassen uns auf Best Practices. Aber die Ergebnisse sind häufig enttäuschend, weil Best Practices mal funktionieren, mal nicht. Experimente erlauben es Ihnen, Ihre Lösungen zu testen und herauszufinden, ob sie den Praxistest bestehen. Nutzen Sie randomisierte kontrollierte Studien (wie beispielsweise „A–B"-Tests), wenn Sie randomisieren können und über eine ausreichend große Stichprobe verfügen, die sowohl für die Versuchs- als auch für die Kontrollgruppe ausreicht. In Situationen, in denen nur eine Testperson zur Verfügung steht, können Sie Selbstversuche durchführen.

Teil VI

Beenden Sie Ihre Aufgabe

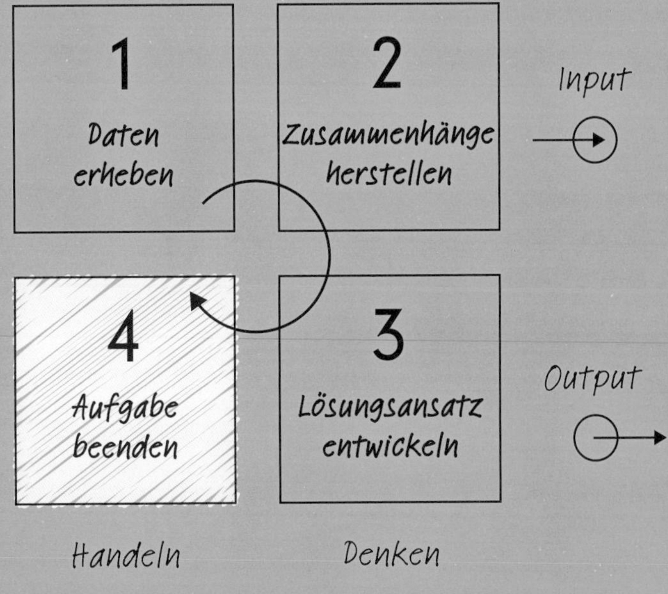

Beide Autoren dieses Buches sind von Natur aus optimistisch. Dennoch sind wir Realisten und in diesem Sinne haben wir den letzten Teil des Buches verfasst. Wir hoffen auf Erfolge, planen aber *Fehlschläge* ein. Das ist ein sehr rationaler Ansatz, weil die meisten Versuche, Veränderungen herbeizuführen, scheitern. Der überwiegende Teil der Unternehmensfusionen endet damit, dass der erwartete Wert nicht realisiert wird, und schon Mitte Februar haben 80 Prozent von uns ihre guten Vorsätze für das neue Jahr wieder aufgegeben. Um es vorsichtig auszudrücken: Veränderungen herbeizuführen, ist ein ziemlich hartes Geschäft.

Selbst brillante Problemlösungen, die Sie durch korrekte Daten und ein reflektiertes Verständnis der Kausalzusammenhänge untermauern können, sind nicht viel wert, wenn Sie die Erkenntnisse nicht in die Tat umsetzen können. Tatsächlich ist die Wirtschaftswelt voll von Strategien, die fehlgeschlagen sind, sobald Unternehmen versucht haben, sie anzuwenden. Die Gründe für solche Fehlschläge variieren: Lösungsansätze können sich als falsch erweisen, weil entweder die Experten oder die Mittel, die erforderlich sind, um sie umzusetzen, nicht greifbar oder wesentlich teurer sind als erwartet. Die Entscheidung, der alle zugestimmt haben, hat sich für Ihr Unternehmen als Sackgasse erwiesen, aus der Sie verzweifelt einen Ausweg suchen.

In den ersten drei Teilen dieses Buches haben wir darüber geredet, wie Sie kluge Entscheidungen treffen können. In diesem Teil wollen wir Ihnen vermitteln, wie Sie dafür sorgen, dass die geplanten Veränderungen auch funktionieren, und wie Sie sicherstellen, dass die gute Wahl, die Sie heute getroffen haben, zu den Gewinner-Strategien und Change-Programmen von morgen gehört.

Weil gerade in der Umsetzungsphase so viel schiefläuft, ist es für Entscheider von wesentlicher Bedeutung, erstens zu verstehen, was solche Fehlschläge verursacht, und zweitens die entsprechenden Gegenmaßnahmen zu kennen. In diesem vierten und letzten Teil des Buches werden wir mehrere solcher Strategien (darunter *Realoptionen*) untersuchen und in diesem Zusammenhang auch *Anreizsysteme* in den Blick nehmen, mit denen Dritte motiviert werden, die von Ihnen beschlossenen Lösungen umzusetzen. Schließlich werden wir noch *Best Practices* für die *Umsetzungsphase* vorstellen.

10

Potenzieren Sie Ihre Möglichkeiten

NUTZEN SIE REALOPTIONEN, UM IHRE ERFOLGSAUSSICHTEN ZU ERHÖHEN

Ihre Aufgabe besteht nicht darin, die Zukunft vorherzusagen, sondern sie zu ermöglichen.

Antoine de Saint Exupéry, Citadelle oder Die Weisheit des Sandes (1948)

Vorteile dieser mentalen Taktik

Egal, ob Sie eine Entscheidung über den Bau eines neuen Werkes, über den Kauf eines neuen Autos oder über die Einstellung eines neuen Mitarbeiters treffen wollen – von der Fähigkeit, Ihre Meinung zu ändern, können Sie definitiv profitieren. Diese Taktik hilft Ihnen, wenn Sie Entscheidungen mit weitreichenden Auswirkungen unter unsicheren Bedingungen treffen müssen.

In unsicheren Situationen ist es wichtig, zwischen mehreren Optionen wählen zu können, falls die Umstände sich ändern. Eine solche Flexibilität ist aber natürlich mit Kosten verbunden.

Diese mentale Taktik hilft Ihnen

- zukünftige „Optionalitäten" in Betracht zu ziehen: die Möglichkeit zu haben, Ihre Entscheidung in Zukunft zu widerrufen oder zu verändern.
- die Kosten und Nutzen solcher Realoptionen zu kalkulieren.
- zu entscheiden, in welchen Situationen es sinnvoll ist, auf welche Option zu setzen.
- die Risiken schlechter oder falscher Entscheidungen zu minimieren.
- die Zahl der Optionen zu relativ niedrigen Kosten zu maximieren.
- den Wert von Informationen zu beurteilen, um bessere Entscheidungen zu treffen.

Nutzen Sie Realoptionen, um Ihre Erfolgsaussichten zu erhöhen

Nachdem Annie das perfekte Apartment in Edingburgh gefunden hatte, machte der Vermieter ihr ein bestechendes Angebot: Wenn sie einen Mietvertrag für die Dauer von 24 Monaten akzeptierte (üblich sind zwölf Monate), dann könnte sie pro Monat 500 Pfund Miete sparen. Annie schätzte ihre beruflichen Aussichten in der Stadt sehr positiv ein und sie und ihr Partner planten, dort mindestens fünf Jahre zu bleiben. Bei einer Miete von 4.000 Pfund würde ein Nachlass von 500 Pfund im Laufe der zwei Jahre auf eine Ersparnis von 12.000 Pfund hinauslaufen. Das ist eine Menge Geld, aber was wäre, wenn sie den Mietvertrag doch früher kündigen müssten? Was sollte Annie tun?

An dieser Stelle führen wir das Konzept der Realoptionen ein, eine Methode, mit der Sie Entscheidungen bewerten oder neu bewerten können, wenn sich die zugrunde liegenden Umstände verändert haben. Wir alle treffen umfassende materielle wirtschaftliche Entscheidungen, die mit sehr realen Kompromissen einhergehen. Sollen wir ein Haus kaufen oder mieten? Sollen wir die Flugtickets schon heute buchen oder doch warten, ob der Preis innerhalb der nächsten Woche noch sinkt? Sollen wir eine Anzahlung leisten, um für unser Kind einen Platz in einer Privatschule zu sichern, obwohl es durchaus sein kann, dass wir innerhalb des nächsten Jahres eine andere Stelle in einem anderen Teil des Landes antreten? Sollten wir in unserem Werk in eine neue Produktionsstraße investieren, obwohl wir noch keine neuen Kundenaufträge haben? In Optionen zu denken, wird Ihnen helfen, so zu planen, dass Sie die Unsicherheit einkalkulieren können und flexibel bleiben.

Optionen – eine Einführung

Bevor wir uns intensiver mit Optionen beschäftigen, erlauben Sie uns, Ihnen einen kurzen Überblick zu geben.

„Eine Option ermächtigt den Inhaber, eine spezifische Menge eines zugrunde liegenden Gutes zu einem festen Preis zu kaufen oder zu verkaufen, bevor der Optionszeitraum endet.“[1] Optionen sind sinnvoll, wenn Sie mehr Sicherheit in Ihren Entscheidungsprozessen etablieren wollen. Wenn Sie beispielsweise innerhalb der nächsten vier Monate Stahl benötigen, um ein neues Werk zu bauen, aber keine Möglichkeit haben, diesen in der Zwischenzeit irgendwo zu lagern, dann können Sie eine Option erwerben, um den Stahl *zu einem späteren Zeitpunkt,* aber *zum heutigen Preis* zu kaufen. Das heißt, Sie *können* den Stahl kaufen, *müssen* es aber nicht – deshalb ist es eine Option. Sie zahlen eine geringfügige Summe, um diese Wahl zu haben, aber Sie kaufen damit eine Versicherungspolice für den Fall, dass der Preis über das Maß ansteigen wird, das Sie akzeptabel fänden. In der Finanzwirtschaft wird dieses Werkzeug als Call Option bezeichnet. Die Umkehrung einer Call Option ist das Recht, aber nicht die Verpflichtung, ein Gut zu einem späteren Zeitpunkt zu einem festgelegten Preis zu verkaufen. Dies wird als Put Option bezeichnet.

Lassen Sie uns auf Annies Mietobjekt zurückkommen. Annie hat ihre Optionalität aufgegeben, wenn sie auszieht, bevor der Mietvertrag endet – nämlich die Möglichkeit, Geld zurückzubekommen. Das kostet sie 500 Pfund im Monat. Sollte sie das tun? Lassen Sie uns einen Blick auf ihre Optionen werfen.

In dem folgenden Entscheidungsbaum symbolisiert das Rechteck einen Entscheidungsknotenpunkt, während ein Kreis einen Möglichkeitsknotenpunkt darstellt.[2]

---

1 Damodaran, A. (2007), „Strategic Risk Taking: A Framework for Risk Management“, Pearson Prentice Hall, S. 262.

2 Nehmen wir an, dass lediglich Einflüsse von außen (familiäre Ereignisse oder berufliche Angebote in anderen Städten) Auswirkungen darauf haben, wie lange Annie bleibt. Wir haben dieses Beispiel noch weiter vereinfacht, indem wir Annie nur zwei Optionen lassen: über den gesamten Zeitraum zu bleiben oder nach zwölf Monaten auszuziehen.

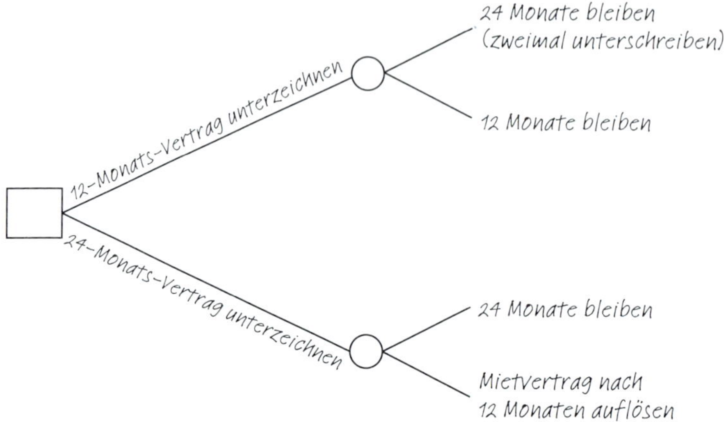

Abbildung 10.1: Entscheidungsbaum zur Mietdauer bei einer Wohnung

Ob Annie das Angebot annimmt und den Zweijahresvertrag abschließt, hängt von ihrer subjektiven Ausgangswahrscheinlichkeit ab, 12 oder 24 Monate zu bleiben. Nehmen wir an, sie schätzt die Wahrscheinlichkeit, dass sie zwei Jahre bleibt, auf 80 Prozent und die Wahrscheinlichkeit, dass sie nur ein Jahr bleibt, auf 20 Prozent.

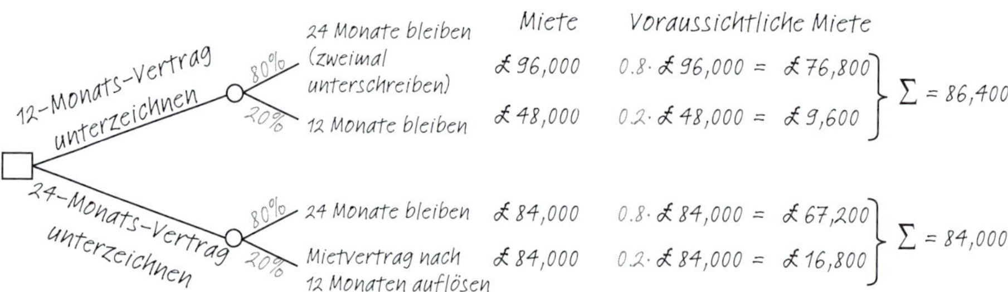

Abbildung 10.2: Entscheidungsbaum mit Einbezug der Wahrscheinlichkeit des Auszugs nach 12 oder 24 Monaten

Angesichts dieser Wahrscheinlichkeiten sollte Annie tatsächlich den Zweijahresvertrag unterzeichnen, weil sie dadurch 2.400 Pfund sparen kann (86.400–84.000 Pfund). Um es anders auszudrücken: Annie erhält 12.000 Pfund über einen Zeitraum von 24 Monaten im Austausch für die Option, nach zwölf Monaten die Wohnung zu verlassen. Angesichts der subjektiven Wahrscheinlichkeit auf Annies Seite wird der Abschluss der 24-Monats-Option ihre Situation um 2.400 Pfund verbessern.

Der Wert einer Option spielt nicht nur in Mietverhältnissen eine Rolle, sondern auch, wenn Objekte gekauft werden sollen. In vielen Gerichtsbezirken in den USA zahlt man, wenn man Eigentum erwerben will, nur eine relativ geringe Summe (z.B. 1.000 Dollar), um ein Objekt für, sagen wir, drei Tage zu reservieren, bis die Bankfinanzierung in trockenen Tüchern ist. Sollten Sie entscheiden, das Objekt doch nicht zu kaufen, erhält der Verkäufer die 1.000 Dollar. Bei diesem Beispiel wählen Sie die Option, das Objekt zu einem späteren Zeitpunkt zu einem festgelegten Preis zu erwerben und dafür zu sorgen, dass niemand anders den Kauf tätigen kann.

In manchen Fällen gelangen Sie – abhängig von Ihrem Verhandlungsgeschick – auch ohne Kosten an Optionen. Hier ist ein einfaches Beispiel: Sie ziehen am Samstagvormittag los, um für die Party am Abend ein neues Outfit zu kaufen. In der ersten Boutique, die Sie betreten, probieren Sie ein paar Kleidungsstücke an, die Ihnen gefallen (dies soll ein Hinweis darauf sein, dass wir, die Autoren, altmodisch sind und unsere Kleidung noch immer in richtigen Geschäften kaufen). Aber Sie sind sich nicht sicher, ob Sie im Laufe des Vormittags nicht noch ein paar weitaus aufregendere Outfits finden werden. Also bitten Sie die Verkäuferin, Ihnen die ausgewählten Stücke bis 15 Uhr nachmittags zurückzuhängen, und sie stimmt zu. In diesem Moment haben Sie eine Option erworben – Sie haben das Recht, sind aber nicht verpflichtet, die Artikel zum Preis auf dem Preisschild bis 15 Uhr nachmittags am Samstag zu kaufen. Sie haben schlauerweise erreicht, dass Sie diese Option ohne weitere Kosten für Sie, aber mit einigen Umständen für die Mitarbeiterin oder die Inhaberin des Geschäfts erwerben konnten. Sie muss die Artikel sicher für Sie aufbewahren und die Höflichkeit gebietet es, dass sie sie nicht an andere Kunden verkauft. Wenn Sie sich entschließen, Ihre Option nicht wahrzunehmen, dann kehren Sie einfach bis 15:01 Uhr nicht in den Laden zurück und die Kleidungsstücke wandern wieder in den Verkaufsraum.

Dieses simple Beispiel ist eine Ausnahme. Optionen sind eigentlich nie ohne Kosten zu haben. Betrachten Sie den Fall von Alex und Danny, einem Paar mit zwei Kindern, die beide jünger als acht Jahre sind. Beide Eltern haben aufreibende Vollzeitjobs und eine Reihe weiterer Verpflichtungen. Vor vier Monaten ist ihnen klar geworden, dass sie kaum Zeit miteinander verbringen, und Alex hat vorgeschlagen, dass sie jeden Freitagabend einen Babysitter engagieren könnten. Für den Fall, dass sie Lust hätten, abends ins Kino zu gehen oder gemeinsam auswärts zu essen, würde Babysitter Matt pünktlich um 19 Uhr da sein, um auf die Kinder aufzupassen. Wenn sie das Gefühl hätten, sie sollten lieber zu Hause bleiben, um einen Abend mit der ganzen Familie zu verbringen, würden sie Matt trotzdem bezahlen. Das müssten sie tun, so entschieden sie, um sicherzustellen, dass Matt für den Fall, dass sie tatsächlich ausgehen wollten, auch zur Verfügung stünde.

Nutzen Sie Optionen für Ihre Entscheidungsprozesse

Sobald Sie Ihren Blick ein wenig geschult haben, werden Sie feststellen, dass es überall Optionen gibt. Wenn Sie verstehen, wie Sie Optionen ausweiten und bis zum Maximum ausschöpfen können, werden diese zu einem nützlichen Werkzeug für Ihre Entscheidungsprozesse. Wir werden drei Typen von Optionen vorstellen, die wir für besonders sinnvoll erachten, wenn Sie Entscheidungen zu treffen haben: die Option, zu erweitern, die Option, zu verzögern, und die Option, abzubrechen.

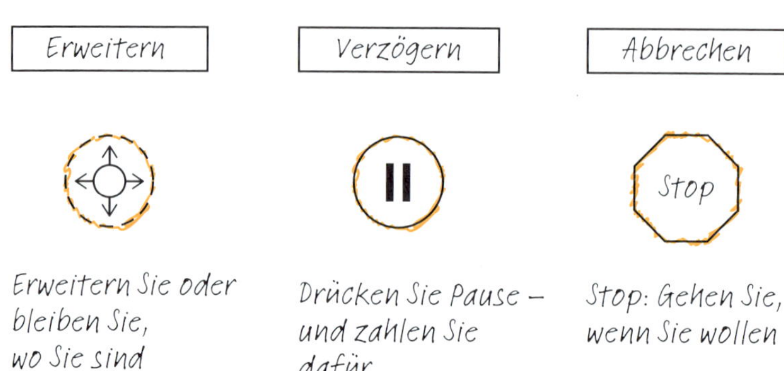

Abbildung 10.3: Drei Typen von Optionen

Die Option des Erweiterns

Die erste Kategorie ist die Option des Erweiterns, die besagt, dass Sie bei Ihrer gegenwärtigen Entscheidung zu einem zukünftigen Zeitpunkt eine Ausweitung, eine Verdopplung oder Verdreifachung, vornehmen können. Das geschieht beispielsweise, wenn Führungskräfte nicht genau wissen, ob das Unternehmen seine Produktionskapazitäten ausweiten muss, aber wissen, dass es von Vorteil wäre, diese Option zu haben, falls die Nachfrage nach ihren Produkten in Zukunft zunimmt. Indem sie zusätzliche Grundstücke neben dem jetzigen Werk erwerben, schaffen sie sich die Option, morgen zu expandieren, falls sich das als sinnvoll erweisen sollte. Wenn es sich nicht lohnen sollte zu expandieren, können die Grundstücke einfach wieder verkauft oder vermietet werden. Optionen verleihen Führungskräften die Möglichkeit – nicht jedoch die Verpflichtung –, eine Entscheidung in Zukunft anzupassen, wenn sich dies als vorteilhaft erweisen sollte.

Eine weitere Gelegenheit, zu der Entscheider ihre Optionen etablieren, um eine Ausweitung zu erreichen, sind die Schlusssequenzen in Kinofilmen, in denen ein Cliffhanger am Schluss die Möglichkeit offenlässt, eine Fortsetzung zu drehen. Erinnern Sie sich an die letzten Szenen in Roland Emmerichs Godzilla? Nachdem die Welt gerettet worden ist, wird in der letzten Szene gezeigt, dass eines von Godzillas Eiern Risse bekommt. Die Welt ist in Sicherheit … bis zur Fortsetzung.

Die Option des Verzögerns

Die Option, zu verzögern, ist eigentlich selbsterklärend. Es geht um das Recht, ein Projekt erst in Zukunft anzugehen, statt sich dazu zu verpflichten, gleich heute mit der Umsetzung zu beginnen. Sie können auch über die Option nachdenken, im Hinblick auf Arbeitsverhältnisse Verzögerungen einzuplanen.

Während der Finanzkrise im Jahr 2009 praktizierten einige Dienstleistungsunternehmen bei der Einstellung neuer Mitarbeiter eine Variante der Verzögerungsoption. Die US-amerikanische Wirtschaftskanzlei Skadden Arps hatte Nachwuchsjuristen eingestellt, aber der Markt für hochrangige Rechtsdienstleistungen hatte sich auf ein solches Maß verringert, dass es wenig sinnvoll war, diese jungen Juristen gleich nach ihrem Examen einzustellen. Die Nachfrage hatte aber nicht so sehr nachgelassen, dass man den Partnern raten musste, sich einen neuen Job zu suchen. Die Skadden-Arps-Partner waren im Grunde darauf bedacht, Zeit zu schinden. Sie setzten das Vorhaben um, indem sie den zukünftigen Mitarbeitern anboten, ihnen 30 Prozent ihres Einstiegsgehaltes (das sich zu dieser Zeit auf 80.000 Dollar pro Jahr belief) zu zahlen und dafür ein Jahr später in den Job einzusteigen. Während dieser Zeit konnten die neuen Mitarbeiter reisen oder ihren lang geplanten Bestseller schreiben oder was auch immer tun, in der Gewissheit, dass sie ein Jahr später eine Stelle in der Kanzlei antreten würden. In der Zwischenzeit konnte das Unternehmen seine hohen Lohnkosten managen, indem es diese (zugegebenermaßen kostspielige) Verzögerungsoption wählte.

Stellen Sie sich eine Filmproduzentin vor, die ein Buch liest, das sie zutiefst berührt. Sie hat das Gefühl, dass diese Geschichte ein breiteres Publikum verdient hat, und stellt sich vor, dass daraus ein wunderbarer Film entstehen könnte. Sie kauft für eine bescheidene Summe (Schriftsteller werden nicht so gut bezahlt) die Filmrechte an der Geschichte. Die Produzentin erwirbt damit eine exklusive Option. Sie hat das Recht erworben, einen Film zu produzieren, aber damit gleichzeitig das Recht, die Erstellung des Films aufzuschieben, bis sie damit beginnen will – oder auch das Recht, den Film niemals zu drehen. Aber während sie die Option hält, verhindert sie, dass andere Produzenten den Film realisieren.

Es gibt eine weitere Kategorie der Realoptionen, die als Switch-Option bekannt ist. Dabei handelt es sich im Grunde um das Recht, ein Projekt oder eine wirtschaftliche Operation anzuhalten oder zu verändern (z.B. weil die politische oder die Sicherheitssituation des Marktes sich rapide verschlechtert hat) und erst dann wieder damit zu starten, wenn die Bedingungen wieder stimmen.

Die Option des Abbrechens

Die dritte Kategorie ist die Option, abzubrechen – Ihr Engagement in einem Projekt zu einem bestimmten Zeitpunkt oder sobald eine bestimmte Bedingung eingetreten ist, zurückzuziehen. Die Probezeit in einem Arbeitsverhältnis ist ein solches praktisches Beispiel für eine Option, aufzugeben. Nehmen wir an, Simon stellt Julia ein, um seinen 3-D-Drucker zu bedienen. Auch wenn Simon von den Möglichkeiten des 3-D-Druckens fasziniert ist, ist er sich doch nicht sicher, ob er auf dieser Basis ein Unternehmen gründen kann. Deshalb enthält der Arbeitsvertrag eine Klausel für eine 90-tägige Probezeit, nach deren Ende das Arbeitsverhältnis bewertet wird und entweder in eine Festanstellung mündet oder mit der Auflösung endet.

Durch die Probezeit hält Simon die Option aufzugeben: die Möglichkeit, das Arbeitsverhältnis zu beenden, ohne dass ihm oder seinem Unternehmen dadurch Kosten entstünden. Zeitarbeitsfirmen, die Mitarbeiter mit Kurzzeitverträgen an Arbeitgeber vermitteln, genießen eine ähnliche Flexibilität. Eine Option aufzugeben ist wesentlich einfacher als einen klassischen festangestellten Mitarbeiter zu entlassen.[3]

Kommen wir auf unser Beispiel aus dem Einzelhandel zurück. Stellen Sie sich ein Unternehmen vor, das Lieferungen und Rücksendungen für online gekaufte Produkte anbietet. Das Unternehmen stattet im Grunde Sie, den Kunden, mit einer freien Option aus, das Produkt innerhalb einer festgelegten Periode (30 oder 60 Tage) zurückzugeben, falls Sie feststellen, dass es nicht passt oder dass Sie nicht zufrieden sind. Im Austausch für die Option, den Artikel zu Hause auszuprobieren oder festzustellen, ob dieser zu dem Rest Ihrer Einrichtung passt, erwerben Sie eigentlich eine Put Option. Sie zahlen für das Recht, dem Verkäufer den Artikel abzüglich der Versandkosten zum vereinbarten Preis zurückzugeben. Um diese Artikel in Ihrem Haus zu haben, akzeptieren Sie die Möglichkeit, dass Sie sie eventuell nicht genug mögen werden, um sie zu behalten, und dass Sie dafür zahlen werden, um sie zurückzusenden.

Optionen maximieren

Eines der Ziele von Führungskräften sollte es sein, Organisationen zu helfen möglichst viele Optionen zu haben – bis zu einem angemessenen Rahmen. Wenn Sie zu viele Optionen haben, sind Sie angesichts der Möglichkeiten vielleicht überfordert, wenn Sie eine Entscheidung treffen wollen. Wenn die Auswahl an Optionen zu gering ist, müssen Sie sich vielleicht für einen Weg entscheiden, mit dem Sie nicht zufrieden sind.

Wir zwei geben zahlreichen Menschen Ratschläge, die noch am Beginn ihrer beruflichen Laufbahn sind. Häufig besteht das Dilemma, in dem sich junge Menschen befinden, darin, dass sie nicht wissen, welche Position sie zuerst ausüben sollen (oder in welchem Unternehmen oder in welcher Branche sie arbeiten sollen), weil sie sich noch nicht wirklich sicher sind, welche Präferenzen sie haben, und gleichzeitig wissen, dass die Arbeitswelt ständigen Veränderungen unterworfen ist. In solchen Momenten ermutigen wir unsere Klienten üblicherweise, in Optionen zu denken, egal auf welcher Stufe ihrer Karriere sie sich gerade befinden.

Zu Beginn, wenn die Unsicherheit noch groß ist, halten wir sie an, die Zahl und die Bandbreite ihrer zukünftigen Optionen zu maximieren, indem sie Jobs annehmen, die ihnen viele unterschiedliche Möglichkeiten bieten und sie nicht einschränken. Das bedeutet z.B., dass sie ein Trainee-Programm in einem großen Unternehmen verfolgen, mit der Möglichkeit, unterschiedliche Positionen in unterschiedlichen Abteilungen zu übernehmen – von der Finanzabteilung über das Marketing bis hin zur Produktentwicklung. Wenn Absolventen sich für diesen Weg entscheiden, erwerben sie die Option, eine Bandbreite zukünftiger Karrierewege einzuschlagen, ohne vorher einen davon auszuschließen.

---

3 Zwischen den Alternativen, die Option verfallen zu lassen und die Option auszuüben, gibt es einen engen Zusammenhang. Ähnlich wie die Option, zu verzögern, bedeutet auch die Option zum Vertrag grundsätzlich das Recht, aus einem Projekt auszusteigen, wenn bestimmte Bedingungen unvorteilhaft sind (im Gegenteil zur Option, zu verschieben, beinhaltet die Option zum Vertrag nicht das Recht zur Wiederaufnahme des Betriebs).

Eine Bemerkung zu schlechten Optionen

Wir haben dazu geraten, Ihre Optionen in möglichst jeder Hinsicht zu maximieren. Wir haben das damit begründet, dass Flexibilität in Situationen, in denen die Unsicherheit sehr ausgeprägt ist, von Vorteil ist. Wie immer gilt das aber nur bis zu einem gewissen Punkt. Es wird immer Optionen geben, die zu teuer oder zu komplex sind, um sie umzusetzen. Für uns ist das klassische Beispiel die Reiserücktrittsversicherung. Es ist eine kostenintensive Investition und Ihre Möglichkeit, Ihr Recht auf Ausgleichszahlungen durchzusetzen, ist häufig auf eine ganz eingeschränkte Anzahl von Umständen begrenzt. Und auch wenn eine Reiserücktrittsversicherung Ihnen sicherlich einen finanziellen Ausgleich für den nicht zustande gekommenen Urlaub ermöglicht, kann sie Ihnen doch nicht zurückgeben, was Sie eigentlich und an erster Stelle mit Ihrem Urlaub bezweckt haben – nämlich ein entspanntes Urlaubserlebnis oder die Möglichkeit, rechtzeitig und ausgeruht zu Ihrer Sitzung zu erscheinen. Nicht alle Optionen erweisen sich als gute Angebote und nicht alle Optionen verleihen Ihnen die Flexibilität, nach der Sie suchen.

Checkliste

Optionen clever nutzen

Legen Sie fest, welche Optionen Sie benötigen.

Unter Investitionsgesichtspunkten über Optionen nachzudenken, ist auch in anderen Situationen hilfreich. Legen Sie die Art der Optionen fest, die Sie wünschen, z.B.:

- Sicherheit in Bezug auf einen Preis oder auf die Umstände (Minimierung des Risikos eines Kursrückgangs durch Preiserhöhungen).
- Die Möglichkeit, zu warten und eine Entscheidung zu einem zukünftigen Zeitpunkt zu treffen.
- Die Möglichkeit, ein neues Projekt zu stoppen, wenn es einfach nicht funktioniert.

Entscheiden Sie, was Sie für Sicherheit und Flexibilität zu zahlen. bereit sind.

Wenn Sie wissen, dass Sie eine Option erwerben wollen, ist das nur der erste Schritt. Der Zweite besteht darin festzulegen, was Sie für die Option zu zahlen bereit sind und was jemand anders zu zahlen bereit ist, um Ihnen diese Flexibilität zu ermöglichen. 1.000 Dollar mögen eine angemessene Summe sein, um ein Haus innerhalb von drei Tagen zu kaufen. Die Grundstücke rund um Ihre derzeitige Produktionsstätte für die nächsten fünf Jahre freizuhalten, um dann zu entscheiden, ob Sie dort bauen oder nicht, könnte Sie eine Million Dollar kosten.

Nutzen Sie einen Kosten-Nutzen-Baum, um solide einschätzen zu können, wie hoch die Gesamtkosten sind – und welchen Wert Ihre Option hat.

Realoptionen sind von ihrer Anlage her viel mehr als nur Alternativen – sie sind ein Weg, um solchen Alternativen einen Wert beizumessen. Sobald Sie Ihre Optionen generiert haben, weisen Sie ihnen (monetäre) Werte zu.

Zwingen Sie sich sicherzustellen, dass die Optionen, die sie eingehen, oder die Versicherung, die Sie abschließen, tatsächlich ihre Kosten wert sind.

Es gibt einige Umstände, unter denen die Optionen, die wir eingehen, eigentlich nichts wert sind. Zu teure Versicherungen sind ein klassisches Beispiel. Weiteres Personal einzustellen, um sich auf eine eventuell erhöhte Nachfrage einzustellen, ist ein anderes. Auf ein besseres Jobangebot zu warten, das vielleicht niemals kommen wird, ist ein drittes. Sie können sich selbst fragen:

- Würde ich diese Option wirklich wählen?
- Wenn das Ereignis, gegen das ich mich hier versichere, niemals einträfe, wäre ich dann immer noch zufrieden mit der Versicherung?

Wenn das Ereignis einträfe, würde die Versicherung dann ausreichen, um mich zu entschädigen? Im Falle einer Reiserücktrittsversicherung z.B. würden Ihnen zwar die Reisekosten ersetzt, aber niemals der entgangene Urlaub – in diesem Fall ist vielleicht auch das Geld nichts wert.

Weitere Beispiele

Kaufen oder mieten?

Wenn Sie einmal Ihren Blick dafür geschärft haben, werden Sie überall Optionen entdecken. Die Entscheidung, ob Sie etwas kaufen oder mieten, ist so ein Beispiel. Stellen wir uns eine potenzielle Hauseigentümerin vor, die finanziell so unabhängig ist, dass sie die freie Wahl hat, ob sie ein Haus kaufen oder mieten will. Wenn sie sich für ein Mietverhältnis entscheidet, dann gibt sie die vollständige Kontrolle über das Eigentum und die Möglichkeit, von seinem Wertzuwachs zu profitieren, auf, verfügt stattdessen aber über die Flexibilität, das Haus kurzfristig wieder verlassen zu können (die Option, aufzugeben), wenn es ihren Bedürfnissen nicht entsprechen sollte. Nehmen wir an, sie geht noch einen Schritt weiter und entscheidet sich für einen monatlich kündbaren Mietvertrag. Dann zahlt sie eventuell noch ein wenig mehr, ist aber so unabhängig, innerhalb von 30 Tagen auszuziehen, sobald sich ihre Lebensumstände verändern.

Flug oder Flex?

Die allzu häufig mysteriöse Welt der Preise für Flugreisen ist voller Optionen. Wenn Sie ein Ticket zum Sparpreis kaufen, dann geben Sie häufig alle weiteren Optionen zugunsten des günstigen Preises auf. Dazu zählen sowohl die Option des Verzögerns (Ihren Flug auf einen anderen Tag oder eine andere Uhrzeit zu verlegen) als auch die Option des Abbrechens (Ihren Flug gegen eine geringe Gebühr zu canceln). Indem Sie sich für einen Flex-Tarif entscheiden, kaufen Sie sich diese Optionen zurück, zahlen aber einen höheren Preis.

Einige Fluggesellschaften bieten eine sogenannte Sitzgarantie für ihre Stammkunden an. Die Garantie enthält das Versprechen, dass Vielflieger auf jeden Fall einen Sitzplatz auf einem beliebigen Flug der Gesellschaft erhalten, selbst wenn die Maschine ausgebucht ist. Sie übertragen Ihnen sozusagen als Wiedergutmachung für Ihre Treue – und Ihre vorangegangenen (sowie hoffentlich zukünftigen) Ticketkäufe – die permanente Option, auf jedem ihrer Flüge einen Sitz buchen zu können. Sie ahnen es vielleicht schon: Diese Option führt unter Umständen dazu, dass ein anderer Passagier ohne diese Option seinen Flug nicht wird antreten können.

Die Aufschiebeoption beim Studium

Malia, die ältere Tochter des früheren US-Präsidenten Barack Obama, machte 2016 Schlagzeilen, als das Weiße Haus verkündete, dass sie eine einjährige Auszeit einlegen werde, bevor sie ihr Studium an der Universität aufnehme. Eine solche Auszeit – während der junge Menschen reisen, arbeiten oder ehrenamtlich tätig sind – kann als Aufschiebeoption betrachtet werden. Die Universität, die die Studenten sich ausgesucht haben, ermöglicht es ihnen, dass sie ein Jahr später beginnen, als sie sich eingeschrieben haben (auch das ist eine Aufschiebeoption). In diesem Fall ist die Option eher einseitig – die Studierenden haben die Option, sich an einer weiteren Universität zu bewerben oder in diesem Zeitrahmen sogar zu entscheiden, dass sie das Studium nicht fortsetzen werden, weil es nichts für sie ist. Dabei handelt es sich sogar um eine Option, etwas abzubrechen, das keine Kosten verursacht.

Fazit

Es ist wertvoll, eine Handlungsoption (nicht jedoch eine Verpflichtung) in der Zukunft zu haben, besonders, wenn Sie sich in Umgebungen bewegen, die sich schnell verändern und die nicht vorhersagbar sind und die schwer zu beeinflussen oder zu formen sind. Optionen finden Sie, wo immer Sie hinschauen. Optionen zu verstehen und zu bewerten ist eine wichtige Kompetenz, um sich Handlungsmöglichkeiten in der Zukunft zu sichern. Ihr Ziel sollte es sein, sich diese Optionen umsichtig zu erarbeiten und zu nutzen, um sich auch in Zukunft optimale Bedingungen zu schaffen, unter denen Sie Ihre Entscheidungen treffen. Bedenken Sie aber, dass wertvolle Optionen kaum jemals kostenfrei zu haben sind. Beginnen Sie, Ihre zukünftigen Optionen so zu betrachten, als seien es die Wahlmöglichkeiten, vor denen Sie heute schon stehen, und weisen Sie ihnen jeweils einen angemessenen Wert zu.

11 Entwickeln Sie Anreize

VERHELFEN SIE IHREN MITARBEITERN ZU BESTLEISTUNGEN

Zeigen Sie mir den Anreiz und ich zeige Ihnen das Ergebnis.

Charlie Munger

Vorteile dieser mentalen Taktik

Unzureichend ausgearbeitete Anreizsysteme (Incentives) führen häufig dazu, dass Organisationen oder Beziehungen nicht richtig funktionieren. Wenn Sie weit gesteckte Ziele erreichen wollen, dann stellen Sie sicher, dass die Incentives für alle Beteiligten entsprechend angepasst sind.

Der Vorteil: Ihre Interessen stimmen nicht mit denen anderer Menschen überein und niemand sorgt sich um Ihre eigenen Interessen so sehr wie Sie selbst. Wir haben uns bislang sehr intensiv darüber unterhalten, *was* zu tun ist – die Probleme zu artikulieren und einzugrenzen, die richtigen Werkzeuge zu identifizieren und einzusetzen. Hier geht es um die Frage, *wie* Sie in der Umsetzungsphase agieren können, um Ihre weit gesteckten Ziele zu erreichen. Wenn Sie Ihre Mission erfüllen wollen, müssen Sie Incentives verstehen.

Motivieren Sie alle in Ihrem Umfeld zu Bestleistungen

Ihr Freund und seine Frau haben schon seit Jahren Probleme miteinander. Dabei sind es keine handfesten Streitigkeiten, die ihnen zu schaffen machen, sondern vielmehr ist es eine Art mangelnder Achtung voreinander, die sich im Laufe der Jahre ihrer Beziehung festgesetzt hat. Ihr Freund sucht einen Anwalt auf und lässt sich beraten, ob er die Scheidung einreichen oder es vielleicht noch einmal mit einer Paartherapie versuchen sollte. Der Anwalt macht ihn darauf aufmerksam, dass die Scheidung sich lange hinziehen und mit hohen Kosten verbunden sein werde, empfiehlt jedoch, dass Ihr Freund diesen Weg einschlagen solle.

Sie verkaufen Ihr Haus und es hat einen Wert von 400.000 Dollar. Gleich am ersten Wochenende, an dem es auf dem Markt ist, erhalten Sie ein Angebot über 395.000 Dollar. Sie sind sich darüber im Klaren, dass es auch einen Interessenten geben könnte, der Ihnen 415.000 Dollar bieten würde, dass Sie aber damit rechnen müssten, dass bis zu einem solchen Angebot noch einige Zeit ins Land gehen könnte. Ihr Makler rät Ihnen dringend, das Angebot in Höhe von 395.000 Dollar anzunehmen.

Sie sind der CEO eines großen Pharmakonzerns und stehen kurz vor der Pensionierung. Ihre Abfindung ist an die Entwicklung des Aktienkurses geknüpft. Sie bekommen Wind von den negativen Ergebnissen der Testreihen, die mit dem neuesten Präparat Ihres Konzerns gelaufen sind, und stehen vor der Entscheidung, die negativen Ergebnisse unverzüglich zu veröffentlichen oder aber sie zurückzuhalten und es Ihrem Nachfolger zu überlassen, sie in einem halben Jahr bekanntzugeben. Dabei ist Ihnen klar, dass es für die Investoren (von Ärzten und Patienten ganz zu schweigen) von großer Bedeutung wäre, schon heute zu erfahren, dass das Präparat vermutlich nicht erfolgreich sein wird. Sie verhindern die Veröffentlichung – und überlassen sie dem zukünftigen CEO.

Alle drei Fälle haben eine Gemeinsamkeit: Sie sind Belege für falsche Incentives. Der Anwalt sieht keinen Cent, wenn es Ihrem Freund gelingt, die Beziehung zu seiner Frau zu kitten, für Ihren Makler lohnt es sich nicht, lange zu warten, bis der etwas höhere Kaufpreis realisiert werden kann; was für den CEO von Vorteil ist, deckt sich nicht mit dem, was für die Investoren oder das Unternehmen gut ist. Ein Blick auf viele Organisationen oder Beziehungen zeigt, dass überall falsche Anreize gesetzt werden. Das Problem – die mangelnde Ausrichtung – kann sich für mindestens eine der Parteien als extrem kostspielig erweisen und im Laufe der Zeit dazu führen, dass Vertrauen und Kooperationsbereitschaft abnehmen und die Fähigkeit, Dinge umzusetzen, nachlässt.

Wonach Sie suchen müssen: zwei wichtige Ausrichtungsfehler

Insbesondere zwei Arten von Ausrichtungsfehlern führen häufig dazu, dass Sie in Ihrem Umfeld dysfunktionale organisationale Strukturen beobachten können: zum einen das *moralische Risiko,* zum anderen das *Principal-Agent-Dilemma*[1].

Das moralische Risiko

Welche Risiken würden Sie auf sich nehmen, wenn Sie wüssten, dass die negativen Konsequenzen für Sie nur sehr begrenzt wären? Die Antwort darauf bringt das Problem des moralischen Risikos auf den Punkt: Wir nehmen höhere Risiken in Kauf, wenn wir das Gefühl haben, dass wir die Konsequenzen nicht tragen müssen. Um nur ein Beispiel zu nennen: Sie lassen Ihren Laptop oder Ihr Mobiltelefon vielleicht eher auf einem Tisch im Café liegen, wenn Sie gegen Diebstahl versichert sind oder wenn das Gerät dem Arbeitgeber gehört, der es bereitwillig ersetzt, falls es verloren geht.

Die Hypotheken-Krise, die ab 2007 erst die USA und schließlich die weltweiten Finanzmärkte erschütterte, ist ein weiteres Beispiel für dieses Phänomen. In der Retrospektive war es leicht zu erkennen, dass viele Darlehensnehmer ihre Kredite nicht würden zurückzahlen können. Für die Sachbearbeiter, die für die Kreditvergabe zuständig waren, sowie für die Finanzinstitute, die die zahllosen Darlehen bündelten und daraus komplexe derivative Finanzprodukte erschufen, die sie hypothekenbesicherte Wertpapiere nannten, fiel dieses Risiko nicht so sehr ins Gewicht. Viele Jahre lang gab es Kunden, die die Wertpapiere bereitwillig kauften, und damit entsprechend viele Möglichkeiten für die Banken, beträchtliche Erträge zu generieren. Für den einzelnen Wall-Street-Händler, der mit diesen Instrumenten handelte, war das Risiko sehr überschaubar. Schlimmstenfalls konnte er seinen Job verlieren, bestenfalls jedoch enorme finanzielle Gewinne abschöpfen. Das systemimmanente Risiko, das

1 Die meisten Politik- und Wirtschaftswissenschaftler würden argumentieren, dass das Principal-Agent-Dilemma eine Variante des moralischen Risikos ist. Wir wollen dies nicht leugnen. In der Praxis sind Principal-Agent-Probleme jedoch so verbreitet und so verhängnisvoll, dass sie unserer Meinung nach in eine eigene Kategorie gehören.

diese Instrumente mit sich brachten, ging sie nichts an – es war in ihren Anreizsystemen nicht berücksichtigt.[2]

Wenn Menschen die Folgen ihres Verhaltens nicht verantworten müssen und die Chance haben, für sich einen bedeutenden Nutzen zu generieren, dann bleibt das moralische Risiko ein großes Problem.

Das Principal-Agent-Dilemma

Ein Principal-Agent-Dilemma entsteht, wenn eine Person oder eine Einheit (der Agent) die Erlaubnis erhält, im Namen einer anderen Person (Principal) zu handeln. Es erscheint logisch, dass der Agent die Ziele seines Auftraggebers verfolgt und in dessen Sinne handelt. Agenten unterliegen jedoch unterschiedlichen Drucksituationen, die einen Wettbewerbscharakter haben und die sie davon abhalten, sich auf diese Weise zu verhalten. Empfiehlt ein Finanzberater ein Produkt, das von seinem Institut angeboten wird, weil es für den Kunden das beste Angebot ist, oder empfiehlt er das Produkt, für das er eine höhere Provision erhält?[3]

Auf unser obiges Beispiel bezogen: Drängt der Anwalt den Klienten zu einer Scheidung, weil er finanziell davon profitieren würde, wenn es eine formelle Scheidung gibt? Es ist fast unmöglich, das herauszufinden, selbst für den Anwalt. Aber sobald wir Anreizsysteme verstanden haben, haben wir die Möglichkeit, diese effektiver zu gestalten.

Stellen Sie sich einen Moment lang vor, dass Sie die Wahl haben, entweder Investmentbanker (mit einem Einstiegsgehalt von 100.000 Dollar plus Bonuszahlungen) zu werden oder aber im Vertrieb zu arbeiten (mit einem Einstiegsgehalt von 60.000 Dollar plus Bonuszahlungen).

Es überrascht nicht, dass es gemessen am Nominalwert attraktiver ist, Banker zu werden – schließlich ist Ihr Festgehalt um 40.000 Dollar höher. Nun lassen Sie uns einen Blick auf die Bonuszahlungen werfen (die von einigen Organisationen als „Leistungs-Incentives" bezeichnet werden). Die Bonuszahlungen des Vertriebsmitarbeiters sind gedeckelt, sodass er niemals mehr als das Doppelte seines Gehaltes wird herausholen können. Provisionsobergrenzen sind insofern sinnvoll, als sie dafür sorgen, dass die Provisionen den Ertrag nicht allzu sehr reduzieren können. Aber sie können sich auch als kontraproduktiv erweisen. Nehmen wir an, dass dieser ausgewählte Vertriebsmitarbeiter besonders überzeugend und effizient arbeitet und bis September Provisionen in Höhe von 120.000 Dollar erwirtschaftet hat. Im letzten Quartal des Jahres muss er weiterhin zur Arbeit erscheinen, weil er sonst sein regelmäßiges Gehalt gefährdet. Aber gleichzeitig hat er keinen Anreiz, auch nur einen einzigen Kunden anzurufen, neue Kundenbeziehungen aufzubauen oder einen neuen Verkauf abzuschließen.

---

2 Die Hypothekenkrise des Jahres 2007 ist eines der eindrucksvollsten Lehrstücke der jüngeren Zeit für falsch gesetzte Anreize. Zur Vertiefung des Themas empfehlen wir Bethany McLean und Joe Nocera, All The Devils Are Here (2010), Portfolio Press sowie Michael Lewis, The Big Short: Wie eine Handvoll Trader die Welt verzockte (2010), Campus, Frankfurt 2010.

3 In der Tat trifft ebendieses Dilemma auf die gesamte Berufsgruppe unabhängiger Finanzberater zu, die von niemandem außer ihren direkten Klienten bezahlt werden, um das Principal-Agent-Problem zu umgehen.

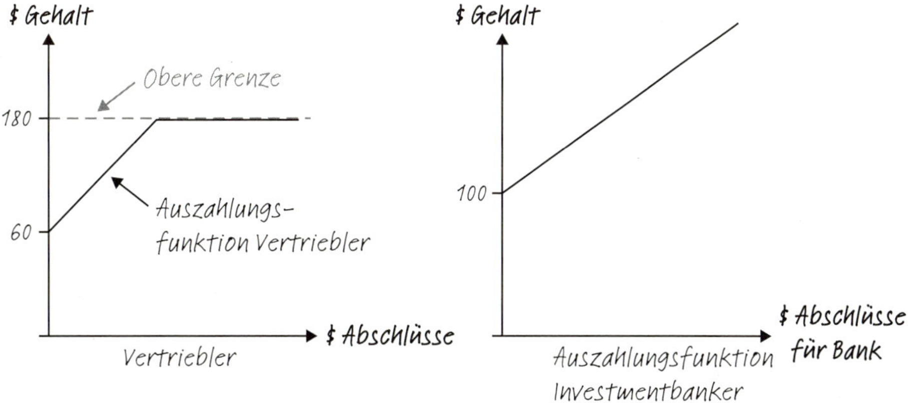

Abbildung 11.1: Vergleich des Gehalts (plus Bonuszahlungen) eines Investmentbankers und eines Vertrieblers

Nun werfen wir einen Blick auf unseren Investmentbanker. Ebenso wie unser Vertriebsmitarbeiter hat er sein Gehalt in Höhe von 100.000 Dollar pünktlich auf dem Konto, vorausgesetzt, er erscheint regelmäßig zur Arbeit. Aber seine Bonuszahlungen sind nicht gedeckelt, sondern mit der kurzfristigen Performance seiner eigenen Investitionen und der seiner Bank insgesamt verknüpft. Schlimmer noch, aus der Incentive-Perspektive ist ein großer Teil des Erfolges auf glückliche Umstände und richtiges Timing im Rahmen des normalen Wirtschaftszyklus zurückzuführen. In einem solchen Fall besteht das Incentive des Bankers darin, immer größere Risiken einzugehen – das Risiko ist begrenzt und der Erfolg ist theoretisch riesig. Das Schlimmste, das einem Banker passieren kann, ist, dass sich seine Bonuszahlung auf 0 Dollar beläuft – sehr unwahrscheinlich und außerdem kein schlechtes Einkommen, wenn man bedenkt, dass er bereits ein festes Gehalt in Höhe von 100.000 Dollar erhält.

Den Finanzmärkten weltweit ist sehr an Stabilität gelegen: Sie wollen solide, langfristige Investitionen tätigen, die einen gleichmäßigen und effizienten Kapitalfluss ermöglichen. Aber die Incentive-Struktur für viele Mitarbeiter in diesem Berufsfeld läuft diesem Ziel eindeutig zuwider. Im Gegenteil; die Nichtübereinstimmung der Incentives und der Vorrang kurzfristiger Leistungen gegenüber einer langfristigen Stabilität haben sich rückblickend als wesentliche Faktoren hinter der globalen Finanzkrise der Jahre 2008 und 2009 erwiesen. Das Phänomen, Investitionen mit bezahlten Vorausgebühren zu kombinieren, während gleichzeitig längerfristige Verluste generiert werden, erhielt sogar einen eigenen Namen: das Akronym IBGYBG (I'll be gone, you'll be gone: Ich bin weg, Du bist weg).

Entwickeln Sie ein solides Anreizsystem

Wie immer in diesem Buch, wollen wir Ihnen helfen, angemessen auf die Herausforderungen, die wir aufgedeckt haben, zu reagieren. An dieser Stelle werden wir Ihnen unsere Struktur vorstellen, die wir der Entwicklung eines soliden Anreizschemas zugrunde legen.

Anreiz	Einsatz	Beispiel
Finanzielle Belohnung (z.B. leistungsbasierte Bonuszahlung)	Wenn das gewünschte Ergebnis messbar ist und mit der Höhe der Belohnung korreliert und wenn es eine eingeschränkte Ausgangsmotivation gibt (also Mitarbeiter diese Arbeit nicht ohne diese Maßnahme leisten würden)	Verkäufe aus Kaltakquisen
Finanzielle Sanktionen (z.B. Geldstrafe oder Gehaltskürzung für mangelnde Leistung oder Regelverstöße)	Wenn das gewünschte Ergebnis messbar ist und eine Korrelation zur Höhe der Strafe gegeben ist; wenn die Abneigung gegen Verluste sich als Motivation erweist, aber das Risiko einer Gegenreaktion gering ist und wenn die Sanktion sozial akzeptiert ist	Aufrechterhaltung und Einhaltung von Sicherheitsvorkehrungen am Arbeitsplatz Bonuspool für ein Team, der jedes Mal reduziert wird, wenn das sanktionierte Verhalten beobachtet wird
Nichtmaterielle Belohnung (z.B. Punkte für Video-Spiele)	Wenn das gewünschte Ergebnis messbar ist und eine Korrelation zum Punkteschema hergestellt werden kann; wenn finanzielle Anreize zu teuer oder sozial unangebracht sind	Sportliche Herausforderungen und Online-Lernmodule Spenden und Sponsoring
Sozialer Status (z.B. Lob und Anerkennung)	Wenn das gewünschte Ergebnis schwierig zu messen ist oder keine Korrelation zu einer Belohnung hergestellt werden kann; wenn die intrinsische Motivation nicht ausreicht (Mitarbeiter würden Tätigkeit nicht ohne Belohnung ausüben)	Übernahme zusätzlicher Aufgaben über die eigentliche Arbeitszeit hinaus (z.B. Organisation des Betriebsfestes)
Identitätskohärenz (z.B. Verknüpfung des gewünschten Verhaltens mit dem Selbstbild der Mitarbeiter)	Wenn das gewünschte Ergebnis schwierig zu messen ist oder eine Korrelation zu jeglicher Belohnung nur schwer hergestellt werden kann, die intrinsische Motivation jedoch ausgeprägt ist (Mitarbeiter würden die Tätigkeit unentgeltlich und ohne Anerkennung ausüben)	Übernahme einer Mentorenschaft und Betreuung der jüngeren Belegschaft

Tabelle 11.6: Anreizformen und Beispiele

Checkliste

Bringen Sie Anreize auf den Punkt

Analysieren Sie die Incentives einzelner Mitarbeiter und halten Sie Ausschau nach Anzeichen für Ausrichtungsfehler.

Wozu werden Mitarbeiter durch Anreize motiviert? Sind die Incentives auch auf diejenigen abgestimmt, mit denen sie zusammenarbeiten? Gibt es Möglichkeiten, das System zu überlisten?

Profitieren Sie von der Aversion, Verluste hinnehmen zu müssen.

Menschen sind viel empfänglicher für die Gefahr, Verluste hinnehmen zu müssen, als für die Chance auf Gewinne.[4] Bonuszahlungen können z.B. so angelegt werden, dass ein Vertriebsteam darüber informiert wird, dass ihm die Bonuszahlung in maximaler Höhe zum 1. Januar angerechnet wird und dass für jeden Kundenverlust und für nicht erreichte Ziele Abzüge erfolgen werden.

Identifizieren Sie verschiedene Optionen, um dieselben Ressourcen auszuschöpfen.

Legen Sie z.B. fest, wie hoch der Anteil des Mitarbeitergehaltes sein soll, der an Leistungen geknüpft ist. (Erhält der Kunde das Produkt rechtzeitig?) Welche Messzahlen würden Sie benutzen? Wie vermeiden Sie Widersprüche und Ausrichtungsfehler?

4 Eine sehr schöne und extrem positive Herangehensweise, um Aversionen gegen Verluste zur Leistungssteigerung zu nutzen, findet sich bei Rosamund Stone Zander und Benjamin Zander (2002), The Art of Possibility: Transforming Professional and Personal Life. Penguin Books.

Goodharts Gesetz

Wir haben gesehen, dass Anreizsysteme so organisiert werden können, dass sie dazu beitragen, eine Situation korrekt einzuschätzen. Aber wie sieht es mit Situationen aus, in denen Ihre Incentives, egal wie gut die Absicht dahinter ist, das Ziel völlig verfehlen? *Goodharts Gesetz*, benannt nach dem Präsidenten der Bank of England, bezieht sich auf eine Situation, in der die Messung eines Phänomens dazu führt, dass die Leistung so verzerrt wird, dass die Messung nicht mehr sinnvoll ist. Oder, wie Goodhart selbst es genannt hat: „Wenn eine Messzahl zum Ziel wird, dann ist sie keine gute Messzahl mehr."[5]

Schlangen ausrotten in Indien

Ein wunderbares Beispiel dafür sind die Bemühungen der Briten, der Schlangenplage in Indien Herr zu werden. Die Verwaltungsbehörden des Landes hatten mit einer unaufhaltsam wachsenden Zahl an Kobras zu kämpfen, die sich selbst in großen Städten ungehindert ausbreiteten. Das war eindeutig nicht erwünscht und die Briten entschlossen sich zu einer naheliegenden Lösung: einer Prämie. Die indischen Untergebenen sollten für jede tote Kobra, die sie den Behörden vorwiesen, bezahlt werden. Der Ansatz wirkt auf den ersten Blick sinnvoll und nachvollziehbar: Er bezieht die Gemeinschaft, die vor einem gemeinsamen Problem steht, mit ein, lobt einen Anreiz aus, um dieses Problem zu lösen, und verlangt einen Beweis (in diesem Fall eine Handvoll toter Kobras), um zu demonstrieren, dass die Veränderung tatsächlich stattgefunden hat.

In diesem Fall führte die Strategie wie so oft jedoch dazu, dass das Gegenteil dessen erreicht wurde, was man eigentlich anstrebte: Am Ende gab es mehr Kobras in Indien als zu Beginn der Maßnahme.

Wie konnte das geschehen? Die Menschen reagierten auf das angestrebte Ergebnis (weise eine tote Kobra vor) und den damit verbundenen Anreiz (du bekommst Geld), indem sie den Input veränderten – die geschäftstüchtigen indischen Untergebenen begannen, mehr Kobras zu züchten. Das erleichterte ihnen natürlich, ihre Prämien zu kassieren, führte aber das ursprüngliche Ziel der britischen Behörden ad absurdum. Als sie realisierten, dass die Situation, die sie geschaffen hatten, unhaltbar war, stellten die Briten die Prämienzahlungen ein, tappten aber erneut in die Falle des Ausrichtungsfehlers. Sie hatten das gleiche Input-Problem (zu viele Kobras) und auch das angestrebte Ziel war nach wie vor das Gleiche (mehr tote Kobras), aber das Incentive hatte sich verändert (keine Prämie für Kobras). Das Ergebnis war, dass die Menschen das Züchten der Schlangen aufgaben, aber dafür alle Tiere in die Freiheit entließen, womit sie das Problem, das die Briten eigentlich hatten lösen wollen, noch verschärften.

Sie sollten nun in der Lage sein, viele Beispiele in Ihren Organisationen und Teams zu identifizieren, aus denen ersichtlich ist, wie solche Anreizprobleme entstehen. Es könnte die strikte Vorgabe sein, dass Arbeitnehmer bis Punkt 17:30 Uhr an ihrem Arbeitsplatz zu sein haben, ohne zu unterscheiden, ob ein Mitarbeiter sich um einen

5 Strathern, M. (1997) „Improving ratings: audit in the British University system". European Review 5, S. 305–21.

weiteren Kunden kümmert oder online noch ein Halloween-Kostüm für seinen Hund kauft. Es könnte die Kompensationsstruktur sein, die Vertriebsmitarbeitern hohe Bonuszahlungen für die Anwerbung eines Neukunden verspricht, aber keinerlei Anreize bietet, die Kundenbeziehung über den Erstkauf hinaus aufrechtzuerhalten.

Warum rational festgelegte Anreize oft scheitern

An diesem Punkt verzweifeln viele von uns. Wir schlagen die Hände über dem Kopf zusammen und erklären, dass alle Anreize hoffnungslos falsch ausgerichtet sind, dass die Messbarkeit alles nur noch schlimmer macht und dass überall Schlangen sind. Was können wir tun? Eine mögliche Maßnahme in unserer komplizierten Welt besteht darin, einen intensiven Blick auf das menschliche Verhalten zu werfen und zu verstehen, was uns dazu motiviert, aktiv zu werden.

Die Pizza, das Geld und die Textnachricht

Wir verlassen das koloniale Indien und werfen einen Blick auf eine Halbleiterfabrik in Israel. Dan Ariely ist ein bekannter Verhaltensökonom in Duke (USA), dessen Forschungseinrichtung den besten Namen trägt, der uns jemals begegnet ist: The Center for Advanced Hindsight (etwa: Zentrum für fortgeschrittene Rückblicke). Dan Ariely und die Geschäftsführung der Halbleiterfabrik wollten herausfinden, wie sie die Produktivität ihrer Mitarbeiter am Fließband erhöhen könnten – also dafür sorgen, dass diese in der gleichen Zeit mehr produzieren würden.[6] Ariely teilte die Arbeiter in vier Gruppen ein:

- Eine Kontrollgruppe, die weiterarbeitete wie bisher (mehr dazu später).
- Eine Gruppe, die Pizza-Gutscheine erhielt, wenn bestimmte Ziele erreicht wurden, der Annahme folgend, dass freie Mahlzeiten sie motivieren könnten.
- Eine Gruppe, die Barzahlungen für erreichte Ziele erhielt.
- Eine Gruppe, die eine Textnachricht mit einem Glückwunsch erhielt („Gute Arbeit!" oder „Gut gemacht!"), versandt vom Vorarbeiter nach der Schicht, in der die Ziele erreicht wurden.

Denken Sie kurz nach und wagen Sie dann eine Prognose. Was glauben Sie, in welchen Gruppen die Produktivität stieg? Und in welcher Gruppe nahm die Produktivität am meisten zu? Einer Lehrmeinung zufolge sollte die dritte Gruppe die höchsten Produktivitätszuwächse erzielen, weil Menschen auf finanzielle Anreize angeblich besonders reagieren. Unter der Annahme, dass die Fabrikarbeiter ihren Output noch weiter steigern könnten, wäre das auch so. Pizza könnte ebenfalls eine gewisse Wirkung entfalten (weil sie wegen der kostenlosen Pizza ihr Mittagessen nicht selbst

6 Bareket-Bojmel, L., Hochman, G. und Ariely, D. (2017) „It's (not) all about the Jacksons: testing different types of short-term bonuses in the field". Journal of Management. 43(2), S. 534–54.

bezahlen müssten). Aber es sollte weniger gut funktionieren als die Barauszahlung, weil nicht jeder Pizza mag – und schon gar nicht jeden Tag.

Tatsächlich geschah Folgendes: Die Pizza war am ersten Tag der erfolgreichste Motivationsfaktor (vielleicht weil wir alle es lieben, zum Essen eingeladen zu werden). Nach nur einer Woche jedoch stand als wirksamster Motivationsfaktor die anerkennende Textnachricht vom Chef fest – weit vor Pizza und Bonuszahlung.

Es gibt eine ganze Reihe an Aspekten, die wir an dieser sorgfältig entworfenen Studie mögen.[7] Erstens demonstriert sie, dass wir alle soziale Wesen sind: Wir lassen uns durch das Feedback anderer extrem motivieren und es beeinflusst unsere Leistung. Zweitens haben Anreize selbst im beruflichen Umfeld oder sogar am Fließband nicht unbedingt etwas mit bloßen Zahlen oder harter Währung zu tun. Stattdessen können wir andere Menschen allein durch Anerkennung und Bestätigung zu mehr Leistung motivieren. Drittens tappen wir manchmal in die Falle zu glauben, dass Incentives und Motivation ein Nullsummenspiel ergeben müssen – und einen Einsatz von Ressourcen erfordern (häufig Geld), die vom Arbeitgeber an den Arbeitnehmer fließen.

Viel Zeit, Anstrengungen und Befürchtungen gehen mit der Entwicklung von Anreizsystemen einher, mit denen, so die Hoffnung des Unternehmens, es in der Lage sein wird, Leistung und Produktivität mit dem geringstmöglichen Aufwand an Anreizleistungen zu maximieren. Arielys Studie zeigt, dass Anreize (in diesem Falle Lob) auch völlig kostenneutral oder aber mit sehr niedrigen Kosten verbunden sein können. Und eine Anerkennung wie diese kann tatsächlich die Ausrichtung der Incentives auch langfristig gewährleisten:

- Unternehmer haben einen Anreiz sicherzustellen, dass das Management die Leistung im Blick behält und gleichzeitig die Kosten reduziert, um diese Leistungen zu erbringen.
- Manager sind gezwungen im Auge zu behalten, wer die Leistungen erbringt, diese aber ebenso explizit zu identifizieren und anzuerkennen.
- Mitarbeiter haben einen Anreiz, dem Management zu zeigen, dass sie ihre Ziele auf einer gleichmäßigen Basis erreichen sowie den emotionalen Wunsch haben, gesehen und geschätzt zu werden.

7 Weitere Erkenntnisse liefert Dan Arielys wunderbares kleines Büchlein Payoff: The Hidden Logic That Shapes Our Motivations. TED Books (2016).

Checkliste

Wie Sie irrationale Anreize zu Ihrem Vorteil nutzen

Verschicken Sie noch heute anerkennende Textnachrichten.

Dies ist eine der einfachsten und wirkungsvollsten Taktiken, die wir ausschöpfen können. Nehmen Sie Ihr Mobiltelefon in die Hand (wir wissen, dass Sie es bei sich haben) und senden Sie jemandem eine Textnachricht, die ein Lob enthält. Wie wir gesehen haben, muss sie nicht komplex oder detailliert sein. Schreiben Sie einfach: „Ich weiß zu schätzen, was Sie für unser Unternehmen tun“, „Ich bin froh, Sie in unserem Team zu haben; das wollte ich Sie nur wissen lassen“ oder „Vielen Dank für alles, was Sie tun“.

Machen Sie eine Gewohnheit daraus.

Notieren Sie sich in Ihrem Kalender, dass Sie einer Person pro Tag eine Nachricht schicken werden, um Ihrer Anerkennung Ausdruck zu verleihen. Vielleicht arbeiten Sie in einem kleinen Team und haben Angst, sich zu wiederholen? Sorgen Sie sich nicht, denken Sie an Arielys Fabrikarbeiter. Die Textnachrichten funktionieren auch nach langer Zeit noch.

Bilden Sie Ihre Teams weiter.

Wenn Sie pro Jahr nur eine Stunde in die Weiterbildung Ihrer Führungskräfte investieren wollen, dann sollte es darin um das Einüben einer klaren, authentischen und regelmäßigen Lobesroutine gehen. Können Sie eine Stunde erübrigen, um Ihrem Team das nahezubringen? Können Sie es einem Manager in Ihrer Organisation vorschlagen?

Eine letzte Bemerkung über extrinsische Motivation

Als wären Schlangen und Pizza noch nicht genug, wollen wir Ihnen noch ein paar mahnende Worte in Bezug auf den Einsatz von Anreizen als extrinsischer Motivation mit auf den Weg geben. Extrinsisch ist die Motivation, die durch externe Belohnungen hervorgerufen wird: Geld und Ruhm sind zwei gute Beispiele. Intrinsische Motivation kommt, wie der Name schon sagt, von innen. Wir sind intrinsisch motiviert, Dinge zu tun, weil es uns persönlich zufriedenstellt. Intrinsisch motivierte Verhaltensweisen sind solche, die wir an den Tag legen würden, egal was andere Menschen denken. Es ist häufig einfacher intrinsisch motiviert zu handeln, weil dies etwas ist, was wir wirklich von ganzem Herzen tun wollen. Dabei kann es sich auch um komplexe Aufgaben handeln (anderen Menschen helfen, an schwierigen oder komplexen Aufgaben festhalten).

Für Führungskräfte kann es eine Versuchung sein, eine weitere extrinsische Motivation über die intrinsische zu legen, um Menschen zu ermutigen, etwas zu tun. Es kann besonders reizvoll sein, wenn Sie schnelle Ergebnisse benötigen: „Wir brauchen mehr Senior-Manager, die als Mentoren für junge weibliche Führungskräfte zur Verfügung stehen“ oder „Wir brauchen Leute, die mehr Zeit damit verbringen, komplexe und ausgereifte Testreihen an unserer Software durchzuführen“. Wir neigen dazu, die intrinsische Motivation unserer Mitarbeiter zu unterschätzen und nehmen stattdessen an, dass wir sie dafür bezahlen müssen, dass sie bestimmte Herausforderungen meistern. Aber ebenso wie wir lassen sich auch andere Menschen motivieren, weil sie den Wunsch verspüren, eine gute Arbeit abzuliefern, interessante Herausforderungen anzunehmen oder gute Beziehungen am Arbeitsplatz aufzubauen.[8]

Eine Meta-Studie (eine akademische Mega-Studie, in der Autoren so viele Studien wie möglich zu einem bestimmten Thema zusammentragen und versuchen, daraus Aussagen abzuleiten) warnt sogar davor, möglichst viele finanzielle Anreize zu setzen. Der Psychologe Edward L. Deci und zwei seiner Kollegen analysierten 128 Studien und machten die folgenden Beobachtungen:[9]

- Finanzielle Anreize zu bieten, kann unserer Motivation für intrinsisch lohnenswerte Aufgaben zuwiderlaufen (etwas, was wir persönlich als zufriedenstellend empfinden, wie z.B. die Fertigstellung eines schwierigen Puzzles oder einen Rat zu erteilen). Dies wird als *Crowding-out-Effekt* (Verdrängungseffekt) bezeichnet.
- Dieser Crowding-out-Effekt wirkt sich am meisten auf komplexe kognitive Aufgaben aus – also auf Arbeiten, die eine Menge mentaler Anstrengungen erfordern, aber zutiefst zufriedenstellend sein können.

---

8 Siehe Chip Health (1999) „On the Social Psychology of Agency Relationships: Lay Theories of Motivation Overemphasize Extrinsic Incentives“. Organizational Behavior and Human Decision Processes. Vol. 78, No. 1, S. 25–62.

9 Deci, E. L., Koestner, R. und Ryan, R. M. (1999) „A meta-analytic review of experiments examining the effects of extrinsic rewards on intrinsic motivation“. Psychological Bulletin. 125(6), S. 627.

- Symbolische Belohnungen (so wie Geschenke oder Auszeichnungen des Unternehmens) haben keinen vergleichbaren Crowding-out-Effekt wie die finanziellen Anreize. Symbolische Belohnungen können dagegen die intrinsische Motivation noch verbessern.
- Der Crowding-out-Effekt ist am größten, wenn die externen Belohnungen außergewöhnlich hoch sind (ein hoher Bonus zum Jahresende), wenn sie als Methode wahrgenommen werden, um Verhalten zu kontrollieren, wenn sie erfordern, dass die Aufgabe auf eine ganz spezielle Art und Weise erledigt wird, oder aber mit einem Abgabetermin, Überwachung oder Drohungen verbunden ist.

Fazit

Incentives sind Werkzeuge, mit denen Sie Individuen motivieren können, Leistungen zu erbringen. Falsch ausgerichtete Anreize sind einer der wichtigsten Gründe für Konflikte und mangelnde Produktivität in unserer Welt. Ein sorgfältiges Nachdenken über die gewünschten Ergebnisse, die relevanten Inputs und das richtige Incentive-System kann jedoch dazu beitragen, so verbreitete Probleme wie moralisches Risiko, das Principal-Agent-Dilemma und Koordinierungsprobleme vorauszuahnen und zu vermeiden. Richten Sie Ihre Aufmerksamkeit auf ineffektive Anreizsysteme und denken Sie daran, dass auch die intrinsische Motivation dazu beitragen kann, die Leistungen deutlich zu verbessern und nachhaltig zu verändern.

12

Verwirklichen Sie Ihre Vorstellungen

ANTIZIPIEREN SIE, SETZEN SIE IHR VORHABEN IN DIE TAT UM UND SORGEN SIE FÜR VERBESSERUNGEN

Vorstellungskraft ist nichts ohne Handeln.

Charlie Chaplins Manuskript-Notizen

Vorteile dieser mentalen Taktik

All die gute Arbeit, die Sie bislang geleistet haben, ist nichts wert, wenn Sie Ihr Vorhaben nicht angemessen in die Tat umsetzen. Diese mentale Taktik – die Planung, Strukturierung und Umsetzung Ihrer Arbeit – wird letzlich dafür sorgen, dass aus Ihren Ideen Wirklichkeit wird.

Wir hoffen, dass dieser Leitfaden nützlich für Sie sein wird, wenn Sie

- sich Ziele für das neue Jahr setzen (oder für die nächste Woche oder für den nächsten Tag).
- ein neues Projekt beginnen.
- gemeinsame Ziele für ein Team entwickeln.
- versuchen, ein Projekt wieder in die richtigen Bahnen zu lenken.
- auf ein abgeschlossenes Projekt oder eine abgeschlossene Aufgabe zurückblicken.

Antizipieren Sie, setzen Sie Ihr Vorhaben in die Tat um und verbessern Sie

Jahr für Jahr geben sehr viele Erwachsene in sehr vielen Staaten ihre Einkommensteuererklärungen ab. Es handelt sich dabei um ein überschaubares, aber extrem nervendes Projekt, das einfach erledigt werden muss. Wir machen das jedes Jahr – also sollten wir wissen, wie viel Zeit wir dafür benötigen, oder? Falsch! Ein Wissenschaftler fand heraus, dass die Befragten im Schnitt eine Woche länger dafür benötigten, ihre Steuererklärungen zu erledigen, als sie vermutet hatten. Die Teilnehmer der Studie hatten keineswegs vergessen, wie lange sie im vergangenen Jahr für die Aufgabe benötigt hatten – tatsächlich konnten sie die Zeit in ihrer Erinnerung recht genau einschätzen. Sie waren nur irrational optimistisch, dass es dieses Jahr anders werden würde. Dieses Beispiel illustriert ein klassisches Scheitern in der Umsetzung: die mangelnde Fähigkeit, etwas dann zu tun, wenn wir es tun sollten, und zwar in einem angemessenen Zeitrahmen. Es ist auch ein Beispiel für *Fehlplanung* – eine mentale Verzerrung, die der Verwirklichung anderer Dinge im Wege steht.

Abbildung 12.1: Fehlplanung am Beispiel der Steuererklärung

Verwirklichen Sie Ihre Pläne Schritt für Schritt

Wir haben uns darüber unterhalten, wie Sie Anreize aufeinander abstimmen können, um sicherzustellen, dass alle Parteien an einem Strang ziehen. Davor haben wir diskutiert, wie wichtig es ist, agile und experimentelle Ansätze zu nutzen, um Ihre Ideen einzuschätzen und Annahmen über mögliche Herangehensweisen zu testen. Nun wollen wir Sie mit ein paar unterschiedlichen Werkzeugen ausstatten, mit denen Sie Ihre Projekte verwirklichen können.

Wir werden in diesem Kapitel ein wenig anders vorgehen. Wir hoffen, dass Sie zu diesem Zeitpunkt über die Inspiration und Energie verfügen, um die Werkzeuge, die wir Ihnen bisher nahegebracht haben, in Ihrem alltäglichen Leben und in Ihrem Beruf einzusetzen. Hier zeigen wir Ihnen die Techniken, die sowohl für unsere eigene Arbeit als auch für die Arbeit unzähliger Kollegen und Wegbegleiter sehr nützlich waren, um Veränderungen in die Realität umzusetzen. Wenn Sie all diese Methoden kombinieren, entsteht das, was wir als *Verbesserungs-Loop* bezeichnen möchten.

- Vorbereitende Arbeiten – bereiten Sie die anstehenden Veränderungen vor, um Fehlplanungen zu vermeiden, effektive Verpflichtungen zu benennen und den kritischen Pfad Ihrer Aktivitäten festzulegen.
- Umsetzung – managen Sie Ihre Tätigkeiten, um Ihre Ideen Wirklichkeit werden zu lassen.
- Nach der Umsetzung – reflektieren Sie Ihre Arbeit, sodass Sie es beim nächsten Mal noch besser machen können.

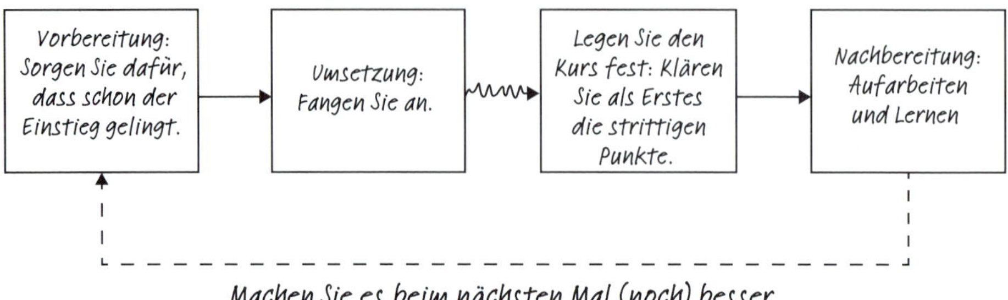

Abbildung 12.2: Der „Verbesserungs-Loop"

Vorbereitung – gehen Sie in Startposition, um gute Arbeit abzuliefern

Unsere Bemühungen, Veränderungen zu bewirken, schlagen häufig – wenn nicht sogar meistens – fehl. Dies gilt für unsere Pläne im Privatleben (Denken Sie nur an die guten Vorsätze für das neue Jahr) ebenso wie für konzernweite Strategien, mit denen Unternehmen transformiert werden sollen. Die Gründe dafür sind vielfältig und komplex, gemeinsam ist ihnen aber immer eine mangelnde Vorbereitung. Sie können Ihre Erfolgschancen maßgeblich beeinflussen, wenn Sie sich effektiv vorbereiten. Natürlich gibt es eine Vielzahl von Werkzeugen und Planern, die Ihnen helfen werden. Wenn Sie dieses Buch in die Hand genommen haben, dann verfügen Sie vielleicht schon über einige Systeme und Tricks, die Ihnen gute Dienste tun. Wir wollen Ihnen einige der weniger bekannten Ideen vorstellen, von denen wir glauben, dass sie ein breiteres Publikum verdienen.

Der erste Schritt, um erfolgreiche Pläne zu entwickeln und umzusetzen, besteht darin, daran zu denken, dass Ihre Pläne mit großer Wahrscheinlichkeit zu optimistisch sind. An dieser Stelle kommt wieder der Planungsmangel ins Spiel. Wir vertrauen nur allzu sehr auf unsere Fähigkeit, Veränderungen in die Wege zu leiten, und darauf, dass dies in kurzer Zeit geschehen kann. Deshalb beschließen wir am 1. Januar, bis zum Valentinstag noch schnell zehn Kilo abzuspecken oder innerhalb einer Woche ein neues Produkt für unsere Teams zu entwickeln. Im Grunde lieben wir diese Fehlplanung. Sie spiegelt den Optimismus des menschlichen Geistes wider. Aber sie schränkt uns auch ein – sie führt dazu, dass Termine verfehlt werden und Projekte zu teuer werden. Sie sorgt für Enttäuschung und Frustration. Erinnern Sie sich an unsere Geschichte über die Abgabe der Steuererklärungen? Was können Sie tun, um sich selbst vor Fehlplanungen zu schützen?

Sie können überkompensieren: Schätzen Sie, wie lange Sie für eine Angelegenheit benötigen, und fügen Sie einen (ausreichend großen) Puffer hinzu. Seit dieses Scheitern erstmals im Jahre 1979 von Amos Tversky und Daniel Kahnemann entdeckt wurde,[1] haben zahlreiche Untersuchungen ergeben, dass es nahezu unmöglich ist, eine solche Fehlplanung zu vermeiden. Früher oder später wird es auch Sie erwischen. Gehen Sie also, wenn Sie glauben, dass Sie eine Woche benötigen, um die neue Marktstudie zu entwickeln, lieber von der doppelten Zeit aus.

1 Kahnemann, D. und Tversky, A. (1979), „Intuitive Prediction: Biases and Corrective Procedures", TIMS Studies in Management Science. 12, S. 313–27.

Verstehen und visualisieren Sie den kritischen Pfad

Eines der wertvollsten Tools während der Umsetzungsphase ist das Verständnis für den *kritischen Pfad* eines Projektes. Ein Projekt besteht üblicherweise aus einer Reihe unterschiedlicher Aktivitäten, von denen viele parallel ablaufen, sodass Sie simultan vorwärtskommen. Um den ursprünglichen Termin für das Gesamtprojekt einzuhalten, ist es hilfreich, den kritischen Pfad zu kennen. Dafür identifizieren Sie als Erstes:

- alle Angelegenheiten, die einfach sofort erledigt werden müssen, damit das Projekt abgeschlossen werden kann,
- die Reihenfolge, in der sie erledigt werden müssen, und
- die geschätzte Menge an Zeit, die jede Aufgabe beanspruchen wird, inklusive der Wartezeiten.

Wie finden Sie den kritischen Pfad? Es handelt sich um die längste (parallele) Kette an Einzelschritten, ohne die der Abschluss des Projektes nicht möglich ist. Stellen Sie sich beispielsweise den Bau eines Wohnhauses vor.

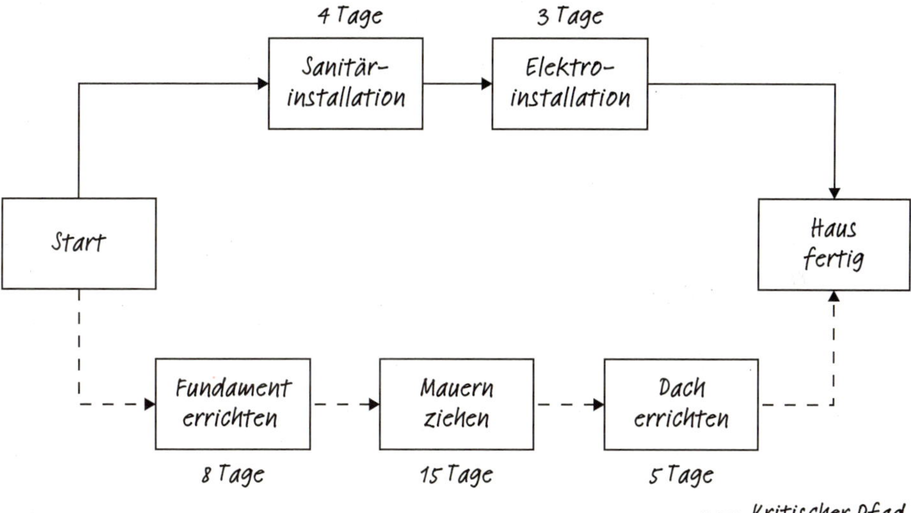

Abbildung 12.3: Der kritische Pfad am Beispiel des Baus eines Wohnhauses

Die Darstellung des kritischen Pfades erlaubt es Ihnen, denjenigen Pfad im Projekt zu erkennen, der am meisten Zeit beansprucht, sodass Sie die gesamte Projektzeit von Anfang bis Ende einschätzen können (im obigen Fall vom Start bis zum fertigen Haus 28 Tage). Das hilft Ihnen, Prioritäten zu setzen.

Richten Sie Ihr Augenmerk besonders auf langwierige Aktivitäten – solche, die frühzeitig in die Wege geleitet werden müssen, weil sie eine beträchtliche Zeit in Anspruch nehmen, um arrangiert und koordiniert zu werden, selbst wenn die eigentlichen Arbeiten, die dafür erforderlich sind, gar nicht so umfangreich sind. Berücksichtigen Sie diese schon rechtzeitig in Ihrem Zeitplan, um Verzögerungen zu vermeiden, die sich auf das gesamte Projekt auswirken. Stellen Sie beispielsweise sicher, dass als Erstes die Bauingenieure angerufen werden, sodass die Fundamente gelegt werden können. Es wäre wenig hilfreich, schon vorab Termine mit dem Sanitärinstallateur oder dem Elektriker zu machen: Diese Aktivitäten liegen nicht auf dem kritischen Pfad und sie zu verschieben hätte keine verheerenden Auswirkungen auf den gesamten Zeitplan.

Umsetzung – nutzen Sie die Pre-mortem-Methode

Sie haben also Ihren kritischen Pfad entwickelt, Sie haben die Ressourcen und die Verantwortlichkeiten zugewiesen und es ist die Nacht, bevor das Projekt endgültig gestartet werden soll. Was tun Sie? Sie denken natürlich daran, dass es scheitern könnte! Einer der Aspekte, die unsere erfolgreichsten Projekte von unseren weniger erfolgreichen unterscheiden (und auch unsere erfolgreicheren Mitarbeiter von den weniger erfolgreichen), ist die übertriebene Aufmerksamkeit gegenüber allem, was schiefgehen könnte. Selbst für die kleinsten Projekte empfehlen wir die Pre-mortem-Methode – eine systematische Betrachtung der Faktoren, die das Scheitern eines Projektes verursachen könnten.

Die Pre-mortem-Methode setzt voraus, dass folgende Fragen gestellt werden, mit denen prognostiziert werden kann, in welcher Situation wir uns in mehreren Monaten befinden, um ein gescheitertes Projekt aus der Rückschau zu betrachten.

- Was ist schief gelaufen?
- Was war das erste Warnzeichen, das darauf hindeutete, dass nicht alles richtig lief?
- Was war das zweite Warnzeichen, dass nicht alles richtig lief?
- Wer versuchte uns zu warnen?
- Warum wurden die Zeichen nicht wahrgenommen? Waren wir zu beschäftigt, zu optimistisch, zu sehr unter Druck?

Es ist hilfreich, diese Prognose selbst durchzuführen. Aber wie Sie aus dem ersten Teil des Buches wissen, hängen wir allzu oft an Ideen und Projekten, weil es unsere eigenen sind. Deshalb funktioniert diese Methode noch besser, wenn Sie einen guten Freund oder Berater an Ihrer Seite haben, der diese Aufgabe für Sie übernehmen kann, oder auch eine Führungskraft, die in einer ganz anderen Einheit Ihres Unternehmens arbeitet.

Halten Sie sich an den Plan

Die Vorbereitung auf Ihren kritischen Pfad hilft Ihnen herauszufinden, was Sie tun müssen. Aber manchmal benötigen Sie ein wenig Hilfe, um sicherzustellen, dass Sie Ihrer Agenda tatsächlich folgen. Wir finden es sehr hilfreich, die Handelnden von den Beobachtern zu trennen. Für beinahe alle wichtigen Ziele ist es sinnvoll, ein *Program Management Office (PMO)* einzurichten. Von all den großen Ideen, die wir hier geteilt haben, klingt diese vielleicht am wenigsten glamourös, ist jedoch von entscheidender Bedeutung. Ein PMO verfolgt zuverlässig den Fortschritt eines Projektes oder eines Einsatzes und garantiert einerseits einen objektiven Blick auf die Fortschritte beziehungsweise liefert andererseits Vorschläge, an welcher Stelle noch Verbesserungsbedarf besteht und wie dieser gehandhabt werden sollte. Grundsätzlich sollte ein PMO jederzeit folgende Fragen beantworten können:

1. Halten wir unseren Plan ein? D.h., liegen wir im Zeitplan und erwarten wir derzeit, dass wir auch zum Ende des Projektes noch im Zeitrahmen sein werden?
2. Nutzen wir unsere Ressourcen angemessen? D.h., halten wir unser Budget ein oder haben wir noch Spielraum?
3. Was kommt als Nächstes und was könnte uns wehtun? D.h., wo liegen die Risiken für uns?

Seien Sie sich bewusst, dass ein PMO gerade nicht dafür verantwortlich ist, irgendetwas von dem, was im Plan steht, zu *tun*. Und genau darum geht es. Der große Vorteil des PMO besteht darin, dass es die zuständige Stelle ist, die für Unabhängigkeit und Verantwortlichkeit steht, gerade weil es nicht zu den handelnden Akteuren gehört. In großen Organisationen oder in einem umfangreichen Projekt werden Sie ein PMO finden, das mit einer Reihe von Wirtschaftsanalysten und Change-Management-Experten sowie Finanzberatern besetzt ist. Aber so umfangreich muss es gar nicht sein.

Ihr PMO kann auch nur aus einer Einzelperson bestehen und es kann sich auch nur um einen Teil des Aufgabengebietes handeln. Von entscheidender Bedeutung ist, dass Sie es als objektive Instanz wahrnehmen, die Ihnen die Wahrheit sagt, ermächtigt ist, Daten zusammenzutragen, und die Antworten auf die oben genannten drei Fragen liefern kann.

Hier sehen Sie eine sehr vereinfachte Version unseres PMO für die ersten zwei Teile des *Decision Maker Playbook*.

Kapitel	Fortschritt	Nächster Schritt	Termin für nächsten Schritt	Tage bis zum nächsten Termin	Verantwortlich
0	Zweiter Entwurf fertig	Schlussredaktion durchführen	1. Oktober	+11	Simon
1	Vorbereitende Recherche erledigt	Inhaltlichen Überblick vorbereiten	15. September	–5 (überfällig)	Julia
2	Inhaltlicher Überblick erstellt	Ersten Entwurf vorbereiten	25. September	+5	Julia
3	Schlussredaktion erledigt	Bereit zur Veröffentlichung	–		Simon
4	Erster Entwurf fertig	Zweiten Entwurf erstellen	30. September	+10	Julia
5	Erster inhaltlicher Überblick erstellt	Ersten Textentwurf vorbereiten	17. Oktober	+26	Simon

Tabelle 12.1: PMO für die Erstellung der ersten beiden Teile des Decision Maker Playbook

Sie sehen, dass das PMO in diesem Fall keine Person ist, sondern ein Werkzeug. Simon und ich haben unsere Arbeit in Echtzeit überwacht, um sicherzustellen, dass alles sichtbar war, was wir getan haben. Sie sehen, dass wir auf nur einer Seite klar erkennen können, was gerade in Arbeit ist (Kapitel drei), wie der aktuelle Status aussieht und welche nächsten Aktivitäten für alle Kapitel gerade anstehen, an welchen Stellen wir zurückliegen (Kapitel eins) und wo wir kurz vor der Deadline stehen und sicherstellen müssen, dass wir in den anstehenden Tagen ausreichend Energie investieren werden (Kapitel zwei).

Schaffen Sie Raum zur Reflexion

Wenn Sie Ihren Handlungsplan festgelegt haben – sowohl für Sie als auch für Ihr Team – und Sie allmählich in sich stimmige, vorhersagbare Resultate erhalten, glauben Sie unter Umständen zu schnell, dass die Arbeit schon getan ist. Aber wirklich effektive Entscheidungsträger und Problemlöser hören hier nicht auf. Sie haben noch einen weiteren Schritt vor sich.

Blicken Sie zurück: der disziplinierte Entscheidungsprozess

Wie wir zu Beginn dieses Buches festgestellt haben, sind zuverlässige Analysen eine wesentliche Grundlage für weitreichende Entscheidungen. Aber davon abgesehen sollten Sie von sich selbst erwarten, dass die Qualität Ihrer Analysen sich im Laufe der Zeit verbessert. Um das sicherzustellen, ist es wichtig, dass Sie dem Lernen aus Ihren Entscheidungen einen ebenso hohen Stellenwert einräumen wie dem Entscheidungsprozess ganz zu Beginn. Keiner von uns wird jemals die vollständige Kontrolle über seine Entscheidungsprozesse haben, noch wird ein Entscheider jemals über all das Wissen verfügen, das er gerne hätte, bevor eine Entscheidung getroffen wird. Entscheidungs-Audits helfen Ihnen, einen systematischen Blick auf Erfolge und Fehlschläge zu werfen und aus beidem Nutzen zu ziehen. Marcia Blenko und ihre Kollegen schrieben dazu im Harvard Business Review: „Letztendlich besteht der Wert eines Unternehmens nur aus der Summe der Entscheidungen, die es trifft und umsetzt.“[2]

Ein Entscheidungs-Audit mit hohem Einsatz: Morbiditäts- und Mortalitätskonferenzen

In wenigen Bereichen werden so viele Entscheidungen mit hohem Risiko getroffen wie in medizinischen Berufen. Mit jedem neuen Patienten stehen Mediziner gleich vor einer ganzen Reihe von Entscheidungen: Welche Fragen müssen gestellt, welche Antworten geglaubt werden? Welche Tests sind erforderlich? Welche Therapien werden empfohlen? Soll der Patient ins Krankenhaus überwiesen oder nach Hause geschickt werden? Soll ein weiterer Facharzt konsultiert werden? Welche Diagnose wird gestellt?

Ärzte sind auch nur Menschen und machen Fehler, die manchmal schwerwiegende Konsequenzen haben. Um solchen Fehlern zu begegnen, hat die Ärzteschaft ein spezifisches Forum zur Reflexion über die Ereignisse entwickelt. Es wird Morbiditäts- und Mortalitätskonferenz genannt (M&M). Dabei handelt es sich um eine Veranstaltung, zu der Ärzte sich zusammenfinden, um einen Fall vorzustellen, der zum Nachteil des

2 Blenko, M., Mankins, M. und Rogers, P. (2010), „The Decision-Driven Organization“, Harvard Business Review. [Online] Juni. URL: *https://hbr.org/2010/06/the-decision-driven-organisation.*

Patienten ausgegangen ist, und durch Diskussionen und Analysen zu versuchen, aus diesem Fall zu lernen. Diese Praxis wird inzwischen hoch geschätzt, insbesondere in großen Lehrkrankenhäusern.

Vinay Prasad schreibt im British Medical Journal über die M&M-Konferenz: „Aus philosophischer Perspektive kann die Konferenz als Forum verstanden werden, um die ewige Frage zu stellen, mit der ein Arzt konfrontiert wird, der trotz intensivster Bemühungen einen negativen Ausgang der Behandlung hinnehmen musste: Hätte ich etwas anders machen können?“[3]

Dieses Ziel sollte auch jedes Entscheidungs-Audit in anderen Disziplinen verfolgen. Je höher das Risiko, desto wichtiger ist es, einen Raum zur Reflexion zu schaffen. Aber letztendlich ist eine solche Nachbetrachtung in jedem Entscheidungsprozess wichtig, ganz egal zu welchen Konsequenzen er geführt hat.

Auch weit entfernt von lebenserhaltenden Operationen und Notaufnahmen entwickelt die Reflexion eine machtvolle Kraft. Eine Studie unter Call-Center-Mitarbeitern, die ein Trainingsprogramm durchliefen, fand heraus, dass ein Team, das zum Ende des Arbeitstages 15 Minuten damit zubrachte, die Arbeit des Tages zu reflektieren und aufzuschreiben, was sie an diesem Tag gelernt hatten, um 23 Prozent bessere Leistungen erbrachte als Mitarbeiter, die eine solche Reflexionsphase nicht etablierten. Eine der wesentlichen Voraussetzungen, um gute Entscheidungen zu treffen, besteht darin, über vergangene Entscheidungen nachzudenken.[4]

Entscheidungs-Audits gewinnbringend nutzen

Die meisten von uns treffen nicht täglich Entscheidungen, die über Leben und Tod bestimmen können. Aber wir alle treffen Entscheidungen, die Konsequenzen haben – und wir alle tragen Verantwortung dafür – ob es sich um das Geld eines anderen Menschen handelt, um das Ergebnis eines Projektes oder um die Leistung eines Teams.

Um solche Entscheidungs-Audits durchzuführen, legen wir Ihnen die folgende Checkliste ans Herz.

---

3 Prasad, V. (2010), „Reclaiming the morbidity and mortality conference: between Codman and Kundera“. Medical Humanities. 36(2), S. 108–11.

4 Di Stefano, G., Gino, F., Pisano, G. P. und Staats, B. R. (2016), „Making Experience Count: The Role of Reflection in Individual Learning“, Harvard Business School. Anm. d. Übers.: Online verfügbar über URL: https://www.hbs.edu/faculty/Publication%20Files/14-093_defe8327-eeb6-40c3-aafe-26194181cfd2.pdf

Checkliste

So beurteilen Sie Ihre Entscheidungen im Nachhinein

Würden wir die gleiche Entscheidung heute noch einmal treffen?

Wenn ja, warum?

Wenn nicht, welches spezifische Element der Analyse ist anders?

- Waren die Kosten höher als erwartet? War der Nutzen geringer als erwartet?
- Wie hätten diese Abweichungen in der Analyse zu der Zeit, als die Entscheidung getroffen wurde, aufgedeckt werden können? („Wir hätten die bindenden Quoten der erforderlichen Lieferanten (Kreditoren) erfragen sollen, um den Kostenanstieg zu vermeiden, bevor wir fortfuhren" oder „Die Abweichungen waren nicht vorhersehbar – die Zombie-Apokalypse im Jahr 2019 bescherte der Gastronomie in unserer Stadt einen unerwarteten Dämpfer.")

Haben andere ähnliche Entscheidungen unter ähnlichen Umständen getroffen?

Welche Ergebnisse haben sie erzielt?

Welche Veränderungen an unserer Analyse sollten wir auf Grundlage dieser Entscheidung vor zukünftigen Projekten vornehmen?

Zum Beispiel: „Wir sollten Bandbreiten statt spezifischer Zahlen verwenden, um die zukünftigen Rohstoffpreise einzuschätzen."

Welche Veränderungen sollten wir an unseren Prozessen auf Grundlage dieser Entscheidung für zukünftige Projekte vornehmen?

Zum Beispiel: „Wir werden dem Aufsichtsrat immer die Option vorstellen, wie es aussähe, wenn wir nichts tun" und „Wir hätten das Geld lieber auf dem Konto lassen sollen, statt Vintage-Schreibmaschinen zu kaufen."

Können wir offen und transparent sein?

Insbesondere wenn das Ergebnis eines Entscheidungs-Audits nicht zu unserem Vorteil ist, ist es zwar unbequem, aber wichtig, das Ergebnis öffentlich zu machen. Nur so kann die gesamte Organisation daraus lernen.

Fazit

Große Dinge passieren nicht einfach. Aber mit ein wenig vorausschauender Planung, Aufmerksamkeit gegenüber dem, was während der Umsetzung geschieht, und der Reflexionsphase nach der Umsetzung können Ihre wichtigsten Projekte gelingen. Die Fähigkeit, zu planen und auszuführen, ist eine erlernbare Kompetenz – sie verbessert sich im Laufe der Zeit und mit zunehmender Erfahrung. Teams, einzelne Mitarbeiter und Gruppen erhöhen ihre Erfolgsaussichten, wenn sie Techniken anwenden, mit denen sie etwas effektiv planen, umsetzen und reflektieren können. Hilfreich dabei sind die Methode des kritischen Pfades, die Pre-mortem-Methode und das Entscheidungs-Audit.

13

Schlusswort

WIE GEHT ES WEITER?

Die erste Regel lautet, dass Sie verschiedene Modelle haben müssen, denn wenn Sie nur ein oder zwei verwenden, dann sorgt menschliche Psychologie für eine solche Verzerrung der Wirklichkeit, dass diese sich in Ihre Modelle fügt …

Und die Modelle müssen unterschiedlichen Disziplinen entstammen, weil eine kleine akademische Fakultät für die Weisheit der Welt nicht ausreicht.

Charlie Munger[1]

1 Y Combinator. URL: *https://old.ycombinator.com/munger.html* [Zugriff: 21. November 2018].

Wie geht es weiter?

Wir haben 2014 begonnen, an diesem Buch zu arbeiten. Das war das Jahr, in dem Google DeepMind kaufte, ein Unternehmen, das auf dem Gebiet der Künstlichen Intelligenz führend ist. Zwei Jahre später schlugen Algorithmen den amtierenden Go-Champion und die sozialen Medien spielten bei der US-Präsidentschaftswahl nachweislich eine entscheidende Rolle.

In den letzten Jahrzehnten haben sich die Umgebungen, in denen wir arbeiten und leben, dramatisch verändert. Noch vor hundert Jahren verfügten Sie nur über eingeschränkte Möglichkeiten, selbst wenn Sie in wohlhabenden Gesellschaften lebten. Sie konnten nur bei einer Handvoll von Arbeitgebern in Lohn und Brot treten, weil es entweder nur eine begrenzte Anzahl von Unternehmen gab oder weil die mangelnde Mobilität es nicht zuließ, an einem weiter entfernten Ort zu arbeiten. Arbeitserleichternde Technologien waren nur sehr spärlich vorhanden. Außerdem hätten Sie mit großer Wahrscheinlichkeit jemanden geheiratet, der in derselben Stadt oder Region aufgewachsen ist wie Sie.[2]

Zum Ende des zwanzigsten Jahrhunderts und zu Beginn des neuen Jahrtausends ist genau das Gegenteil der Fall. Wir haben zu viele Optionen und Ihr größtes Problem, bevor Sie eine Entscheidung treffen, lautet, wie Sie aus der Vielzahl der Möglichkeiten die besten Optionen herausfiltern können. Betreten Sie einen beliebigen Supermarkt und Sie sind schier überwältigt von der Vielzahl von Marken und Produkten. Allein das Angebot von amazon umfasst mehr als 500 Millionen unterschiedliche Produkte. Eine gut ausgebildete und mobile Berufseinsteigerin kann in großen internationalen Unternehmen oder Organisationen arbeiten und eine Familie mit jemandem gründen, der 12.000 Kilometer von ihr entfernt aufgewachsen ist. Um mit diesen Herausforderungen klarzukommen, benötigen wir heute eine Reihe von Werkzeugen, mit denen wir die unzähligen Optionen einschränken, uns auf einige konzentrieren und dann entscheiden können, welche davon für uns am sinnvollsten sind.

Das Zeitalter algorithmischer Entscheidungsprozesse

Längst stehen uns Algorithmen und digitale Systeme zur Verfügung und unterstützen uns in unseren Entscheidungsprozessen. Das geschieht auf vielfältige Art und Weise – immer aber greifen sie auf unser Verhalten in der Vergangenheit zurück und legen die Präferenzen zugrunde, die Menschen haben, die uns ähnlich sind. Halten Sie sich eine Bewertungsplattform wie z.B. TripAdvisor vor Augen. Es ist kein neues Phänomen, dass wir dem Rat unserer Freunde folgen und genau das Restaurant aufsuchen, das die meisten von ihnen empfehlen. Aber das Internet hat es um ein Vielfaches vereinfacht, solche Bewertungen und Empfehlungen zusammenzutragen und zu teilen. Und letztendlich wählen wir, auch wenn wir theoretisch unzählige Optionen haben, schließlich die Empfehlung, die ganz oben auf der Liste steht.

2 Wie sich das Datingverhalten und zwischenmenschliche Beziehungen im Laufe des letzten Jahrhunderts verändert haben, können Sie hier nachlesen: Ansari, A. und Klinenberg, E. (2015), „Modern Romance", Penguin.

Schon bald wird die Welt von Algorithmen beherrscht sein, die ziemlich akkurat vorhersagen, was wir wollen, welche Vorlieben wir haben und was wir als Nächstes tun werden. Die Vorhersage, dass Algorithmen in naher Zukunft vermutlich genau wissen, welche unserer mentalen (und emotionalen) Knöpfe gedrückt werden müssen, damit wir bestimmte Dinge glauben, wollen oder tun, gehört nicht mehr ins Reich der Fiktion. Diese Entwicklung ist erst einmal nicht grundlegend schlecht. Schließlich nutzen wir die Algorithmen freiwillig, weil sie einen Nutzen für uns haben. Sie nehmen die Last von unseren Schultern, uns durch mannigfaltige Optionen zu arbeiten, und präsentieren uns stattdessen die Alternativen, die uns die meisten Vorteile bieten – oder sie liefern uns die Informationen, mit denen wir am meisten anfangen können. Und das müssen sie noch nicht einmal perfekt tun. Es ist völlig ausreichend, wenn die Ergebnisse *besser* sind als die, die wir selbst zustande bringen. Das Navigationssystem von Google Maps sorgt in seltenen Fällen dafür, dass wir in einer Sackgasse enden. Aber in der überwältigenden Anzahl der Fälle weist es uns den zeitsparendsten und effizientesten Weg und sorgt dafür, dass wir Stunden, Tage oder sogar Wochen an Lebenszeit einsparen.

Erinnern Sie sich an die Anreizsysteme, über die wir in diesem Buch gesprochen haben? Es ist nicht zu verleugnen, dass viele Incentives nicht ausreichend angepasst sind. Aus der Perspektive der Unternehmen, die Algorithmen nutzen, dienen sie dazu, ein Ziel zu erreichen, z.B. Dienstleistungen zu verkaufen oder uns auf einer Website zu halten, sodass wir Werbeanzeigen ausgesetzt sind. Um ihre Ziele zu erreichen, z.B. die Gewinnmaximierung, liefern Algorithmen uns Vorschläge, zu denen auch kleinste Bruchstücke an Informationen gehören, die darauf ausgelegt sind, Wut und Polarisierung zu erzeugen. Sie sind häufig nicht mit den Zielen zu vereinbaren, die wir uns selbst gesetzt haben, wenn wir weltoffen sind und die Argumente beider Seiten abwägen, um uns eine ausgewogene Meinung zu bilden. Auf diese Weise kann uns unsere Abhängigkeit von Algorithmen zu Opfern von Manipulationen machen.

Je häufiger wir digitale Systeme nutzen, desto mehr Daten werden zusammengetragen. Je mehr Daten gesammelt werden, desto besser können die Algorithmen trainiert werden und desto mächtiger werden sie. Je mächtiger die Algorithmen werden, desto mehr delegieren wir unsere Entscheidungsautorität an sie. Und genau hier liegt das Problem. Indem wir das tun, geben wir einen Teil unserer Autonomie auf und werden von Algorithmen abhängig. Wir werden verwundbar durch Big-Tech-Konzerne, die wiederum – dank der Skaleneffekte – die Konzentration von Informationen beschleunigen und es deshalb schwieriger für uns machen, unsere Zustimmung zu verweigern, wegzuschalten oder uns neu zu entscheiden. Weil wir es gewohnt sind, dass uns Google Maps einen schnelleren Weg heraussucht als ein Taxifahrer, unterwerfen wir uns den Algorithmen auch vor weit wichtigeren Entscheidungen: Was wir lesen, mit wem wir uns verabreden oder wen wir wählen.

An dieser Stelle wollen wir auf die möglicherweise gefährlichen Aspekte technologischer Entwicklungen und die damit zusammenhängenden Problemfelder aufmerksam machen: Abhängigkeit von Big Tech, Datensicherheit, Verzerrungen, Intransparenz oder „black boxes“. Wir reden nicht über den enormen Wohlfahrtsgewinn, den Algorithmen in Branchen wie der Logistik oder der Pflege ermöglicht haben. Diese Errungenschaften sind eindeutig lobenswert, aber sie heben keineswegs die Risiken auf, die mit der technologischen Entwicklung einhergehen.

Die mentalen Taktiken, die in diesem Buch vorgestellt werden, sind nicht nur effektive Werkzeuge, sondern auch Hilfsmittel, mit denen wir uns mit unserer Voreingenommenheit, unseren Überzeugungen und unseren kognitiven Verzerrungen auseinandersetzen können. Diese Perspektive einzunehmen, kann sich als wirksames Gegenmittel erweisen, als Schutzschild vor der Vereinnahmung durch Algorithmen.[3] Auch wenn wir in letzter Instanz noch Einfluss auf die Entscheidungen haben (in autonomen Systemen wird dies als *Human in the Loop* bezeichnet), unterwerfen wir unsere Autorität quasi Maschinen. Zwar haben wir immer noch die Möglichkeit, die Vorschläge, die uns von Algorithmen unterbreitet werden, zu umgehen, aber in der Regel tun wir das nicht.

Das Denken und Entscheiden hat ernsthafte Konkurrenz bekommen: Maschinen-Algorithmen. Ihr individuelles Set an mentalen Taktiken dient Ihnen als Überprüfungsinstrument, zur Unterstützung und als Korrektiv, sodass Sie Ihre Unabhängigkeit und Ihr kritisches Denken beibehalten können.

Die Landkarte

Mentale Taktiken sind, wie Ihnen nun klar sein sollte, Modelle, die darauf abzielen, Teile der Wirklichkeit zu erklären und für eine Entscheidungsstruktur zu sorgen, mit der Sie bessere Optionen auswählen und die von Ihnen angestrebten Ergebnisse vorantreiben können. Es handelt sich um Landkarten, die Auskunft über das Gelände (die Realität) geben.[4] Ein Segler nutzt seine Seekarte, um unter Einsatz unterschiedlicher Navigationsinstrumente seine derzeitige Position zu bestimmen, indem er sich der Koppelnavigation bedient (eine Methode zum Navigieren, bei der die derzeitige Position aus den zuvor bekannten Positionen berechnet wird) und indem er Landmarken (wie Berge, Häfen oder Gebäude an Land) zur Triangulation nutzt. Er verwendet seine Karte als vereinfachtes Abbild der Realität, um seine Position zu simulieren, und gleicht die Karte konsequent und kontinuierlich mit der beobachtbaren Realität ab.

Kartenmaterial zeichnet sich notwendigerweise durch Vereinfachung aus. Daten, die nicht für die spezifische Entscheidungssituation von Bedeutung sind, werden bewusst nicht dargestellt (viele nautische Karten zeigen Erhebungen nicht an). Stattdessen wird unsere Aufmerksamkeit bewusst auf Daten gelenkt, die relevant sind, wie z.B. die Wassertiefe. Dies ist erforderlich, weil Zeit und Aufmerksamkeit, die uns zur Verfügung stehen, begrenzt sind. Sowohl die Erstellung als auch die Interpretation (das Lesen/Verarbeiten) komplexer Karten ist außerordentlich zeitaufwendig und teuer.

3 Eine Redewendung, die von dem herausragenden Historiker Y. N. Harari häufig benutzt wird. Hariri, Y. N. (2018), „21 Lessons for the 21st Century“, Random House.

4 Wir schreiben diesen Satz Alfred Korzybski zu: Korzybski, A. (1958), „Science and Sanity: An Introduction to Non-Aristotelian Systems and General Semantics“, Institute of GS, S. 58.

Denken Sie über Ihre bestehenden Modelle nach

Jeder von uns verfügt bereits über eine Reihe mentaler Taktiken, die wir täglich benutzen. Diese Taktiken können einfach oder sogar trivial sein. Beispielsweise legen Sie Dinge, die Sie häufig benutzen, wie etwa einen Kugelschreiber, ganz vorne in eine Schublade, während Dinge, die Sie nicht oft verwenden (Belege für die Steuererklärung), im hinteren Teil der Schublade landen. Andere mentale Taktiken sind vielleicht komplexer oder unsicherer, wie z.B. Modelle über das menschliche Verhalten oder über die Selbstwahrnehmung. Vielleicht vertreten Sie die Überzeugung, dass Menschen grundsätzlich eigennützig handeln und in allem, was sie tun, ein egoistisches Verhalten an den Tag legen, selbst wenn es sich um Dinge handelt, die auf den ersten Blick selbstlos erscheinen. Wenn Ihr Kartenmaterial so beschaffen ist, dann neigen Sie dazu, jegliches Handeln aus der Perspektive individueller Motive, Vorteile, Verluste und Gewinne Ihres Gegenübers zu betrachten.

Es ist wichtig, sich über die eigenen bereits vorhandenen Karten im Klaren zu sein und regelmäßig und bewusst über sie nachzudenken. Können sie die tatsächlichen topografischen Gegebenheiten immer noch angemessen abbilden? Wenn Sie sie benutzen, sind Sie in der Lage, exakte Vorhersagen zu treffen, was geschehen wird? Um beim Beispiel unseres Seglers zu bleiben: Ist die Insel, auf die Sie gerade zusteuern, auf Ihrer Seekarte verzeichnet? Wenn das nicht der Fall ist, sollten Sie das Vertrauen in die Karte verlieren, sie wegwerfen und nach einer Karte Ausschau halten, die die Realität besser abbildet? Oder sollten Sie Ihr vorhandenes Kartenmaterial anpassen? Das Gleiche gilt für Ihre mentalen Taktiken. Überprüfen Sie sie regelmäßig und seien Sie ehrlich zu sich selbst. Wann ist es an der Zeit, eine mentale Taktik anzupassen? Wann sollten Sie sie über Bord werfen und nach neuen, effektiveren Methoden Ausschau halten?

Eine Zusammenfassung der mentalen Taktiken in diesem Buch

Wir haben versucht, Sie mit dem „Best-of" unserer mentalen Taktiken auszustatten. Wir hoffen aufrichtig, dass diese für Ihr Berufs- und Privatleben einen Gewinn bedeuten. Wenn Sie dieses Buch Kapitel für Kapitel gelesen haben, werden Sie nun über einen einsatzfähigen Werkzeugkasten verfügen, der es Ihnen erlaubt, wohlüberlegter und effektiver Daten zusammenzutragen, Zusammenhänge herzustellen, Lösungsansätze zu entwickeln und Ihre Aufgabe abzuschließen. Wir hoffen, dass Sie auch in Zukunft diese Taktiken anpassen und verfeinern, um Ihre Entscheidungsprozesse unter sich verändernden Gegebenheiten zu verbessern.

Hier ist eine kurze Zusammenfassung aller wesentlichen Schlussfolgerungen aus den einzelnen Kapiteln:

Teil	Kapitel	Fazit
	0 Wo liegt Ihr genaues Problem?	Probleme existieren nicht einfach nur, vielmehr wählen wir sie aktiv aus und grenzen sie ein. Gute Entscheider stellen als Erstes die „Frage null“: Was ist mein Problem? Denken Sie über die Eingrenzung des Problems nach: Wer hat es formuliert? Welche Interessen liegen der Problemstellung zugrunde? Und dann denken Sie intensiv darüber nach, ob es hilfreich wäre, wenn Sie eine neue Problemstellung formulierten. Sollte das Problem überhaupt gelöst werden? Unverzüglich? Von mir?
I	**1** Finden Sie Ihre blinden Flecken: Gestehen Sie sich Ihre Wissenslücken ein und korrigieren Sie Ihre falschen Überzeugungen.	Wir Menschen verfügen nicht über einen eingebauten Mechanismus, mit dem wir falsche Vorstellungen erkennen oder uns und anderen eingestehen können, dass wir etwas nicht wissen. Stattdessen suchen wir in der Regel nach Beweisen, die uns in unserer Voreingenommenheit noch bestärken, und erfinden zufriedenstellende Geschichten, mit denen wir die Lücken füllen. Um fundierte Entscheidungen zu treffen, ist es wichtig, dass Sie Ihre Überzeugungen regelmäßig auf den Prüfstand stellen, Ihre Selbsteinschätzung neu ausrichten und aktiv mehr Bescheidenheit an den Tag legen.
	2 Verabschieden Sie sich von kognitiven Verzerrungen: Durchschauen Sie die Streiche, die Ihr Verstand Ihnen spielt.	Unser Verstand nutzt eine Reihe von Abkürzungen und Vereinfachungen, um uns die Bewältigung des Alltags zu erleichtern. Das Problem besteht darin, dass die meisten dieser Vereinfachungen auf eine Umgebung ausgerichtet sind, die schon längst nicht mehr existiert. Das führt unter den modernen sozialen Rahmenbedingungen zu Verzerrungen. Soweit das Zusammentragen von Fakten und Beweisen betroffen ist, sind drei Typen von Verzerrungen besonders relevant. Erstens Stereotype und Vereinfachungen. Zweitens die Akzeptanz von Geschichten, die allzu schnell sinnvoll erscheinen. Drittens die uns innewohnende Neigung, an Überzeugungen festzuhalten, die wir uns einmal zu eigen gemacht haben. Sich selbst von solchen Verzerrungen zu befreien, ist zeitaufwendig, kann aber erlernt werden. Den Anfang machen Sie mit dem Eingeständnis, selbst solchen Fehleinschätzungen zu unterliegen, dann benötigen Sie Aufmerksamkeit und Umsicht und schließlich entwickeln Sie Methoden, um gezielt auf System 2 umzuschalten.
	3 Ergründen Sie Ihre Daten: Sammeln, überprüfen und visualisieren Sie Informationen, um daraus Schlussfolgerungen zu ziehen.	Die Daten, die Sie nutzen, um Ihre Analyse in Gang zu bringen, entscheiden darüber, wie nützlich Ihre Ergebnisse sein werden – und ob sie überhaupt nützlich sind. Stellen Sie sicher, dass Ihre Daten eine hohe Qualität haben, und stellen Sie Hypothesen auf, um sich einen Reim auf Ihre Informationen zu machen. Suchen Sie immer nach Möglichkeiten, mehr als nur die Durchschnittswerte zu berechnen, und machen Sie sich ein vollständiges Bild von Ihren Daten (indem Sie sich der Methoden aus der deskriptiven Statistik bedienen und sich verschiedene Verteilungsfunktionen ansehen). Auf diese Weise gewinnen Sie fundierte Eindrücke.
II	**4** Bohren Sie tiefer: Nutzen Sie Baumdiagramme, um Probleme auseinanderzunehmen.	Probleme und Daten sind häufig komplex und unsortiert. Baumdiagramme bieten eine einfache Möglichkeit, Ihr Denken zu strukturieren, und geben Ihnen ein wichtiges Kommunikationsmittel an die Hand. Bäume helfen Ihnen, Trends oder Dynamiken in ihre Faktoren aufzuschlüsseln, aus Durchschnittswerten schlau zu werden, die Ursachen eines Problems zu erkennen oder eine Präsentation, ein Projekt oder auch einen Urlaub zu strukturieren. Baumdiagramme erfordern, dass Sie in MECE-Kategorien denken (sich gegenseitig ausschließend und insgesamt erschöpfend) und ermöglichen Ihnen, Probleme und Datensätze genauer zu ergründen und deutlicher vor Augen zu haben.

Teil	Kapitel	Fazit
	5 Nehmen Sie die Dinge selbst in die Hand! Planen Sie die Regression zur Mitte ein.	Wir sind darauf programmiert, automatisch nach Mustern in Datensätzen zu suchen. Aber wir sehen oft Muster, wo eigentlich nur Zufälle am Werk sind. Es ist schwierig, Regeln zu etablieren, die zuverlässig funktionieren, besonders wenn Sie nur ein paar Ereignisse haben, auf denen Sie aufbauen können, und wenn zusätzlich Zufälle im Spiel sind. Um die Regression zur Mitte zu überwinden, denken Sie darüber nach, wie hoch der Anteil des Erfolges ist, der auf Zufall und Glück zurückzuführen ist, berücksichtigen Sie kontrafaktische Herangehensweisen (was hätte geschehen können?), und versuchen Sie, weiteres Datenmaterial aus der Vergangenheit heranzuziehen.
	6 Erkennen Sie das große Ganze: Nutzen Sie das systemische Denken.	Systeme sind Gruppen voneinander abhängiger Akteure oder Elemente, die zusammen ein integriertes Ganzes bilden. Die Umwelt, soziale Gruppen und Unternehmen sind Beispiele für Systeme. Wenn wir Systeme darstellen wollen, beginnen wir in der Regel damit, Kausalketten zu identifizieren – wie z.B. „A führt zu B führt zu C". Wann immer C einen (direkten oder indirekten) Effekt auf A hat, sprechen wir von Feedbackschleifen. Diese führen zu beobachtbarem Verhalten wie z.B. einem exponentiellen Wachstum (selbstverstärkende Feedbackschleifen) oder einer Angleichung (selbstbegrenzende Feedbackschleifen). Je nachdem, welches Ziel Sie verfolgen, versuchen Sie üblicherweise, kausale Schleifen zu generieren, zu verändern oder zu stoppen. Der systemische Ansatz hilft Ihnen, Feedbackschleifen zu analysieren und die effektivsten Interventionspunkte zu finden.
III	**7** Beachten Sie den Grenznutzen: Konzentrieren Sie sich auf die nächste Einheit.	Wenn wir Entscheidungen treffen, berücksichtigen wir häufig irrelevante Faktoren wie die Kosten, die schon in der Vergangenheit entstanden sind. Wir tappen häufig in die Alles-oder-nichts-Falle und versuchen, alle Kosten und jeden Nutzen einer Entscheidungssituation in Betracht zu ziehen, wodurch die zu entscheidenden Probleme komplex und unhandlich werden. Wenn Sie dagegen den Grenznutzen berücksichtigen, ziehen Sie nur die Variablen in Betracht, die Ihrer gegenwärtigen Situation zugrunde liegen. Im Kern ist die Grenznutzenanalyse ein ökonomischer Denkansatz, weil sie immer davon ausgeht, dass Entscheidungen getroffen werden, für die zusätzliche Kosten gegen zusätzlichen Nutzen abgewogen werden. Die Grenznutzenanalyse ist die Basis für rationale Entscheidungen.
	8 Vergeben Sie Punkte: Formulieren Sie Ihre Kriterien und wägen Sie sorgfältig ab.	Viele Optionen sind nicht so eindeutig, wie es auf den ersten Blick scheint. Und umgekehrt können viele Entscheidungen, die sehr komplex oder schwierig erscheinen, radikal vereinfacht werden. Jede Option weist unterschiedliche Vor- und Nachteile auf und häufig ist es schwierig, die richtige Alternative zu wählen. Ein strukturiertes Scoring-Modell erlaubt Ihnen, unabhängig über die Kriterien, Gewichtungen und Bewertungen nachzudenken, und verhilft Ihnen zu einem aussagekräftigen Bewertungsansatz. Wenn Sie Scoring-Modelle verwenden, erleichtert Ihnen das, Wahlmöglichkeiten zu kommunizieren und zu diskutieren und damit die sinnvollste Lösung zu erarbeiten.

Teil	Kapitel	Fazit
	9 Lassen Sie Ihren Worten Taten folgen: Führen Sie Experimente durch, um Ihre Lösungen in der Praxis zu testen.	Wie können Sie wissen, ob Ihre Lösung tatsächlich funktioniert? Wie können wir sicherstellen, dass unser Handeln den gewünschten Effekt hat? Wenn es darum geht, Kausalzusammenhänge zu verstehen, dann vertrauen wir häufig wieder auf Spekulationen, ahmen andere nach oder verlassen uns auf Best Practices. Aber die Ergebnisse sind häufig enttäuschend, weil Best Practices mal funktionieren, mal nicht. Experimente erlauben es Ihnen, Ihre Lösungen zu testen und herauszufinden, ob sie den Praxistest bestehen. Nutzen Sie randomisierte kontrollierte Studien (wie bspw. „A–B"-Tests), wenn Sie randomisieren können und über eine ausreichend große Stichprobe verfügen, die sowohl für die Versuchs- als auch für die Kontrollgruppe ausreicht. In Situationen, in denen nur eine Testperson zur Verfügung steht, können Sie Selbstversuche durchführen.
IV	**10** Potenzieren Sie Ihre Möglichkeiten: Nutzen Sie Realoptionen, um Ihre Erfolgsaussichten zu erhöhen.	Es ist wertvoll, eine Handlungsoption (nicht jedoch eine Verpflichtung) in der Zukunft zu haben, besonders, wenn Sie sich in Umgebungen bewegen, die sich schnell verändern und die nicht vorhersagbar sind und die schwer zu beeinflussen oder zu formen sind. Optionen finden Sie, wo immer Sie hinschauen. Optionen zu verstehen und zu bewerten ist eine wichtige Kompetenz, um sich Handlungsmöglichkeiten in der Zukunft zu sichern. Ihr Ziel sollte es sein, sich diese Optionen umsichtig zu erarbeiten und zu nutzen, um sich auch in Zukunft optimale Bedingungen zu schaffen, unter denen Sie Ihre Entscheidungen treffen. Bedenken Sie aber, dass wertvolle Optionen kaum jemals kostenfrei zu haben sind. Beginnen Sie, Ihre zukünftigen Optionen so zu betrachten, als seien es die Wahlmöglichkeiten, vor denen Sie heute schon stehen, und weisen Sie ihnen jeweils einen angemessenen Wert zu.
	11 Entwickeln Sie Anreize: Verhelfen Sie Ihren Mitarbeitern zu Bestleistungen.	Incentives sind Anreize, mit denen Sie Individuen motivieren können, Leistungen zu erbringen. Falsch ausgerichtete Anreize sind einer der wichtigsten Gründe für Konflikte und mangelnde Produktivität in unserer Welt. Ein sorgfältiges Nachdenken über die gewünschten Ergebnisse, die relevanten Inputs und das richtige Anreizsystem kann jedoch dazu beitragen, so verbreitete Probleme wie moralisches Risiko, das Principal-Agent-Dilemma und Koordinierungsprobleme vorauszuahnen und zu vermeiden. Richten Sie Ihre Aufmerksamkeit auf ineffektive Anreizsysteme und denken Sie daran, dass auch die intrinsische Motivation dazu beitragen kann, die Leistungen deutlich zu verbessern und nachhaltig zu verändern.
	12 Verwirklichen Sie Ihre Vorstellungen: Antizipieren Sie, setzen Sie Ihr Vorhaben in die Tat um und sorgen Sie für Verbesserungen.	Große Dinge passieren nicht einfach. Aber mit ein wenig vorausschauender Planung, Aufmerksamkeit gegenüber dem, was während der Umsetzung geschieht, und der Reflexionsphase nach der Umsetzung können Ihre wichtigsten Projekte gelingen. Die Fähigkeit, zu planen und etwas auszuführen, ist eine erlernbare Kompetenz – sie verbessert sich im Laufe der Zeit und mit zunehmender Erfahrung. Teams, einzelne Mitarbeiter und Gruppen erhöhen ihre Erfolgsaussichten, wenn sie Techniken anwenden, mit denen sie effektiv planen, umsetzen und reflektieren können. Hilfreich dabei sind die Methode des kritischen Pfades, die Pre-mortem-Methode und das Entscheidungs-Audit.

Tabelle 13.2: Zusammenfassung der mentalen Taktiken

Ideen werden Wirklichkeit

Wir kommen zum Ende des Buches und freuen uns außerordentlich für Sie. Wir hoffen, dass Sie wenigstens ein paar der Aha-Momente nachvollziehen konnten, die wir hatten, während wir diese mentalen Taktiken im Laufe der letzten Jahre zusammengetragen haben. Vielleicht konnten Sie etwas über eine Taktik lernen, der Sie in Ihrer Arbeit oder in Ihrem Leben schon begegnet sind, von der Sie jedoch nicht wussten, wie allgegenwärtig sie ist. Oder Sie haben während des Lesens realisiert, inwiefern sich diese Modelle auf Probleme anwenden lassen, vor denen Sie in der Vergangenheit schon gestanden haben.

Der nächste Schritt besteht darin, die mentalen Taktiken in Zukunft in Ihrem beruflichen und privaten Leben zum Einsatz zu bringen. Wir laden Sie dazu ein, diese Konzepte ab sofort anzuwenden. Um Ihnen etwas auf die Sprünge zu helfen, möchten wir Ihnen die folgenden Vorschläge unterbreiten:

- Wenn Sie in den nächsten vier Wochen vor neuen Problemen stehen, dann schalten Sie einen Gang herunter und beschäftigen Sie sich mit diesem Buch.
- Wir neigen dazu, sofort in den Problemlösungsmodus zu schalten, statt einen Schritt zurückzutreten und gründlich darüber nachzudenken, welche mentale Taktik sich unter den gegebenen Umständen wohl am besten eignen würde. Verpflichten Sie sich, mentale Taktiken ganz bewusst einzusetzen, zumindest vorübergehend. Geben Sie ihnen eine Chance.
- Nehmen Sie sich Zeit, über die mentale Taktik, die Sie in einer bestimmten Situation eingesetzt haben, nachzudenken. Hat sie so funktioniert, wie sie sollte? Wie es beabsichtigt war? Hat sie dazu beigetragen, Ihre Überzeugungen noch einmal zu überdenken? Hat sie Sie darin unterstützt, die Regression zur Mitte zu entdecken? Hat Sie Ihnen geholfen, Ihr Augenmerk auf den Grenznutzen zu richten?
- Finden Sie einen Partner, dem Sie Rechenschaft ablegen. Fragen Sie jemanden, der ebenso sehr in die Verbesserung seiner Fähigkeiten investiert hat, um Probleme zu lösen und Entscheidungen zu treffen, wie Sie selbst. Reden Sie gemeinsam über Probleme und tauschen Sie sich über neue mentale Taktiken aus.
- Berücksichtigen Sie unsere Empfehlungen für weitere Bücher und Blogs, die Sie über dieses Thema lesen können. Bitte werfen Sie auch einen Blick auf die vorgeschlagenen Literatur- und Leseempfehlungen am Ende dieses Buches – sie haben uns enorm geholfen.

Dies sind nur die ersten Schritte der Reise. Mentale Taktiken miteinander zu verknüpfen und zu erweitern ist eine lebenslange Aufgabe – wertvoll, aber herausfordernd. Wir hoffen, dass Sie anfangen werden, Ihre eigene Sammlung an Ideen, Konzepten, Strukturen und Werkzeugen zusammenzutragen, mit der Sie die VUKA-Welt verstehen können. Legen Sie eine gewisse Leichtigkeit an den Tag, wenn Sie sich dazu entschließen, mentale Taktiken auszuwählen, zu reflektieren und zu verwerfen, und seien Sie nicht zu perfektionistisch.

Wir haben zu Beginn erwähnt, dass dieses Buch von der ersten bis zur letzten Seite konsequent gelesen werden kann. Sie können es aber ebenso gut als Nachschlagewerk, als Handlungsanleitung oder als einführende Texte in Konzepte, die aus unserer Sicht sehr wichtig sind, betrachten. Sie können es auch erneut lesen und dabei einen anderen Schwerpunkt setzen. Wir hoffen, dass Sie es immer und immer wieder zur Hand nehmen werden – vor einem wichtigen Meeting, an einem Wendepunkt in Ihrem Leben oder wann immer etwas geschieht, das Ihren Verstand berührt und Sie an eine dieser mentalen Taktiken denken lässt.

Bleiben Sie kein Fremder

Der bedeutendste Aspekt unserer Arbeit sind die Rückmeldungen der Menschen, die mentale Taktiken in der Praxis anwenden – darüber, wie sie Optionen nutzen, um über zukünftige Entscheidungen nachzudenken, über ihre Methoden, mit denen sie ihre Überzeugungen auf den aktuellen Stand bringen, und über ihr Gespür, mit dem sie über Probleme nachdenken. Sie sind nun ein Teil dieser Gemeinschaft – der wachsenden Zahl von Menschen, die mit diesen mentalen Taktiken vertraut sind und sie mit Leidenschaft in Beruf und Privatleben anwenden. Willkommen im Club – wir freuen uns, dass Sie dabei sind.

Bitte besuchen Sie unsere Seite *Mental.Tactics.com* und folgen Sie uns auf Twitter ***(@MentalTactics).*** Wir können es kaum erwarten, woher Sie Ihre Ideen nehmen. Erzählen Sie uns,

- welches der Konzepte in diesem Buch Sie am meisten angesprochen hat.
- welche der Taktiken Sie genutzt haben und wie Sie es getan haben.
- mit wem Sie Ihre Ideen geteilt haben.
- welche Experimente in Ihrem Umfeld nicht funktioniert haben und welche Selbstversuche sich als nicht nützlich erwiesen haben (letztendlich sind es nur Daten).
- welche mentalen Taktiken, die in diesem Buch nicht erwähnt werden, Sie regelmäßig einsetzen.

Wenn Sie da draußen unterwegs sind, möchten wir Sie dazu einladen und Ihnen nahelegen: Denken Sie klar, analysieren Sie rigoros, entscheiden Sie sorgfältig, handeln Sie wagemutig!

Anhang

Selbsteinschätzung justieren

In Kapitel eins haben wir über die Bedeutung gesprochen, die der Bewertung (und dem Abgleich) des Vertrauens zukommt, das wir in unsere Überzeugungen haben.

Zuerst sollte festgehalten werden, dass unseren Überzeugungen grundsätzlich ein gewisses Maß an Unsicherheit innewohnt. Aber das entspricht nicht der Art und Weise, wie wir normalerweise Meinungen ausbilden. Vielmehr ist es üblich, dass wir ein 100-prozentiges Vertrauen in unsere Überzeugungen entwickeln, wenn wir uns eine Meinung gebildet haben. Überzeugungen in Wahrscheinlichkeiten auszudrücken, erfordert etwas Übung und ist kein automatisches Vorgehen.

Sobald Sie es sich zur Gewohnheit gemacht haben, Ihren Überzeugungen Wahrscheinlichkeiten zuzuweisen, sollten Sie Ihr Glaubenssystem so kalibrieren, dass Ihre Wahrscheinlichkeiten verlässlich und nützlich sind. Aber wie gelingt es Ihnen, Ihre Überzeugungen systematisch zu neu zu kalibrieren? Im Wesentlichen werden Sie Antworten auf eine Reihe von Fragen geben und diesen jeweils Ihr subjektives Vertrauenslevel zuordnen müssen.

Eine Frage könnte zum Beispiel lauten: „Wie viele Länder sind Mitglieder der Vereinten Nationen? Legen Sie eine Bandbreite für das Vertrauenslevel von 90 Prozent fest.“ Eine Antwort auf diese Frage besteht aus einer oberen und einer unteren Grenze für diese Zahl. Und ein Vertrauenslevel von 90 Prozent bedeutet, dass die tatsächliche Zahl nur jedes zehnte Mal außerhalb dieser Bandbreite liegen würde, wenn Sie eine ähnliche Frage wie diese wiederholen würden. Das Zentrum für Angewandte Rationalität (CFAR) hat ein Online-Spiel zur Kalibrierung von Überzeugungen auf seine Webseite gestellt, in dem Sie zahlreiche ähnliche Fragen finden, mit denen Sie Ihre Selbsteinschätzung überprüfen können.[1]

---

1 Critch, A. (2012) „The Credence Calibration Game, by CFAR – an overview“. URL: *http://acritch.com/credence-game/* [Zugriff: 9. Dezember 2018].

Eine andere Möglichkeit besteht darin, eine lange Reihe Ihrer eigenen Vorhersagen aufzustellen. Wie sicher sind Sie, dass sich etwas in einer bestimmten Zeitperiode, z.B. innerhalb eines Jahres, ereignen wird? Stellen Sie am Ende des Jahres fest, welche Ihrer Vorhersagen tatsächlich eingetroffen sind. Führen Sie diese Übung regelmäßig durch. Natürlich können Sie sich auch eine geringere Zeitspanne, wie z.B. ein Projekt, die Ferien oder irgendein anderes Zeitintervall, vornehmen. Wenn Sie Ihre Vorhersagen zu Papier bringen, stellen Sie sicher, dass diese binär sind – also mit ja oder nein, wahr oder falsch beantwortet werden können. Notieren Sie außerdem, wie zuversichtlich Sie sind, dass das Ereignis eintreten wird.

Eine solche Liste könnte folgendermaßen aussehen:

Überzeugung	Wie zuversichtlich?
Es wird keinen neuen Wettbewerber auf dem Markt geben.	80 %
Präsident X wird kein Impeachment-Verfahren erleben.	90 %
Der Wert unseres Hauses wird um mehr als 5 % steigen.	60 %

Tabelle 1: Beispielliste für Vorhersagen

Stellen Sie eine solche Liste für eine ganze Reihe von Überzeugungen, sagen wir 50 bis 100, zusammen, und stellen Sie sicher, dass Sie für *jedes Vertrauenslevel* genügend Vorhersagen haben (z.B. mindestens fünf, die Sie mit einem Vertrauenslevel von 80 Prozent versehen haben).

Zum Ende des Jahres können Sie sich Ihre Vorhersagen noch einmal vornehmen und feststellen, ob sie sich bestätigt haben oder nicht. Fügen Sie Ihrer Tabelle einfach eine Spalte hinzu und notieren Sie, ob die Prognose eingetroffen ist oder nicht.

Überzeugung	Wie zuversichtlich?	Prognose eingetroffen?
Es wird keinen neuen Wettbewerber auf dem Markt geben.	80 %	Ja, die Wettbewerbssituation ist unverändert.
Präsident X wird kein Impeachment-Verfahren erleben.	90 %	Ja, Präsident X ist immer noch im Amt.
Der Wert unseres Hauses wird um mehr als 5 % steigen.	60 %	Nein, der Wert unseres Hauses ist nur um 3 % gestiegen.

Tabelle 2: Beispielliste für Vorhersagen und ihr tatsächliches Eintreffen

Nachdem Sie festgehalten haben, was aus Ihren einzelnen Vorhersagen geworden ist, tragen Sie die Vertrauenslevels in einem Koordinatensystem ab und stellen Sie auf diese Weise fest, in welchen Fällen Sie zu viel Zuversicht an den Tag gelegt haben und wo Sie nicht zuversichtlich genug waren.

Starten Sie mit einem Schaubild, wie unten gezeigt.

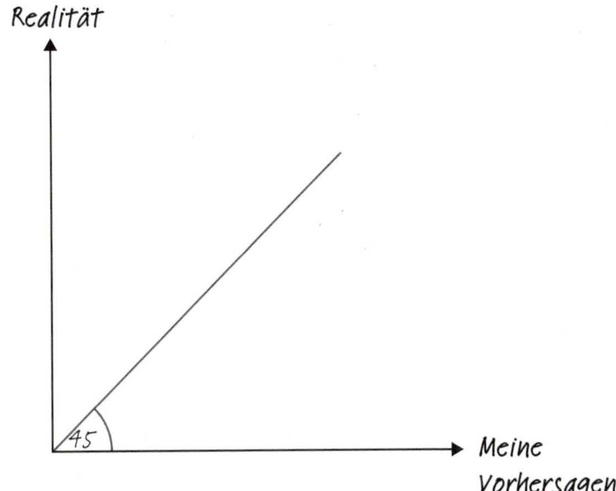

Abbildung 14.1: Graph zur Visualisierung von Realität und eigenen Vorhersagen

Mit dieser Grafik können Sie Ihre Prognosen visualisieren und mit der Wirklichkeit abgleichen.

Tragen Sie all Ihre Prognosen in Vertrauens-Clustern zusammen. Beginnen Sie mit dem 50-Prozent-Cluster (Vorhersagen, bei denen Sie so zuversichtlich waren, als würden Sie eine Münze werfen). Wie viele dieser Vorhersagen sind eingetreten? Tragen Sie diesen Anteil als Prozentsatz aller Vorhersagen auf der y-Achse ab.

Dann fahren Sie mit dem nächsten Cluster fort, dem Sie ein Vertrauenslevel von 60 Prozent zugewiesen haben. Verfahren Sie wie oben beschrieben. Werfen Sie einen Blick auf all Ihre Prognosen oder Ansichten, von denen Sie zu 60 Prozent überzeugt sind, und berechnen Sie den Prozentsatz der Prognosen, die tatsächlich eingetreten sind.

Finden Sie den Punkt auf dem Graphen und tragen Sie ihn ab.

Verfahren Sie mit allen weiteren Vertrauenslevels auf diese Weise: 70, 80, 90 und 100 Prozent (absolut sicher, dass etwas geschehen wird oder dass etwas der Wahrheit entspricht).

Verbinden Sie Ihre Punkte im Koordinatensystem und vergleichen Sie sie mit der optimalen 45-Grad-Linie. Wenn ein Punkt *unterhalb* der 45-Grad-Linie liegt, dann waren Sie auf diesem Vertrauenslevel *zu zuversichtlich.* Ein Punkt unterhalb der 45-Grad-Linie bedeutet, dass Sie zuversichtlicher waren, als die Realität gezeigt hat. Wenn der Punkt *oberhalb* der Linie liegt, dann waren Sie *nicht zuversichtlich* genug.

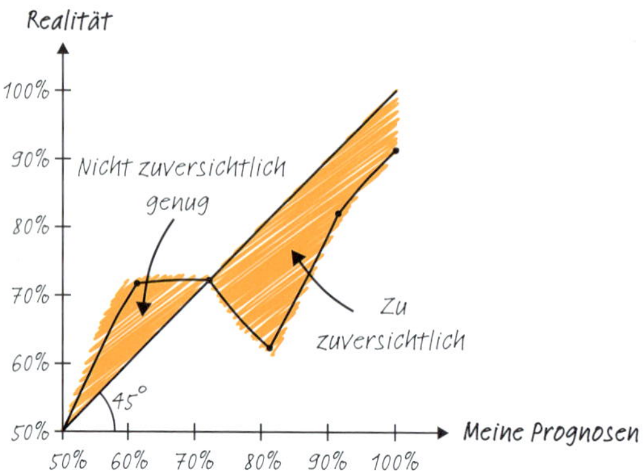

Abbildung 14.2: Visualisierung der Vertrauenslevel bei eigenen Vorhersagen

Wiederholen Sie diese Übung regelmäßig, um Ihre Ansichten über die Welt stets sorgfältig abzugleichen und zu vermeiden, dass Sie allzu viel Vertrauen in Ihre Überzeugungen haben.

Sie können diese Methode nicht nur nutzen, um sich selbst gegenüber Rechenschaft abzulegen, sondern auch, um die Aussagen von Experten und Koryphäen zu überprüfen. Vergleichen Sie deren Vorhersagen mit den tatsächlichen Entwicklungen in der Realität.[2]

Hier sind übrigens die Vorhersagen, die Simon Mueller für das Jahr 2017 getroffen hat.

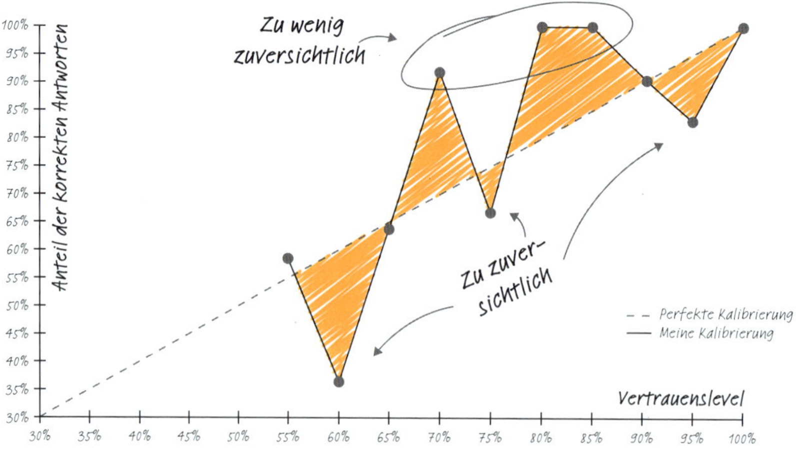

Abbildung 14.3: Simon Muellers Vorhersagen für das Jahr 2017

2 Zum Thema Vorhersagen empfehlen wir: Tetlock, Philiop und Gardner, Dan (2016), „Superforecasting: The Art and Science of Prediction", Random House Books. Im Buch werden Erkenntnisse des Good-Judgement-Projektes verknüpft, aus denen hervorgeht, dass sorgfältig ausgewählte Laien genauere Vorhersagen treffen konnten als Experten.

Index

E

F

G

H

I

J

K

L

M

N